现代激光光谱技术及应用

李劲松　著

科学出版社

北　京

内 容 简 介

本书主要介绍了现代激光光谱的基本原理、高级激光光谱测量技术、典型光谱仪器或系统中的主要核心器件、激光光谱信号处理方法和算法、激光光谱分析技术在各学科领域的最新应用成果、激光光谱信号采集方法、激光光谱仪器评价指标和误差分析等。

本书可供光谱学和激光光谱技术领域的科技工作者、高等院校教师、研究生和本科生阅读参考，也可供光学/光学工程、物理学、大气环境/大气化学、大气和海洋科学、土壤生态学等学科或交叉学科领域的师生参考。

图书在版编目(CIP)数据

现代激光光谱技术及应用/李劲松著. —北京：科学出版社，2022.3
ISBN 978-7-03-071980-5

Ⅰ.①现… Ⅱ.①李… Ⅲ.①激光光谱-研究 Ⅳ.①O433.5

中国版本图书馆 CIP 数据核字(2022)第 048374 号

责任编辑：刘凤娟 赵 颖／责任校对：杨聪敏
责任印制：吴兆东／封面设计：无极书装

科 学 出 版 社 出版
北京东黄城根北街 16 号
邮政编码：100717
http://www.sciencep.com
北京九州迅驰传媒文化有限公司印刷
科学出版社发行 各地新华书店经销
*
2022 年 4 月第 一 版 开本：720×1000 1/16
2024 年 3 月第三次印刷 印张：21
字数：412 000
定价：139.00 元
(如有印装质量问题，我社负责调换)

作 者 简 介

李劲松，男，博士，1979 年 11 月生，安徽合肥人，安徽大学物理与光电工程学院教授（博士生导师，首批"优秀人才计划"英才Ⅲ入选者，安徽大学 2017～2018 年度"三全育人"先进个人），主要从事新型激光光谱与传感技术及应用研究，以及高等教育教学改革和教学研究工作。2008 年毕业于中国科学院合肥物质科学研究院，曾在法国兰斯大学（法国国家科学研究中心）、德国马克斯普朗克化学研究所、瑞士联邦材料科学与技术研究所等国际知名高校和科研院所从事科学研究工作。海外留学期间主持/参与完成了各类国际重大科研项目（法俄科学院合作的"福布斯-土壤"（Phobos-Grunt）号火星探测项目、德国马克斯普朗克协会和亥姆霍兹联合会资助的高纬度长距离机载大气观察项目、高精度激光雷达探测大气 CO_2 垂直分布项目等）。目前主持科技部国家重点研发计划——基于载人潜水器的深海原位多参数化学传感器研制项目课题 1 项（课题代码：2016YFC0302202）、国家自然科学基金 2 项（项目代码：61675005；41875158）及安徽省自然科学基金/科技攻关项目（项目代码：1501041136，1508085MF118）等省部级项目多项。以第一作者/通讯作者在 *Analytical Chemistry*、*ACS Sensors*、*Sensors and Actuators B*、*Optics Letters*、*Optics Express* 等 SCI 期刊发表 JCR 二区及以上论文十余篇（含 TOP 期刊一区 3 篇，自然指数 1 篇）；封面报道优秀论文 3 篇；授权发明专利 4 项，软件著作权 3 项；2020 年入选全球前 2%顶尖科学家榜单（World's Top 2% Scientists 2020）。教学方面主持安徽省省级质量工程项目、大学生创新训练项目（国家级）、科研训练计划项目等教研项目十余项，指导研究生 16 名，培养的 2 名博士生分别于 2020 年和 2021 年获得国家留学基金委公派出国奖学金和研究生国家奖学金。

序

　　全球性环境问题的出现和发展，已引起国际社会的普遍关注。激光光谱技术因其高灵敏度、高分辨率、高选择性、快速响应和非破坏性等显著特性，已成为环境监测领域一种可靠的分析手段。该书从科研一线人员视角，系统介绍了现代激光光谱的基本原理、高级激光光谱测量技术、典型光谱仪器或系统中主要核心器件的重要进展、激光光谱信号处理方法和算法、激光光谱分析技术在大气环境监测、工业处理控制、生物医学方面的呼吸气诊断和燃烧科学方面的燃烧成分诊断、地球科学方面的同位素分析、地球海洋领域的海洋观测，以及土壤生态学领域方面的地气交换过程等一系列最新研究成果，研究内容贯彻整个地球系统的大气圈–土壤圈–水圈。该书是继《激光光谱技术原理与应用》(陆同兴，路轶群主编)、《激光光谱学》(沃尔夫冈·戴姆特瑞德主编)、《环境光学与技术》(刘文清主编) 等光谱学经典著作之后，又一部比较系统介绍了高级激光光谱原理与技术、光谱信号处理算法，及其在诸多交叉学科领域最新应用的力作。

　　该书可供环境光学、光谱学与激光光谱技术等领域的科技工作者和高等院校师生阅读参考，因该书知识内容涉及学科领域范围广泛，可能存在待完善之处，希望相关领域的专家与读者提出宝贵的意见和建议，以期进一步提高作者的学术研究水平。

中国工程院院士

前　　言

　　光谱学是通过光谱来研究电磁波与物质之间相互作用的一门学科，涉及物理学、化学、信息技术等交叉学科，源于 17 世纪牛顿的色散实验。光是一种由各种波长 (或者频率) 的电磁波叠加起来的电磁辐射。光谱通常是指借助一定光电转换器件和分光手段将一束电磁辐射按照一定的波长变化顺序使物质与相应波长之间的对应关系以图谱的形式呈现出来，据此可解析出物质的某些特征信息。随着科技的进展，光谱学所涉及的电磁波波段越来越宽广，从波长处于皮米级的 γ 射线，到 X 射线，紫外线，可见光区域，红外线，微波，再到波长可达几千米的无线电波，都有其与物质作用的特征形式。按照光与物质相互作用的方式，光谱一般可分为吸收光谱、发射光谱、散射光谱、透射光谱等。通过光谱学研究，研究者们可以解析出原子、分子的能级及其几何结构特性，以及物质的温度、压力、浓度、速度或通量等物理量信息。光谱学的深入发展，尤其是新型激光光源的出现和革新，基于光谱原理的各种激光光谱技术已逐渐成为大气环境监测、工业在线处理控制、生物医学和燃烧过程诊断、深地深海深空探测等领域或学科 (物理、化学、生物、天文学等) 中的重要分析手段。

　　自 2008 年以来，作者在国际重大科研项目 (法俄科学院合作的"福布斯–土壤"(Phobos-Grunt) 号火星探测项目，德国马克斯普朗克协会和亥姆霍兹联合会资助的高纬度长距离机载大气观察项目，高精度激光雷达探测大气 CO_2 垂直分布项目)、科技部国家重点研发计划 (深海关键技术与装备) 项目、国家自然科学基金、安徽省自然科学基金、安徽省科技攻关项目、人力资源和社会保障部留学回国人员资助项目等科研项目的支持下，系统地开展了可调谐半导体激光吸收光谱、量子级联激光光谱、光声光谱/石英音叉增强型光声光谱、高精度光学腔光谱、遥感探测反射光谱等光谱技术和信号处理算法的研究，自主研发了一系列现代光学/光谱仪器。为加强学术交流，作者将十余年来积累的研究成果及国际上有关现代激光光谱技术最新研究进展进行了梳理，以供光谱学及交叉学科研究领域相关人员参考。

　　全书共九章，主要内容包括第 1 章光谱学基础知识，第 2 章激光光谱基本理论，第 3 章激光光谱系统关键性光电器件，第 4 章高级的激光光谱技术，第 5 章数字信号处理技术，第 6 章激光光谱分析技术的应用，第 7 章数据采集与通信，第 8 章激光光谱仪器评价指标和误差分析，第 9 章结束语和展望。详细阐述了现代激光光谱技术的基本原理和技术特点、典型光谱系统中关键性光电器件、各学科领域典型应用、光谱数据采集与信号处理方法和算法、光谱仪器或系统评价指标等。

感谢中科院安徽光机所高晓明研究员、法国滨海大学 Weidong Chen 教授、法国兰斯大学 Georges Durry 教授、德国马克斯普朗克化学研究所 Horst Fischer 研究员、美国科罗拉多州立大学 Azer Yalin 教授、瑞士 EMPA 研究所 Lukas Emmenegger 研究员在我的学术道路上几个重要阶段给予的指导。感谢安徽大学校内科研团队和校外科研项目合作团队所有成员在相关工作方面的积极支持。感谢聂桂菊老师在本书撰写过程中给予语言组织和文字润色等方面的细心指导和帮助。最后，真诚地感谢父母的养育之恩，深切缅怀我亲爱的姐姐，由衷地感谢我的爱人和所有亲人，以及学术界的挚友，我学术生涯中的每一点成绩和进步都离不开他们的支持与鼓励。

由于时间仓促，内容涉及知识面亦较广，加之作者自身学术水平有限，编写过程中难免出现不足之处，敬请广大读者批评指正。

作　者

于安徽大学

2021 年 1 月 1 日星期五

目　　录

第 1 章　光谱学基础知识

19 世纪 60 年代，英国物理学家麦克斯韦通过建立著名的电磁场方程组 (即麦克斯韦方程组)，提出光在本质上是一种电磁波的假设，具有波动性。1888 年赫兹通过实验证明了电磁波具有光波的各种性质。光的波动理论可以成功地解释光的干涉、衍射、折射、反射、散射等光学现象，却无法解释光电效应，即光照射到金属表面会发射电子，但实验发现只有当光的频率超过一定阈值时才能激发此效应。为此，爱因斯坦于 1905 年提出了光量子的理论。依据光量子假设，光具有某些粒子的性质，是一个与频率相关的光的最小能量单位，简称光子。单个光子的能量可描述成：$\varepsilon = hv$，其中 $h = 6.626 \times 10^{-34}$ J·s 为普朗克常数，v 为光子的频率。1913 年丹麦物理学家玻尔将卢瑟福原子模型和普朗克的量子概念相结合，首次将量子假设应用到原子中，并对原子光谱的不连续性作出了解释，从而为分子光谱奠定了理论基础。1915 年，爱因斯坦通过两个不同能级间跃迁概率详细描述了光与物质之间的相互作用过程，主要包括：自发辐射，受激辐射和受激吸收过程。以具有两个能级的原子模型为例，低能级 E_1 为基态，高能级 E_2 为激发态。

激发态的原子在无外界的影响下，以辐射的方式返回基态的过程称为自发辐射。自发辐射过程发射的光子频率 v 为

$$v = \frac{E_2 - E_1}{h} \tag{1-1}$$

假设 t 时刻处于高能级的原子数为 N_2，当 $t = 0$ 时，高能级的原子数为 N_{20}。由于自发辐射过程，单位时间内高能级上自发辐射光子的概率为

$$\frac{\mathrm{d}N_2}{\mathrm{d}t} = -A_{21}N_2 \tag{1-2}$$

式中，A_{21} 为自发辐射系数，亦称为自发辐射的爱因斯坦系数，上式经过数学积分后变为

$$N_2(t) = N_{20}\mathrm{e}^{-A_{21}t} \tag{1-3}$$

由上式可推导出高能级的平均自发寿命 τ_2 为

$$\tau_2 = 1/A_{21} \tag{1-4}$$

当激发态的原子在外界辐射场的作用下，且外界辐射频率与相应跃迁能级间距相等时，辐射场将诱导激发态 E_2 的原子跃迁到低能级 E_1，同时发射出一个能量 $\Delta E = E_2 - E_1 = h v$ 的光子，称为受激辐射过程。单位时间内受激辐射概率与外辐射场的能量密度 $\rho(v)$ 有关：

$$\frac{\mathrm{d}N_2}{\mathrm{d}t} = B_{21}\rho(v) \tag{1-5}$$

其中，B_{21} 为受激辐射的爱因斯坦系数。

以典型的二能级系统为例，如图 1.1 所示，当原子吸收一个能量为 $h v$ 的光子时，将会从低能级 E_1 激发到高能级 E_2，称为受激吸收过程。单位时间内吸收光子的概率与单位体积内能量为 $h v$ 的光子数成正比，具体表达式为

$$\frac{\mathrm{d}N_2}{\mathrm{d}t} = B_{12}\rho(v) \tag{1-6}$$

其中，系数 B_{12} 为受激吸收的爱因斯坦系数。

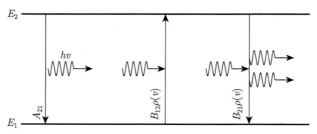

图 1.1   二能级系统与辐射场相互作用过程的示意图

由以上描述可见，原子吸收辐射场能量而从低能级跃迁到高能级，而高能级跃迁至低能级又通过自发辐射和受激辐射释放能量，当原子在能级间的布居与辐射场之间达到平衡状态时，即单位时间内低能级和高能级之间跃迁的原子数相等，满足如下条件：

$$N_{10}B_{12}\rho(v) = N_{20}(A_{21} + B_{21}\rho(v)) \tag{1-7}$$

依据统计规律，热平衡态下能级 i 上的布居数 N_i 满足玻尔兹曼分布规律：

$$N_i \propto g_i \exp(-\varepsilon_i/(k_{\mathrm{B}}T)) \tag{1-8}$$

式中，g_i 为统计权重因子，称为能级 i 的简并度，表示对应同一能级的不同状态数。可见，热平衡态下基态 $(g_i = 1)$ 的原子数最多，激发态的原子数较少，能级

越高，原子布居数越少，且与绝对温度 T 有关，那么两个能级 m 和 n 上的原子数之比为

$$\frac{N_m}{N_n} = \frac{g_m}{g_n}\exp\left(-\frac{\varepsilon_m - \varepsilon_n}{k_B T}\right) \tag{1-9}$$

由式 (1-7)~(1-9) 化简得

$$\rho(v) = \frac{A_{21}}{B_{21}}\left[\frac{g_1 B_{12}}{g_2 B_{21}}e^{hv/(k_B T)} - 1\right]^{-1} = \frac{A_{21}/B_{21}}{\dfrac{g_1}{g_2}\dfrac{B_{12}}{B_{21}}e^{hv/(k_B T)} - 1} \tag{1-10}$$

普朗克辐射定律描述了在 v 到 $v+\mathrm{d}v$ 的频率间隔内，热辐射场的能量密度 $\rho(v)\mathrm{d}v$ 等于 $\mathrm{d}v$ 区间内的模式数 $n(v)\mathrm{d}v$ 乘以每个模式的平均能量，即

$$n(v)\mathrm{d}v = \frac{8\pi v^2}{c^3}\mathrm{d}v \tag{1-11}$$

$$\rho(v)\mathrm{d}v = \frac{8\pi v^2}{c^3}\frac{hv}{\exp(hv/(k_B T)) - 1}\mathrm{d}v \tag{1-12}$$

即单位体积中的模式数 $n(v)$ 和热辐射的能量密度 $\rho(v)$ 分别为

$$n(v) = \frac{8\pi v^2}{c^3} \tag{1-13}$$

$$\rho(v) = \frac{8\pi v^2}{c^3}\frac{hv}{\exp(hv/(k_B T)) - 1} \tag{1-14}$$

比较公式 (1-10) 和 (1-14) 的系数，可得爱因斯坦系数之间的关系式为

$$B_{12} = \frac{g_2}{g_1}B_{21} \tag{1-15}$$

$$A_{21} = \frac{8\pi hv^3}{c^3}B_{21} \quad \text{或} \quad \frac{A_{21}}{n(v)} = B_{21}hv \tag{1-16}$$

式 (1-15) 表明，对于统计权重相等的两个能级，受激发射的概率等于受激吸收的概率；式 (1-16) 表明每个模式的自发辐射 $A^* = A_{21}/n(v)$ 等于一个光子诱导出来的受激辐射，可推广到任意一个模式中，受激辐射与自发辐射之比等于此模式中的光子数 q：

$$q = \frac{B_{21}\rho(v)}{A_{21}^*} \tag{1-17}$$

其中，在一个模式中 $\rho(v) = qhv$。

光谱学上，自发辐射的光称为荧光；光的吸收过程将产生吸收光谱。光与物质相互作用的过程主要呈现出折射、反射、吸收、干涉、衍射、偏振等现象，依据这些过程衍生出各种光谱法[1-8]，如图 1.2 所示。

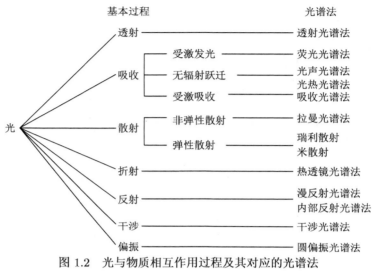

图 1.2   光与物质相互作用过程及其对应的光谱法

随着诸多理论的提出和实验的证明，光作为一种电磁辐射 (电磁波)，被认为既具有波动性，又具有粒子性，即"波粒二象性"。而光子作为电磁辐射的载体，是传递电磁相互作用的基本粒子，在量子场论中光子被认为是电磁相互作用的媒介。依据波长的长短或频率的大小，电磁波谱可大致分为：无线电波、微波、红外线、可见光、紫外线、X 射线和 γ 射线。将电磁波按其频率或波长的大小顺序排列，称为电磁波谱，如图 1.3 所示为电磁波的频谱分布图。

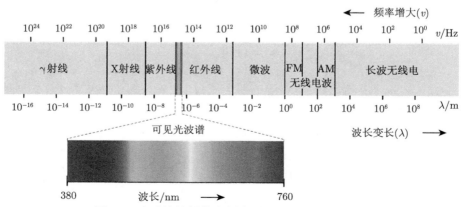

图 1.3   电磁波的频谱分布图 (彩图请扫封底二维码)

基于光与物质的吸收过程形成吸收光谱。在此，以分子的吸收现象来解释吸收光谱。分子的整个激发能级包括电子态、振动态和转动态，即

$$E = E_{\mathrm{e}} + E_{\mathrm{v}} + E_{\mathrm{r}} \tag{1-18}$$

电子态中相同振动态内转动能级之间的跃迁形成转动光谱，如图 1.4 中 (a) 所示，此过程只有转动量子数 (j) 的变化，对应光谱范围从微波到远红外；电子态内不同振动态内转动能级之间的跃迁形成振转光谱，如图 1.4 中 (b) 所示，振动和振动量子数 (v) 皆发生改变，相应光谱范围为红外光谱；如果不同电子态内转动态或振动态之间发生跃迁，如图 1.4 中 (c) 所示，电子、振动和振动量子数都发生改变，对应光谱范围为近红外、可见或紫外光谱。分子的振动模式数可由下式描述：

$$f = 3N - 5 \quad (\text{线性分子}) \tag{1-19}$$

$$f = 3N - 6 \quad (\text{非线性分子}) \tag{1-20}$$

其中，N 为分子内自由度数。以 H_2O 分子为例，$N = 3$，如图 1.5 所示。基态跃迁到第一激发态的称为本征跃迁 ($0, 0, 0 \to 1, 0, 0$)，还有其他类型的跃迁，如：基态内的谐频或泛频跃迁 (如 $0, 0, 0 \to 2, 0, 0$)，基态内的和频跃迁 (如 $0, 0, 0 \to 1, 2, 1$)，激发态内的泛频跃迁 (如 $1, 0, 0 \to 3, 0, 0$)，以及激发态内的和频跃迁 (如 $1, 2, 0 \to 2, 3, 1$) 等。

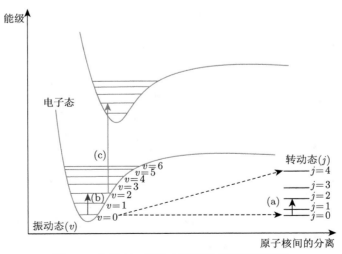

图 1.4　电子态、振动态和转动态跃迁示意图

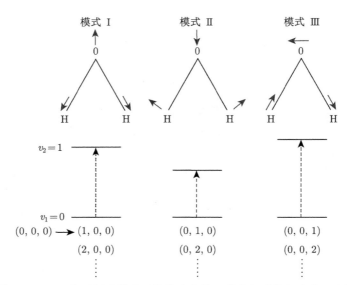

图 1.5　H_2O 分子振动模式及其基态和第一激发振动能级分布示意图

　　显然，构成分子的原子数越多，分子结构越复杂，分子的能级分布就越密集，对应分子的跃迁谱线就越丰富。例如，挥发性有机物所呈现出的光谱分布特性为宽范围的带状结构，无法观测到如大气典型成分等小分子的精细光谱结构。因此，光谱学研究中，需要考虑多个分子的"指纹"光谱特性，精心选择光谱范围，才能实现待研究物质成分的定性识别或定量分析。

参 考 文 献

[1]　陆同兴, 路轶群. 激光光谱技术原理与应用 [M]. 2 版. 合肥: 中国科学技术大学出版社, 2009.

[2]　周炳琨, 高以智, 陈倜嵘. 激光原理 [M]. 6 版. 北京: 国防工业出版社, 2009.

[3]　李传亮. 高灵敏光谱技术在痕量检测中的应用 [M]. 北京: 电子工业出版社, 2017.

[4]　陈家璧. 激光原理及应用 [M]. 4 版. 北京: 电子工业出版社, 2019.

[5]　逯美红. 激光光谱检测技术与应用研究 [M]. 北京: 中国原子能出版社, 2020.

[6]　BAUDELET M. Laser Spectroscopy for Sensing: Fundamentals, Techniques and Applications[M]. Cambridge: Woodhead Publishing, 2014.

[7]　DEMTRODER W. Laser Spectroscopy 1: Basics Principles[M]. 5th ed. Berlin: Springer, 2014.

[8]　DEMTRODER W. Laser Spectroscopy 2: Experimental Techniques[M]. 5th ed. Berlin: Springer, 2015.

第 2 章　激光光谱基本理论

早在 1729 年法国科学家皮埃尔·布格 (Pierre Bouguer) 在研究光与物质相关作用过程中发现用固定强度的单色光照射吸收介质时，透射光的强度对吸收介质的厚度具有一定的依赖性。1760 年，他的学生约翰·海因里希·朗伯 (Johann Heinrich Lambert) 进一步研究发现，当光通过吸收介质时，光的衰减程度与介质厚度成正比。直到 1852 年德国物理学家和数学家奥古斯特·比尔 (August Beer) 提出光的吸收程度和吸光物质浓度亦具有类似关系。基于以上三位伟大科学家的历史贡献，最终建立了光与物质相关作用–吸收过程所满足的基本定律：布格–朗伯–比尔定律，简称朗伯–比尔定律 (Lambert-Beer law)。朗伯–比尔定律作为光吸收的基本定律，适用于所有的电磁辐射和吸光物质，包括气体、固体、液体、分子、原子和离子等物质。

2.1　朗伯–比尔定律

如图 2.1 所示为激光光谱气体吸收检测的原理示意图。假设一束光 (波长为 λ) 通过某一均匀介质时，入射光强 $I_0(\lambda)$ 和透射光强 $I(\lambda)$ 的变化关系满足朗伯–比尔定律。具体描述数学表达式为

$$I(\lambda) = I_0(\lambda) \exp(-\alpha(\lambda)L) \tag{2-1}$$

当通过非均匀气体介质时，除了光与物质的相互作用的吸收过程外，光强变化还会受到其他因素的影响，如散射效应和仪器响应特性等，因此完整的朗伯–比尔定律表达式为

$$I(\lambda) = I_0(\lambda) \exp[-\alpha(\lambda)L + \beta(\lambda)L + \gamma L + \delta]A(\lambda) \tag{2-2}$$

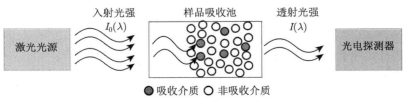

图 2.1　气体吸收检测原理

式中，$I_0(\lambda)$ 是初始的入射光强，$I(\lambda)$ 是光波通过介质后的透射光强，$\alpha(\lambda)$ 是特定波长下的吸收系数，L 是光与介质相互作用的有效光程，$\beta(\lambda)$ 是瑞利 (Rayleigh) 散射系数，γ 是米 (Mie) 散射系数，δ 代表其他效应的影响，$A(\lambda)$ 代表仪器系统的响应函数。

本书主要研究的介质为气体分子，可默认为均匀介质，因此光与气体分子之间的相互作用过程以吸收为主。气体分子吸收系数 $\alpha(\lambda)$ 与分子的吸收线型、线强和分子数有关，单个谱线吸收可表示为

$$\alpha(\lambda) = \phi(\lambda - \lambda_0) \cdot S(T) \cdot N(T, P) \tag{2-3}$$

式中，$S(T)$ 为分子吸收谱线强，$N(T, P)$ 为分子数密度，$\phi(\lambda - \lambda_0)$ 为以波长 λ_0 为中心的吸收线型，通常满足归一化条件：

$$\int_0^\infty \phi(\lambda - \lambda_0)\mathrm{d}\lambda = 1 \tag{2-4}$$

通常以分子的吸收系数和吸收光程之乘积来衡量分子吸收过程的强弱，即吸收深度 $\alpha(\lambda)L$。而分子数密度为温度 T 和压力 P 的函数，表达式如下：

$$N(T, P) = \frac{P}{P_0} \cdot N_0 \cdot \frac{T_{\mathrm{ref}}}{T} \tag{2-5}$$

其中，$N_0 = 2.6875 \times 10^{19} \mathrm{mol./(cm^3 \cdot atm)}$ 为在标准状态下理想气体的分子数，参考温度 $T_{\mathrm{ref}} = 296\mathrm{K}$，参考压力 $P_0 = 1\mathrm{atm}$ [①]。鉴于光谱学中相关物理量常以跃迁频率 v(单位：cm^{-1}) 作为自变量，分子的单个吸收线积分面积可通过以下公式计算：

$$A = \int_{-\infty}^\infty \alpha(v)L\mathrm{d}v = \int_{-\infty}^\infty \phi(v - v_0) \cdot S(T) \cdot N(T, P) \cdot L\mathrm{d}v \tag{2-6}$$

由线型满足归一化条件，上式可化简为

$$A = S \cdot N \cdot L \tag{2-7}$$

由上式可见，在相关实验条件 (如温度、压力、光程和谱线参数) 已知的情况下，通过测量分子的积分吸收面积，即可利用式 (2-7) 反演出吸收分子的分子数或浓度 $\mathrm{C = N/N_0}$；反之，可计算出分子的谱线参数 (如线强)。

---

① $1\mathrm{atm} = 1.01325 \times 10^5 \mathrm{Pa}$.

2.2 吸收线强度

分子光谱中除了用波长 λ 这个物理量之外，光谱研究者们更倾向于以波数 $\tilde{v}$ (即波长的倒数，单位：cm^{-1}) 来描述光波，定义为

$$\tilde{v} = \frac{1}{\lambda} = \frac{v}{c} = \frac{E_m - E_n}{hc} \tag{2-8}$$

其中，v 是光波频率，c 是真空中光速，h 是普朗克常数，E_n 和 E_m 分别为低能级和高能级能量。吸收跃迁的强度 S 依赖于低量子态的布居数 N_n，满足 Boltzmann 分布，而高能级态 m 和低能级态 n 之间的跃迁与 Einstein 系数 B_{nm}[①]有关，吸收谱线的线强可描述为

$$S = \frac{1}{N} \frac{h\tilde{v}_{nm}}{c} B_{nm} N_n \left[1 - \exp\left(\frac{hc\tilde{v}_{nm}}{k_B T} \right) \right] \tag{2-9}$$

式中，k_B 为 Boltzmann 常量，N_n 是低能级态布居数，定义为

$$N_n = \frac{N g_n}{Q_{int}} \exp\left(-\frac{hcE_n}{k_B T} \right), \quad Q_{int} = \sum_n g_n \exp\left(-\frac{hcE_n}{k_B T} \right) \tag{2-10}$$

Q_{int} 是整个内部配分函数，g_n 为低能级态的简并度。结合式 (2-9) 和 (2-10)，温度 T 时的谱线强度可表示为

$$S(T) = \frac{h\tilde{v}_{nm}}{c} B_{nm} \frac{g_n}{Q_{int}(T)} \exp\left(-\frac{hcE_n}{k_B T} \right) \left[1 - \exp\left(\frac{hc\tilde{v}_{nm}}{k_B T} \right) \right] \tag{2-11}$$

$S(T)$ 亦可表示成参考温度 T_{ref} 时线强度 S_{ref} 的函数 [1,2]：

$$S(T) = S_{ref} \frac{Q_{int}(T_0)}{Q_{int}(T)} \frac{T_{ref}}{T} \frac{\left[1 - \exp\left(\dfrac{hc\tilde{v}_{nm}}{k_B T} \right) \right]}{\left[1 - \exp\left(\dfrac{hc\tilde{v}_{nm}}{k_B T_{ref}} \right) \right]} \exp\left[-\frac{hcE_n}{k_B} \left(\frac{1}{T} - \frac{1}{T_{ref}} \right) \right] \tag{2-12}$$

然而，在不考虑配分函数的情况下，Browell 等给出了简化的温度依赖的线强表达式 [3]：

---

① 两个能级态 $|m\rangle$ 和 $|n\rangle$ 之间的跃迁概率：$B_{nm} = \dfrac{8\pi^3}{3h^2 c} |R_{nm}|^2$。

$$S(T) = S_{\text{ref}} \left(\frac{T_{\text{ref}}}{T} \right)^{1.5} \frac{\left[1 - \exp \left(\frac{hc\tilde{v}_{nm}}{k_{\text{B}}T} \right) \right]}{\left[1 - \exp \left(\frac{hc\tilde{v}_{nm}}{k_{\text{B}}T_{\text{ref}}} \right) \right]} \exp \left[-\frac{hcE_n}{k_{\text{B}}} \left(\frac{1}{T} - \frac{1}{T_{\text{ref}}} \right) \right] \quad (2\text{-}13)$$

此公式常被用于差分吸收雷达 (Differential Absorption Lidar，DIAL) 遥感探测大气研究 [4,5]。

通常光谱数据库 [6] 中的线强皆以室温 ($T_{\text{ref}} = 296\text{K}$) 计算的结果作为参考标准。因此，当配分函数 Q_{int} 已知时，依据方程 (2-12) 就可以确定各个温度下的线强。如图 2.2 所示为 1573 nm 附近 CO_2 分子的 R18e 谱线和 1511 nm 附近 C_2H_2 分子的 R25e 谱线在 0~500 K 的温度范围内线强的分布曲线。

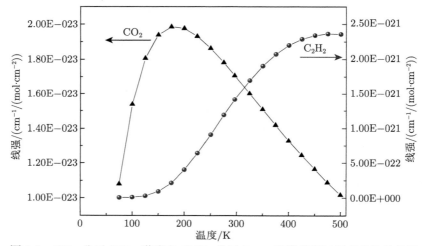

图 2.2　CO_2 分子 R18e 谱线和 C_2H_2 分子 R25e 谱线线强对温度的依赖特性

经典的内部配分函数 $Q_{\text{int}}(T)$ 表示成如下乘积形式 [7]：

$$Q_{\text{int}}(T) = Q_n Q_v Q_j \quad (2\text{-}14)$$

式中，Q_n，Q_v 和 Q_j 分别为核配分函数、振动配分函数和转动配分函数。对于转动–振动跃迁，只有 Q_v 和 Q_j 对整个内部配分函数有贡献：

$$Q_v = \sum_v g_v \exp \left(-\frac{E_v}{k_{\text{B}}T} \right) \quad (2\text{-}15)$$

$$Q_j = \sum_j g_j \exp \left(-\frac{E_j}{k_{\text{B}}T} \right) \quad (2\text{-}16)$$

只考虑 2 阶近似时 [8]，振动配分函数可表示成

$$Q_v = \left[1 - \exp\left(-\frac{hc\tilde{v}_1}{k_{\mathrm{B}}T}\right)\right]^{-d_1} \left[1 - \exp\left(-\frac{hc\tilde{v}_2}{k_{\mathrm{B}}T}\right)\right]^{-d_2} \cdots \qquad (2\text{-}17)$$

式中，d_i 为模式 $\tilde{v}_i$ 的简并度，转动配分函数依赖于分子的对称性。对于线性分子，当 $k_{\mathrm{B}}T \ll hcB_m$ 时[①]，幂级数展开为

$$Q_j = \frac{1}{\sigma_m}\frac{k_{\mathrm{B}}T}{hcB_m} \qquad (2\text{-}18)$$

其中，σ_m 为对称因子，由分子对称属性决定，B_m 为分子转动频率。对于非线性分子，幂级数展开式：

$$Q_j = \frac{1}{\sigma_m}\sqrt{\frac{\pi}{A_m B_m C_m}\left(\frac{k_{\mathrm{B}}T}{hc}\right)} \qquad (2\text{-}19)$$

其中，A_m，B_m，C_m 为转动频率 (cm^{-1})，典型地，如二氧化碳和水分子的振动频率 $(\tilde{v}_1, \tilde{v}_2, \tilde{v}_3)$、转动基频 (A_m, B_m, C_m) 和对称因子 σ_m 如表 2.1 所列 [9,10]。依据式 (2-14)，线性分子的整个内部配分函数可表示成

$$Q_{\mathrm{int}}(T) = \frac{1}{\sigma_m}\frac{k_{\mathrm{B}}T}{hcB_m}\left[1 - \exp\left(-\frac{hc\tilde{v}_1}{k_{\mathrm{B}}T}\right)\right]^{-d_1}\left[1 - \exp\left(-\frac{hc\tilde{v}_2}{k_{\mathrm{B}}T}\right)\right]^{-d_2}\cdots \quad (2\text{-}20)$$

而对于非线性分子：

$$Q_{\mathrm{int}}(T) = \frac{1}{\sigma_m}\sqrt{\frac{\pi}{A_m B_m C_m}\left(\frac{k_{\mathrm{B}}T}{hc}\right)}\left[1 - \exp\left(-\frac{hc\tilde{v}_1}{k_{\mathrm{B}}T}\right)\right]^{-d_1}\left[1 - \exp\left(-\frac{hc\tilde{v}_2}{k_{\mathrm{B}}T}\right)\right]^{-d_2}\cdots$$

$$(2\text{-}21)$$

表 2.1 二氧化碳和水分子的振动频率、转动基频和对称因子

分子	$\tilde{v}_1/\mathrm{cm}^{-1}$	$\tilde{v}_2/\mathrm{cm}^{-1}$	$\tilde{v}_3/\mathrm{cm}^{-1}$	A_m/cm^{-1}	B_m/cm^{-1}	C_m/cm^{-1}	σ_m
CO_2	1333	667	2349	—	0.39	—	2
H_2O	3657	1595	3756	27.88	14.52	9.28	2

以上描述可见，要获得不同温度下的谱线强度，首先需要准确地知道分子配分函数，很多文献报道了不同分子在不同条件下的配分函数相关计算公式 [11-15]。

---

① 转动能量给定为 $E_j = B_m hcj(j+1)$，式中 B_m 为转动频率，j 为转动量子数。

通常以如下给出的与温度 T 相关的三阶多项式模型快速计算出配分函数值：

$$Q(T) = a + bT + cT^2 + dT^3 \tag{2-22}$$

对于大多数大气分子 (如：H_2O，CO_2，O_2，O_3，CO，HCN，N_2O，NO_2，NO，C_2H_2，H_2S 等)，其计算精度优于 1%，而对于某些分子如 CH_4，PH_3，CH_3Cl，SF_6，COF_2，C_2H_6 等的计算误差要偏高。此外，美国斯坦福大学 Hanson 教授课题组对不同温度下的 NH_3 和 CH_4 给出了详细的报道[16]，并与式 (2-14) 给出的经典公式及其他模型进行了比较，作为燃烧诊断领域的国际引领者，其研究光谱范围遍及近红外到中红外[17]，详细结果可参考其实验室主页[18]。

最后，需要指出的是 HITRAN 光谱数据中定义的线强单位为：$cm^{-1}/(mol. \cdot cm^{-2})$ 或者简化为 cm/mol. 的形式。由于采用不同的压力和分子计数单位，线强另外一种单位定义为 $cm^{-2}.atm^{-1}$，两者之间满足的换算关系式为

$$S[cm^{-2} \cdot atm^{-1}] = \frac{S[cm^{-1}/(mol. \cdot cm^{-2})] \times n[mol./cc]}{P[atm]} \tag{2-23}$$

其中，$n[mol./cc]$ 为单位体积内的气体分子数，根据热力学定律，上式可进一步简化为

$$S[cm^{-2} \cdot atm^{-1}] = \frac{7.34 \times 10^{21}}{T} \times S[cm^{-1}/(mol. \cdot cm^{-2})] \tag{2-24}$$

2.3　分子吸收线型

除了线强之外，线型和线宽也是分子吸收谱线的重要参数，分子谱线加宽主要有三种类型：自然加宽 (Natural Broadening)、多普勒加宽 (Doppler Broadening) 和碰撞加宽 (Collisional Broadening)。下面将逐一介绍分子谱线加宽的分类及其适用范围。

1. 自然加宽

自然加宽是由能级态的有限寿命决定的，除了基态，所有的激发态都由其寿命表征[19]：

$$\tau = \frac{1}{A_{nm}} \tag{2-25}$$

式中，A_{nm} 为自发辐射 Einstein 系数，与 B_{nm} (定义：两个能级态 $|m\rangle$ 和 $|n\rangle$ 之间的跃迁概率 $B_{nm} = \frac{8\pi^3}{3h^2c} |R_{nm}|^2$) 有关：

$$A_{nm} = 8\pi hc\tilde{v}_{nm}^3 B_{nm} = \frac{64\pi^4 \tilde{v}_{nm}^3}{3h} |R_{nm}|^2 \tag{2-26}$$

寿命的有效值证明了能级态的加宽 ΔE,由 Heisenberg 不确定关系决定[20]:

$$\tau \Delta E \geqslant \hbar \tag{2-27}$$

结合式 (2-25) 和 (2-26) 得到谱线加宽为

$$\Delta \tilde{v}_{\text{nat}} = \frac{\Delta E}{hc} \geqslant \frac{32\pi^3 \tilde{v}^3}{3hc} |R_{nm}|^2 \tag{2-28}$$

显然,谱线加宽 $\Delta \tilde{v}_{\text{nat}}$ 依赖于 $\tilde{v}^3$,对于激发的电子态,因 $\tilde{v}$ 较大所以 $\Delta \tilde{v}_{\text{nat}}$ 较大,典型值在 1×10^{-3} cm^{-1}(30MHz);激发的振动态为 $1 \times 10^{-7} \sim 6.7 \times 10^{-7}$ cm^{-1} (3~20 kHz),转动态为 $3 \times 10^{-15} \sim 3 \times 10^{-14}$ cm^{-1} ($10^{-5} \sim 10^{-4}$ Hz)。因每个原子或分子行为一致,故自然加宽为均匀加宽,满足洛伦兹 (Lorentz) 线型特征分布。对于振转跃迁,自然加宽很小,由于其他过程 (如 Doppler 加宽和碰撞加宽) 占据主导地位,故通常实验条件下无法观察到。

2. 多普勒加宽

当分子沿着光束传播方向具有速度 $\tilde{v}_{\text{a}}$ 时,在有光子吸收 $\tilde{v}_{\text{a}}$ 处将发生位移,此效应即所谓的多普勒 (Doppler) 位移。位移的频率 $\tilde{v}_{\text{a}}$ 可表示成静态时分子频率 $\tilde{v}_0$ 的函数:

$$\tilde{v}_{\text{a}} = \tilde{v}_0 \left(1 \pm \frac{v_{\text{a}}}{c} \right) \tag{2-29}$$

理论上,任何气态分子都是在持续的运动中,其随机分布满足 Maxwell 分布。分子运动的随机性导致不均匀加宽,可用高斯 (Gauss) 分布函数来描述:

$$g_{\text{D}}(\tilde{v}) = \sqrt{\frac{\ln 2}{\pi}} \frac{1}{\Delta \tilde{v}_{\text{D}}} \exp \left[-\ln 2 \frac{(\tilde{v} - \tilde{v}_0)^2}{\Delta \tilde{v}_{\text{D}}^2} \right] \tag{2-30}$$

式中,$\Delta \tilde{v}_{\text{D}}$ 为半高半宽 (HWHM):

$$\Delta \tilde{v}_{\text{D}} = \frac{\tilde{v}_0}{c} \sqrt{\frac{2RT \ln 2}{M}} = \tilde{v}_0 (3.58 \times 10^{-7}) \sqrt{\frac{T}{M}} \tag{2-31}$$

其中,$\tilde{v}_0$ 为分子中心频率 (cm^{-1}),M 为分子摩尔质量,$R = 8.314$ 为理想气体常数 (J·K^{-1}·mol.$^{-1}$),T 是开尔文温度 (K)。

图 2.3 给出了 CO_2 在 6361.25cm^{-1},C_2H_2 在 6608.51cm^{-1},H_2O 在 7161.41cm^{-1} 和 CH_4 在 6046.95 cm^{-1} 处 Doppler 半高半宽随温度增加的变化关系。从图中可以看出,Doppler 加宽对 H_2O 和 CH_4 的影响大于对 CO_2 和 C_2H_2 的影响,是因为水和甲烷分子的分子量较小。典型地,近红外 (1.3~2 μm) 范围分子量在 0.020~0.060 kg 之间的分子 Doppler 加宽为 $3.3 \times 10^{-3} \sim 1 \times 10^{-2}$cm^{-1}(100~300 MHz),10 μm 处为 $6.7 \times 10^{-4} \sim 1.3 \times 10^{-3}$ cm^{-1} (20~40 MHz)。

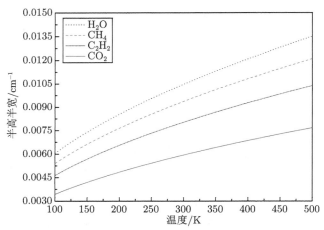

图 2.3　CO_2 分子 (6361.25 cm^{-1})，C_2H_2 分子 (6608.51 cm^{-1})，H_2O 分子 (7161.41 cm^{-1}) 和 CH_4 分子 (6046.95 cm^{-1}) 的 Doppler 半高半宽对温度的依赖特性

3. 碰撞加宽

当气态原子或分子间发生碰撞时，能量转移导致能级的加宽。如果碰撞平均时间为 τ_{coll}，且每次碰撞引起两个能级态间的跃迁，那么存在跃迁线宽为 $\Delta\tilde{v}_L$，依据 Heisenberg 不确定关系 (见式 (2-27))：

$$\Delta\tilde{v}_L \geqslant \frac{1}{2\pi\tau_{coll}} \tag{2-32}$$

此过程类似自然加宽，属于均匀加宽，满足 Lorentz 线型分布：

$$g_L(\tilde{v}) = \frac{\Delta\tilde{v}_L}{\pi}\left[\frac{1}{(\tilde{v}-\tilde{v}_0)^2+\Delta\tilde{v}_L^2}\right] \tag{2-33}$$

由于碰撞概率随着压力的增加而增加，因此平均自由程减小，通过加宽因子 g 线型的线宽 $\Delta\tilde{v}_L$ 随着整个压力 P_0 增加而增加。同时半宽存在一定的温度依赖性，由系数 n 表征：

$$\Delta\tilde{v}_L = gP_0\left(\frac{T_{ref}}{T}\right)^n \tag{2-34}$$

T_{ref} 为参考温度，一般取 296K。温度系数 n 在 0.5~0.8 范围，而加宽因子 g 依赖于所考虑的跃迁和气体成分。加宽系数通常包括吸收介质自身引起的自加宽系数 g_{self} 和非吸收介质引起的外加宽系数，外加宽系数一般为空气加宽系数 g_{air}，当研究环境中的主要成分发生巨大变化时，则需要考虑各个主成分的加宽系数，典型情况如：高湿度环境下，且水汽 (H_2O) 诱导的加宽系数要比空气等其他分子的加宽系数更大。考虑到此两个参数和分压 P_{self}，则 Lorentz 线宽可表示为

$$\Delta \tilde{v}_L = \left[g_{self} P_{self} \left(\frac{T_{ref}}{T} \right)^{n_{self}} + g_{air}(P_0 - P_{self}) \left(\frac{T_{ref}}{T} \right)^{n_{air}} \right] \tag{2-35}$$

图 2.4 分别给出了纯 CO_2、典型的大气中 CO_2 浓度 (350ppm(Parts Per Million)) 和 1%H_2O 的压力加宽特性。

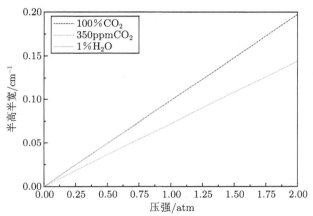

图 2.4 纯 CO_2、典型的大气中 CO_2 浓度 (350ppm)(6361.25 cm^{-1} 处) 和 1%H_2O 分子 (7161.41 cm^{-1} 处) 的压力加宽特性

　　显然因自加宽和空气加宽系数不同，谱线加宽不仅仅与分子有关还与其浓度有关。室温 (1atm) 下，典型线宽在 0.05~0.1cm^{-1} (1.5~3GHz) 范围。对于 Lorentz 分布分子最大截面积与线宽乘积为常量 ($\Delta \tilde{v}_L \sigma_{max} = S/\pi$)，因而压力加宽使分子中心处的吸收截面减小很多。

4. 沃伊特 (Voigt) 线型

　　理论上，气体的温度和压力都不可能为零，所以多普勒加宽和碰撞加宽效应总是同时存在。低压下，Doppler 加宽占主导地位，即 $\Delta \tilde{v}_D > 10\Delta \tilde{v}_L$ 时，Gauss 线型可以较好地描述分子吸收谱线线型；高压下，碰撞加宽占主导地位，即 $\Delta \tilde{v}_L > 5\Delta \tilde{v}_D$ 时，Lorentz 线型可较好地描述分子吸收谱线线型。鉴于中间情况，需要同时考虑两种加宽效应的影响，通过将 Gauss 线型与 Lorentz 线型进行卷积，得到的线型函数称为 Voigt 线型，表达式为

$$g_V(\tilde{v}) = \int_0^\infty g_L(\tilde{v}') g_D(v - \tilde{v}') d\tilde{v}' \tag{2-36}$$

鉴于其数学计算的复杂性，通常以 Whitting 近似表达式来表示：

$$\sigma_{\mathrm{V}}\left(\tilde{v}\right) = \sigma_{\mathrm{V}}\left(\tilde{v}_0\right) \left\{ \begin{array}{l} (1-x)\exp\left(-0.693y^2\right) + \dfrac{x}{1+y^2} \\ +0.016\left(1-x\right)x\left[\exp\left(-0.0841y^{2.25}\right) - \dfrac{1}{1+0.021y^{2.25}}\right] \end{array} \right\}$$

$$(2\text{-}37)$$

式中，$x = \Delta\tilde{v}_{\mathrm{L}}/\Delta\tilde{v}_{\mathrm{V}}$，$y = |\tilde{v} - \tilde{v}_0|/\Delta\tilde{v}_{\mathrm{V}}$，$\Delta\tilde{v}_{\mathrm{V}}$ 是 Voigt 线型的半高宽度 $\sigma_{\mathrm{V}}(\nu_0) = \dfrac{\mathrm{S}}{[2\gamma_{\mathrm{V}}(1.065 + 0.447\mathrm{x} + 0.058\mathrm{x}^2)]}$。Voigt 线宽与 Doppler 加宽和碰撞加宽的近似关系为

$$\Delta\tilde{v}_{\mathrm{V}} = 0.5346\Delta\tilde{v}_{\mathrm{L}} + [0.2166\Delta\tilde{v}_{\mathrm{L}}^2 + \Delta\tilde{v}_{\mathrm{D}}^2]^{1/2} \qquad (2\text{-}38)$$

图 2.5 比较了相同 HWHM 时的 Gauss 线型和 Lorentz 线型，以及 Lorentz 线型和 Gauss 线型的卷积，即 Voigt 线型。Gauss 线型的峰值大约比 Lorentz 线型的峰值高 50%，但两翼降得更快。标准状况下 ($T = 296\mathrm{K}$, $P_0 = 1\mathrm{atm}$)，碰撞加宽大约高于 Doppler 加宽 1 个量级，因此 Vogit 线型更近似于 Lorentz 线型。

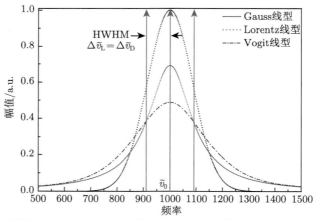

图 2.5　相同 HWHM 时 Gauss 线型和 Lorentz 线型及 Voigt 线型的对比

5. 硬/软碰撞线型

实验研究表明有时 Voigt 线型亦不能完美地实现高精度拟合光谱数据。多普勒加宽和碰撞加宽之间的耦合效应，导致分子间碰撞不仅降低了激发态能级寿命，且使得分子运动速度分布变窄，从而导致多普勒线宽变窄，这种压窄效应称为 Dicke 变窄效应 (Dicke Narrowing Effect)。

分子运动速度变化的碰撞效应在线型上可用两种模型描述，即硬碰撞和软碰撞[21]。对于硬碰撞，假设每次碰撞后的速度概率满足 Maxwell 分布，即每次碰

撞后的速度与碰撞前的速度完全无关，这种模型非常适用于干扰分子质量相对吸收分子较重的体系。软碰撞模型中，吸收分子的质量远大于干扰分子的质量，每次碰撞的效应可以忽略，单次碰撞前的速度与碰后的速度有关，多次碰撞的积累效应导致随机的分布，数学上分子运动可用布朗运动理论模拟，因此这种模型适用于干扰分子质量相对吸收分子较轻的体系。

硬碰撞和软碰撞线型的理论表达式可分别由 Rautian 等[22] 和 Galatry[23] 建立的线型模型描述：

$$H(x,y) = \sqrt{\frac{\ln 2}{\pi}} \frac{S}{\gamma_D} \mathrm{Re}\left(\frac{w(u)}{1 + \sqrt{\ln 2}\eta/\gamma_D \cdot w(u)}\right) \tag{2-39}$$

$$G(x,y,z) = \frac{\sqrt{\ln 2}}{\pi} \frac{S}{\gamma_D} \mathrm{Re}\left[\frac{1}{1/2z + y - \mathrm{i}x}M \cdot \left(1; 1 + \frac{1}{2z^2} + \frac{y - \mathrm{i}x}{z}; \frac{1}{2z^2}\right)\right] \tag{2-40}$$

式中，$y = \sqrt{\ln 2} \cdot (\gamma_L + \eta)/\gamma_D$，$z = \sqrt{\ln 2} \cdot D/\gamma_D$，$M$ 为合流超几何函数，D 为 Dicke 变窄系数 $(\mathrm{cm}^{-1}/\mathrm{atm})$ 和 γ_D 为光学漫反射 (Optical Diffusion，cm^2/s) 系数。硬碰撞线型计算类似于 Voigt 线型，软碰撞线型计算比较复杂。

Dicke 变窄效应随 Doppler 效应的增强而减小[24]，当 $2\pi\bar{\lambda}/\lambda \gg 1$ 时可以忽略，其中 $\bar{\lambda}$ 为分子的热运动平均自由程，λ 为对应跃迁波长。分子光谱学中对于高分辨谱线的精细研究，考虑这两种线型具有重要的必要性；而气体传感和痕量气体分析等实际应用中，公式的复杂化使得光谱信号分析、计算过程耗费很长时间，无法满足实时测量的要求，采用 Voigt 线型就足以满足所需的精度要求。针对这些问题，光谱学者们通过建立一系列改进的算法模型[25-30] 来提高信号处理效率，以满足实际应用需求。

2.4 分子光谱数据库

光谱数据库是研究分子光谱的重要参考，目前国际上很多科研机构开发了各种版本的分子光谱数据库，最具有代表性为美国哈佛–史密松天体物理中心 L.S. Rothman 博士领导建立的高分辨率大气分子数据库 (High-Resolution Transmission Molecular Absorption Database，HITRAN)[31]，HITRAN 数据库源于 20 世纪 60 年代，最初由美国空军剑桥研究室 (Air Force Cambridge Research Laboratories，AFCRL) 建立，该数据库每四年更新一次，目前已发展更新到最新版本 HITRAN2020，涵盖了典型大气中几十种气体分子及其同位素 (如 H_2O，碳氢和氮氧化合物等) 的谱线参数，如谱线位置、线强、自加宽/空气加宽系数、下能级能量、温度依赖指数等。为便于广大科研工作者的使用，HITRAN 数据库免费提供了基于 PC 的 JavaHAWKS(HITRAN Atmospheric Workstation) 模拟软件和基于网页的在线模拟平台 (HITRAN on the web: http://hitran.iao.ru/molecule)，如图 2.6 和图 2.7 所示为两种不同模拟软件平台的界面图。

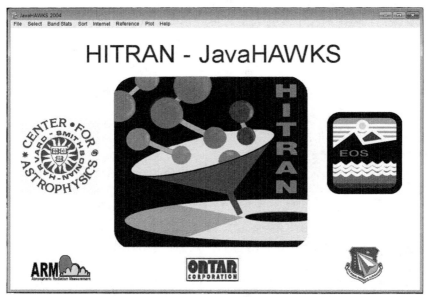

图 2.6　HITRAN 数据库 Java-HAWKS 模拟软件界面

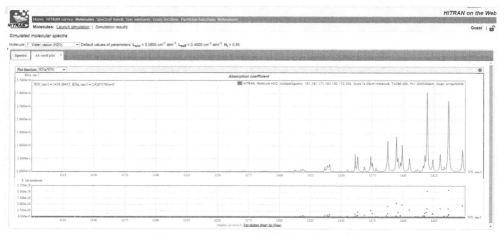

图 2.7　HITRAN 在线模拟平台界面

HITRAN 数据库中给出的相关谱线参数格式及其定义如图 2.8 和图 2.9 所示。近年来，为了推广该数据库，还专门开发了基于开源 Python 软件的模拟程序代码，极大地丰富了数据库的使用方式[32]。

HITRAN 谱线参数格式定义的示例

Mol/Iso	v_{ij}	S_{ij}	R_{ij}	γ_{air}	γ_{self}	E''	n_{air}	δ_{air}	iv'	iv''	q'	q''	ierr	iref
21	800.451076	3.197E-26	6.579E-05	.0676	.0818	2481.5624	.78	.000000	14	6		P 37	465	2 2 1
291	800.454690	9.724E-22	1.896E-02	.0845	.1750	369.6303	.94	.000000	9	1	341619	331519	000	4 4 1
291	800.454690	3.242E-22	2.107E-03	.0845	.1750	369.6303	.94	.000000	9	1	341519	331419	000	4 4 1
121	800.455380	1.037E-22	1.657E-03	.1100	.0000	530.3300	.75	.000000	32	14	46 640	45 540	000	4 4 1
121	800.455380	1.037E-22	1.657E-03	.1100	.0000	530.3300	.75	.000000	32	14	46 740	45 640	000	4 4 1
101	800.456743	1.680E-23	1.659E-04	.0670	.0000	851.0494	.50	.000000	2	1	45 244 0-	44 143 0-	301	6 6 1
101	800.457045	1.710E-23	1.689E-04	.0670	.0000	851.0469	.50	.000000	2	1	45 244 1-	44 143 1-	301	6 6 1
101	800.457310	1.740E-23	1.718E-04	.0670	.0000	851.0442	.50	.000000	2	1	45 244 2-	44 143 2-	301	6 6 1
121	800.457760	4.726E-23	4.614E-03	.1100	.0000	920.0900	.75	.000000	32	14	502922	492822	000	4 4 1
121	800.457760	4.726E-23	4.614E-03	.1100	.0000	920.0900	.75	.000000	32	14	502922	492722	000	4 4 1
24	800.465942	9.792E-27	6.063E-04	.0754	.1043	1341.2052	.69	.000000	8	3		R 13	425	2 2 1
121	800.466160	1.061E-22	2.720E-03	.1100	.0000	632.1200	.75	.000000	32	14	471236	461136	000	4 4 1
121	800.466160	1.061E-22	2.720E-03	.1100	.0000	632.1200	.75	.000000	32	14	471136	461036	000	4 4 1
35	800.472900	3.878E-26	6.919E-04	.0686	.0871	629.0354	.76	.000000	2	1	1814 4	1713 5	455	5 5 1
101	800.473083	1.270E-23	1.254E-04	.0670	.0000	851.0095	.50	.000000	2	1	45 244 0+	44 143 0+	301	6 6 1
101	800.474860	1.210E-23	1.195E-04	.0670	.0000	851.0064	.50	.000000	2	1	45 244-1+	44 143-1+	301	6 6 1
31	800.475500	1.680E-24	3.617E-05	.0653	.0890	1092.4340	.76	.000000	2	1	51 547	50 248	002	1 1 2
291	800.476220	9.597E-22	6.010E-02	.0845	.1750	361.9747	.94	.000000	9	1	341420	331320	000	4 4 1
291	800.476220	3.199E-22	6.010E-03	.0845	.1750	361.9747	.94	.000000	9	1	341520	331420	000	4 4 1
101	800.476937	1.160E-23	1.145E-04	.0670	.0000	851.0037	.50	.000000	2	1	45 244-2+	44 143-2+	301	6 6 1
101	800.484334	1.740E-23	2.153E-05	.0670	.0000	106.0760	.50	.000000	2	1	8 4 4-1+	9 3 7-1+	301	6 6 1

图 2.8 HITRAN 数据库参数的格式

HITRAN 谱线参数格式定义的示例

FORTRAN Format (I2,I1,F12.6,1P2E10.3,0P2F5.4,F10.4,F4.2,F8.6,2I3,2A9,3I1,3I2) corresponding to:					
Mol	I2	Molecule number	E''	F10.4	Lower state energy in cm^{-1}
Iso	I1	Isotopologue number (1= most abundant, 2= second most abundant, etc.)	n_{air}	F4.2	Coefficient of temperature dependence of air-broadened half-width
v_{ij}	F12.6	Wavenumber in cm^{-1}	δ_{air}	F8.6	Air-broadened pressure shift of line transition in cm^{-1}/atm @ 296K
S_{ij}	E10.3	Intensity in cm^{-1}/(molecule x cm^{-2}) @ 296K	iv', iv''	2I3	Upper-state global quanta index, lower-state global quanta indices
R_{ij}	E10.3	Weighted transition moment-squared in Debyes	q', q''	2A9	Upper-state local quanta, lower-state local quanta
γ_{air}	F5.4	Air-broadened half-width (HWHM) in cm^{-1} @ 296K	ierr	3I1	Uncertainty indices for wavenumber, intensity, and air-broadened half-width
γ_{self}	F5.4	Self-broadened half-width (HWHM) in cm^{-1}/atm @ 296K	iref	3I2	Indices for table of references corresponding to wavenumber, intensity, and half-width

图 2.9 HITRAN 数据库参数的定义

针对高温燃烧领域，HITRAN 数据库的创建者们还专门建立了一个高温分子光谱数据库 (High-Temperature Molecular Spectroscopic Database，HITEMP)，包含 H_2O，CO_2，CO，NO，OH 总计物种分子的高温谱线参数，最高温度达 1000 K 以上[33]。以及针对大气 CO_2 分子建立的高温数据库 (Carbon Dioxide Spectroscopic Databank，CDSD)，从最初的 CDSD-296[34]，陆续发展出 CDSD-1000 和 CDSD-4000 版本[35,36]。目前该数据库已包含最高温度达 5000 K 的 CO_2 分子谱线参数。

除了 HITRAN 数据库之外，国际上还有法国动力气象实验室负责的 GEISA 数据库[37,38]，法国兰斯大学与俄罗斯大气光学研究所联合开发的针对大气 O_3 等气体光谱数据库[39,40]，德国马普化学所与美茵兹大学联合建立的针对 NO 分子的可见和紫外光谱数据库 [41]，美国华盛顿大学虚拟行星实验室针对其感兴趣的分子亦建立自己的数据库，并给出了相关数据库的网页链接 [42]。

针对挥发性有机物类大分子，美国西北太平洋国家实验室 (Pacific Northwest National Laboratory，PNNL) 和美国国家标准技术局物理计量实验室分别建立了 PNNL 数据库 [43] 和 NIST(National Institute of Standards and Technology) 数据库 [44]，其中包含了大量化学物质的光谱数据。尤其是 PNNL 数据库包含了 400 余种有机化合物的吸收光谱参数，图 2.10 给出了 PNNL 数据库的查询平台截图。该数据库的数据主要通过傅里叶光谱仪 (Bruker-66V FTIR) 实验获得，吸收单位为 $ppm^{-1} \cdot m^{-1}$(即浓度为百万分之一的样品经过长度为 1 m 路径的吸收)，且在计算分子吸收深度/吸收系数过程中采用以 10 为底的对数，与常规计算方法中采用以 e 为底的对数之间存在 $\ln 10 \approx 2.303$ 的比例关系。此外，针对太阳系外的行星、褐矮星和冷恒星等星球中存在的热分子光谱，英国伦敦大学学院学者们还建立了非常温下的热分子光谱参数数据库 [45,46]。

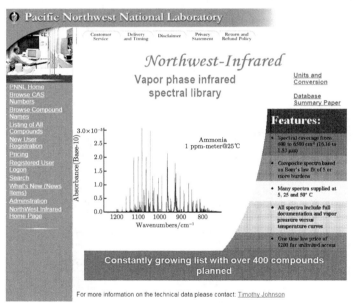

图 2.10   美国 PNNL 红外光谱数据库查询平台

参 考 文 献

[1] NAGALI V, CHOU S I, BAER D S, et al. Tunable diode-laser absorption measurements of methane at elevated temperatures[J]. Applied Optics, 1996, 35(21):4026-4032.

[2] MCDOWELL R S. Rotational partition functions for symmetrictop molecules[J]. J. Chem. Phys., 1990, 93: 2801-2811.

[3] BROWELL E V, ISMAIL S, GROSSMAN B E. Temperature sensitivity of differential absorption lidar measurements of water vapor in the 720 nm region[J]. Applied Optics, 1991, 30: 1517-1524.

[4] NEHRIR A R, REPASKY K S, CARLSTEN J L, et al. Water vapor profiling using a widely tunable, amplified diode-laser-based differential absorption lidar (DIAL) [J]. Journal of Atmospheric and Oceanic Technology, 2009, 26(4): 733-745.

[5] LI J S, DURRY G, COUSIN J, et al. Tunable diode laser measurement of pressure-induced shift coefficients of CO_2 around 2.05 μm for Lidar application[J]. Journal of Quantitative Spectroscopy and Radiative Transfer, 2011, 112:1411-1419.

[6] GORDON I E, ROTHMAN L S, HILL C, et al. The HITRAN2016 molecular spectroscopic database[J]. Journal of Quantitative Spectroscopy and Radiative Transfer, 2017, 203: 3-69.

[7] HERZBERG G. Molecular Spectra and Molecular Structure, vol. II-Infrared and Raman Spectra of Polyatomic Molecules[M]. New York: Van Nostrand, Reinhold, 1945.

[8] SCHILT S. Mesure de Traces de Gaz à làide de Lasers à Semi-Conducteur[D]. Switzerland: Swiss Federal Institute of Technology, 2002.

[9] HOLLAS J M. Modern Spectroscopy[M]. Chichester: John Wiley and Sons, 1999.

[10] HERZBERG G. Molecular Spectra and Molecular Structure, vol. I-Spectra of Diatomic Molecules[M]. New York: Van Nostrand, Reinhold, 1950.

[11] GAMACHE R R, HAWKINS R L, ROTHMAN L S. Total internal partition sums in the temperature range 70-3000 K: Atmospheric linear molecules[J]. Journal of Molecular Spectroscopy, 1990, 142: 205-219.

[12] GAMACHEA R R, KENNEDY S, HAWKINS R, et al. Total internal partition sums for molecules in the terrestrial atmosphere[J]. Journal of Molecular Structure, 2000, 517-518: 407-425.

[13] FISCHER J, GAMACHEA R R, GOLDMAN A, et al. Total internal partition sums for molecular species in the 2000 edition of the HITRAN database[J]. Journal of Quantitative Spectroscopy and Radiative Transfer, 2003, 82:401-412.

[14] GOLDMAN A, GAMACHE R R, PERRIN A, et al. HITRAN partition functions and weighted transition-moments squared[J]. Journal of Quantitative Spectroscopy and Radiative Transfer, 2000, 66:455-486.

[15] ŠIMECKOVÁ M, JACQUEMART D, ROTHMAN L S, et al. Einstein A-coefficients and statistical weights for molecular absorption transitions in the HITRAN database[J]. Journal of Quantitative Spectroscopy and Radiative Transfer, 2006, 98: 130-155.

[16] WEBBER M E, BAER D S, HANSON R K. Ammonia monitoring near 1.5 mm with diode-laser absorption sensors[J]. Applied Optics, 2001, 40(12):2031-2042.

[17] DING Y, PENG Y W, STRAND C L, et al. Quantitative measurements of broadband mid-infrared absorption spectra of formaldehyde, acetaldehyde, and acetone at combustion-relevant temperatures near 5.7 μm[J]. Journal of Quantitative Spectroscopy and Radiative Transfer, 2020, 248: 106981.

[18]　HANSON R K. Stanford University(Laboratory of High Temperature Gas Dynamics).
　　　http://hanson.stanford.edu.

[19]　QUACK M, KUTZELNIGG W. Molecular spectroscopy and molecular dynamics: the-
　　　ory and experiment[J]. Berichte der Bunsengesellschaft fur Physikalische Chemie, 1995,
　　　99(3):231-245.

[20]　HEISENBERG W. Ueber den anschaulichen Inhalt der quantentheoretis chen Kine-
　　　matik und Mechanik[J]. Zeitschrift fÄur Physik, 1927,43:172-198.

[21]　VARGHESE P L, HANSON R K. Collisional narrowing effects on spectral line shapes
　　　measured at high resolution[J]. Appl. Opt.,1984, 23:2376-2385.

[22]　RAUTIAN S G, SOBEL'MAN I I. The effect of collisions on the Doppler broadening
　　　of spectral lines[J]. Sov. Phys. Usp. Engl. Transl., 1967,9:701-716.

[23]　GALATRY L. Simultaneous effect of doppler and foreign gas broadening on spectral
　　　lines[J]. Phys. Rev., 1960,122:1218-1224.

[24]　PINE A S. Asymmetries and correlations in speed-dependent Dicke-narrowed line shapes
　　　of argon-broadened HF[J]. Journal of Quant. Spectrosc. &Radia. Transfer, 1999, 62:
　　　397-423.

[25]　WHITING E E. An empirical approximation to the Voigt profile[J]. J. Quant. Spectrosc.
　　　Radiar. Transfer, 1968, 8: 1378-1384.

[26]　OLIVERO J J, LONGBOTHUM R L. Empirical fits to the Voigt line width: a brief
　　　review[J]. J. Quant. Spectrosc. Radiat. Transfer, 1997, 17: 233-236.

[27]　HUL.T A K, ARMSTRONG B H, WRAYS A A. Rapid computation of the Voigt error
　　　functions and complex[J]. J. Quant. Spectrosc. Radiar. Transfer, 1978, 19:509-516.

[28]　MARTION P, PUERTA J. Generalized Lorentzian approximations for the Voigt line
　　　shape[J]. Appl. Opt., 1981, 20(2):259-263.

[29]　LIU Y Y, LIN J L, HUANG G M, et al. Simple empirical analytical approximation to
　　　the Voigt profile[J]. J. Opt. Soc. Am. B, 2001, 18(5):666-672.

[30]　LYULIN O M. Determination of spectral line parameters from several absorption spec-
　　　tra with the multiSpectrum fitting computer code[J]. Atmospheric and Oceanic Optics,
　　　2015, 28(6): 487-495.

[31]　HITRAN Database.http://www.hitran.org.

[32]　HITRAN Application Programming Interface (HAPI). https://zenodo.org/collection/
　　　user-hapi.

[33]　ROTHMAN L S, GORDON I, BARBER R, et al. HITEMP, The high-temperature
　　　molecular spectroscopic database[J]. Journal of Quantitative Spectroscopy and Radia-
　　　tive Transfer, 2010, 111(15):2139-2150.

[34]　TASHKUN S A, PEREVALOV V I, GAMACHE R R, et al. CDSD-296, high-resolution
　　　carbon dioxide spectroscopic databank: an update[J]. Journal of Quantitative Spec-
　　　troscopy and Radiative Transfer, 2019, 228:124-131.

[35]　TASHKUM S A, PEREVALOV V I, TEFFO J L, et al. CDSD-1000, The high-
　　　temperature carbon dioxide spectroscopic databank[J]. Journal of Quantitative Spec-

troscopy and Radiative Transfer, 2003, 82(1-4):165-196.

[36] TASHKUN S A, PEREVALOV V I. CDSD-4000: High-resolution, high-temperature carbon dioxide spectroscopic databank[J]. Journal of Quantitative Spectroscopy and Radiative Transfer, 2011,112 (9):1403-1410.

[37] Laboratoire de Météorologie Dynamique (LMD), Atmospheric Radiation Analysis (ARA) group. http://ara.abct.lmd.polytechnique.fr.

[38] JACQUINET-HUSSON N, SCOTT N, CHÉDIN A, et al. The GEISA spectroscopic database: current and future archive for earth and planetary atmosphere studies[J]. Journal of Quantitative Spectroscopy and Radiative Transfer, 2008,109 (6):1043-1059.

[39] Spectroscopy of Atmospheric Gases. http://spectra.iao.ru.

[40] Spectroscopy & Molecular Properties of Ozone. http://smpo.iao.ru/en.

[41] The MPI-Mainz UV/VIS Spectral Atlas of Gaseous Molecules of Atmospheric Interest. http://satellite.mpic.de/spectral_atlas/index.html.

[42] The Virtual Planetary Laboratory, University of Washington. http://depts.washington.edu/naivpl/content/molecular-database.

[43] The Pacific Northwest National Lab (PNNL). https://secure2.pnl.gov/nsd/nsd.nsf/Welcome.

[44] National Institute of Standards and Technology (NIST)Standard Reference Database. http://www.nist.gov/pml/data/wavenumbers-calibration-ir-spectrometers.

[45] The ExoMol database: Molecular line lists for exoplanet and other hot atmospheres. http://www.exomol.com.

[46] TENNYSON J, YURCHENKO S N, AL-REFAIE A F, et al. The ExoMol database: molecular line lists for exoplanet and other hot atmospheres[J]. Journal of Molecular Spectroscopy, 2016, 327:73-94.

第 3 章　激光光谱系统关键性光电器件

2020 年是激光诞生 60 周年, 是值得纪念的一年。1960 年 5 月 16 日 T. H. Maiman(西奥多·梅曼) 博士成功点亮世界上第一台激光器, 标志着激光的诞生, 自此开启了全新的激光新纪元。这项成果是 20 世纪以来, 继原子能、计算机和半导体之后, 人类科学技术发展历史上又一重大发明。除了光电信息、光通信、工业生产与制造等科学领域, 激光器的诞生对光谱学的发展起到了巨大的促进作用, 并逐步衍生出一支以激光为光源进行原子、分子的发射光谱、吸收光谱等研究的"激光光谱学"。激光的相干性、高强度、窄线宽等优良的性能为一系列高灵敏度、高分辨率的新型激光光谱技术的发展奠定了重要的基础。除了激光光源, 激光光谱学的发展, 同样离不开光电探测器、用于聚焦/准直/色散等作用的光学元器件和电子学器件, 以及基于这些光电器件构成的光谱系统中不可缺少的组成单元, 如样品吸收池等。为此, 本书以激光光源、吸收池、光电探测器和光谱镜片为主要介绍对象, 围绕其在光谱学和光谱技术领域中发挥的重要作用开展详细的阐述。

3.1　激 光 光 源

红外光谱技术是一种探测各种气态分子十分有效的方法, 因为大多数分子在此波段都具有相应的特征吸收, 吸收特性由气体分子的物理特性如分子内原子数目、原子间键角、键强度等因素来决定。A. Einstein 和 N. Bohr 分别于 1905 年和 1913 年提出的电磁场 [1] 和原子能级的量子化假设 [2] 为红外光谱奠定了理论基础。1915 年, A. Einstein 通过两个不同能级间跃迁概率详细描述了光与物质之间的相互作用 [3]。另外, G. Herzber 对分子跃迁的描述亦为光谱学的发展起到积极的推动作用 [4,5]。伴随着理论研究的同时, 20 世纪初实验上的发展也在如火如荼地进行着。早期, 发展的光谱仪器是以宽带光源和滤光片相结合探测感兴趣的气体分子。然而, 以这种方式设计的光谱传感器选择性差、灵敏度低, 只适用于非常有限的分子。

20 世纪 60 年代一项重大的技术突破就是激光的问世。激光英文全名为"Light Amplification by Stimulated Emission of Radiation", 简称 "LASER", 意思是"受激辐射光放大"。激光的原理源于 1917 年 A. Einstein 提出的 "受激发射" 理论。1953 年, 美国物理学家查尔斯·哈德·汤斯 (Townes) 和他的学生阿瑟·肖洛 (Schawlow) 用微波实现了激光: 微波受激发射放大 (英文首字母缩写 MASER)。

直到 1960 年 5 月，西奥多 · 梅曼将氙灯发出的光照射到红宝石棒 (红宝石晶体的基质是 Al_2O_3，晶体内掺有约 0.05% 的 Cr_2O_3) 上，产生波长为 6943×10^{-10} m 的深红色的强光，从而宣布世界上第一台红宝石激光器诞生。激光器主要由三个部分组成：

(1) 工作物质 (又称增益介质)。作为激光器的核心，只有能实现能级跃迁的物质才能作为激光器的工作物质。

(2) 激励源 (又称泵浦源)。其作用是给工作物质提供外界能量，将原子由低能级激发到高能级，可以是光源、热源、电源、化学能等。

(3) 光学谐振腔。提供腔内光子放大所需的反馈能量，并在腔内形成传播方向一致、频率和相位相同的强光束，即激光。

激光作为一种相干光源，具有很好的单色性、方向性、相干性、高功率和窄线宽等优点，因而被广泛用于光谱学方面的研究。依据激光器工作物质形态分类，图 3.1 给出了常见的激光器类型及其主要发射波长覆盖范围。

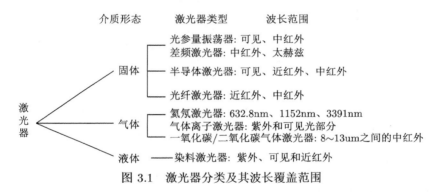

图 3.1 激光器分类及其波长覆盖范围

由于绝大多数有机物和无机物的吸收带都分布在红外区，类似人类的指纹，每个分子都有由其组成和结构决定的独有的"指纹吸收谱"。通常，近红外光谱 (0.78~2.5 μm) 是由分子的倍频、合频产生的；中红外光谱 (2.5~25 μm) 属于分子的基频振动光谱；远红外光谱 (25~1000 μm) 则属于分子的转动光谱和某些基团的振动光谱。目前已广泛商业化的激光光源 (如半导体激光器、气体激光器、量子级联激光器等) 几乎涵盖了整个红外光谱范围 [6]，如图 3.2 所示，从而使得高灵敏度光谱检测各种、多种气体成分成为可能。各种红外激光光源中显得格外突出的是近红外分布反馈式二极管激光，这类光源具有优越的光谱特性，易实现电流调制 (强度或波长调制)，工作寿命长，价格低廉，主要用于光通信市场，波长范围主要位于近红外区。由于绝大多数分子的强吸收"指纹谱"位于中红外区，中红外激光光谱灵敏度可达到 ppb (Part Per Billion, 10^{-9})，甚至 ppt (Part Per Trillion, 10^{-12}) 量级。

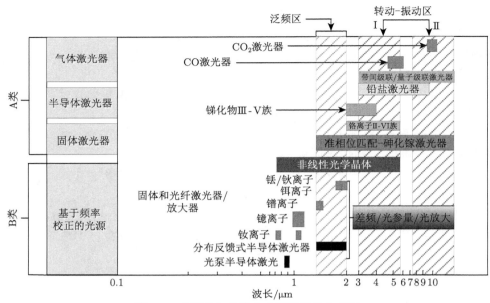

图 3.2　典型的红外激光光源波长分布范围

1. 半导体二极管激光器

自 20 世纪 80 年代中期以来，半导体制造技术与激光技术的发展与结合，催生了半导体二极管激光器 (Semiconductor Diode Lasers)。早期主要用于光通信系统，具有体积小、结构简单、效率高、易调制和调谐等特性。随着高质量的波长可调谐二极管激光器 (Tunable Diode Laser，TDL) 的不断商业化，光谱学中发展出了一种新型激光光谱技术，即可调二极管激光吸收光谱技术 (TDLAS)。目前波长可调谐二极管激光器主要有分布反馈式 (Distributed Feedback，DFB) 和分布布拉格反射式 (Distributed Bragg Reflector，DBR)。DFB 二极管激光器是在增益介质内添加了布拉格光栅 (Bragg Grating)，通过改变温度、注入电流等方式，改变光栅的有效折射率，从而改变光栅的布拉格波长，实现从侧面发射激光。DFB 二极管激光器单模特性稳定、线宽窄 (可达 1MHz 以内)，以及具有非常高的边模抑制比 (SMSR)，可高达 40~50dB 以上，但是波长调谐的范围较小，一般在 2 nm 左右。DBR 二极管激光器中，光栅区仅在激光器谐振腔的两侧或一侧，增益区没有光栅，光栅只相当于一个反射率随波长变化的反射镜，其调谐范围可以达到 10 nm 左右。相比于 DFB 结构，DBR 激光器具有更高的输出功率和更宽的连续波长输出范围。目前，半导体二极管激光器主要以锑化镓 (GaSb)、砷化镓 (GaAs)、磷化铟 (InP)、硫化锌 (ZnS) 等半导体材料为增益介质。如表 3.1 所示为各种典型的 DFB 激光器中心波长及其对应的可检测分子。

表 3.1 典型 DFB 激光器中心波长及其相应可检测分子

中心波长/nm	分子	中心波长/nm	分子
760/761/763	氧气 (O_2)	1580/2330	一氧化碳 (CO)
1393/1877/2740	水分子 (H_2O)	1579	一氧化碳/二氧化碳 (CO/CO_2)
1273	氟化氢 (HF)	1654	甲烷 (CH_4)
1341	溴化氢 (HBr)	1742	氯化氢 (HCl)
1511	乙炔 (C_2H_2)	1800/2650	一氧化氮 (NO)
1533	氨气 (NH_3)	2004/2680	二氧化碳 (CO_2)
1540	氰化氢 (HCN)	2257	氧化二氮 (N_2O)
1590	硫化氢 (H_2S)	1686/3370	丙烷 (C_3H_8)

依据不同的半导体介质成分，TDL 激光波长可覆盖范围从可见到红外，如 DFB-TDL 技术可实现 760 nm~16 μm 的光谱范围，各种半导体介质掺杂和其输出光谱范围如表 3.2 所示。典型单模 TDL 的线宽为 1~50 MHz，相对于简单的小分子吸收光谱线宽在 0.1 cm^{-1}(3 GHz) 量级，TDL 激光光源可认为是单色光源，用于高精度的光谱测量。DFB-TDL 固定温度下波长调谐范围为 1~2 cm^{-1}，单模输出功率在 10~50 mW 量级，阈值电流 10 mA 左右。TDL 结合外腔的设计，光谱纯度和频率稳定性可被显著提高，可实现光谱线宽低于 1MHz[7-10]。图 3.3 为几种典型的单频二极管激光器设计结构示意图 [11]。其中外腔式二极管激光器 (Extended Cavity Diode Laser，ECDL) 分为：Littman-Metcalf 结构和 Littrow 结构，如图 3.4 所示。Littman-Metcalf 结构的优势是通过旋转反射镜使得激光出射角度和位置始终保持不变 [12]。1981 年 Fleming 和 Mooradian 将 Littrow 结构应用到 TDL 中 [13]，Littrow 结构式 ECDL 因其简易结构具有较高输出功率的优势，但是当通过调整光栅角度进行波长调谐时，将会引起光束位置的偏移问题。二极管激光器的波长取决于半导体材料的带隙能量，通过改变二极管激光器的工作温度和电流实现波长的改变，同时会带来模式跳变 (Mode Hop) 效应，通常模式跳变效应限制了半导体激光器实现宽范围连续调谐。

表 3.2 典型半导体二极管激光器的工作介质成分和发射波长

介质材料	波长/nm	介质材料	波长/nm
铟镓氮化物 (InGaN)	390~420	砷氮化镓铟 (GaInNAs)	1300~1550
硒化锌 (ZnSe)	460~530	磷砷化镓铟 (InGaAsP)	1100~1650
磷化铝镓铟 (AlGaInP)	630~680	锑砷化镓铟 (InGaAsSb)	1700~4400
磷化铟镓 (GaInP)	670	碲硒化铕铅 (PbEuSeTe)	3300~5800
砷化镓铝 ($Ga_{1-x}Al_xAs$)	620~895	硒化硫铅 (PbSSe)	4200~4800
砷化镓 (GaAs)	904	碲锡化铅 (PbSnTe)	6300~29000
砷化铟镓 (InGaAs)	980	硒化铅锡 (PbSnSe)	8000~29000

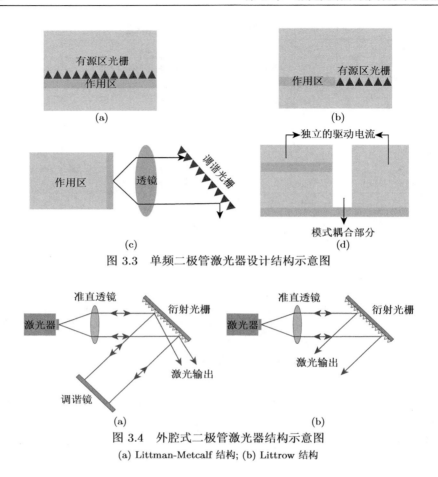

图 3.3   单频二极管激光器设计结构示意图

图 3.4   外腔式二极管激光器结构示意图

(a) Littman-Metcalf 结构; (b) Littrow 结构

2. 垂直腔面发射激光器

1977 年,日本东京工业大学的伊贺健一首次提出了一种新型半导体激光器的设计概念——垂直腔面发射激光器 (Vertical-Cavity Surface-Emitting Laser,VCSEL)[14]。两年后, Soda 等在 77K 的低温下以 InGaAsP/InP 作为半导体介质衬底首次通过实验实现了 1.18μm 波段的 VCSEL[15]。经过 40 多年的技术革新, VCSEL 波长范围已覆盖 300~500 nm 短波段蓝紫光、650~850 nm 可见光波段、980~1550 nm 近红外波段,以及 2~2.5μm 中红外波段。相比于传统的边发射半导体二极管激光器, VCSEL 激光垂直于顶面出射,具有低阈值电流、易于二维集成和较高的耦合效率等特点 [16-18]。激光谐振器是由两面分散式布拉格反射器 (DBR) 平行置于激活区两侧,激活区只有几微米,且由多个量子井构成,使激光光带存在于其中。多数情况下,采用几毫安到零点几安电流泵浦出光。在 VCSEL 表面有限区域可发射出空间均匀的光束,使得单模激光输出功率在 0.5~5mW 量级。当然,可以利用较大的发射区域获得高达瓦量级的输出功率, 但是光束质量较差。与普通的 DFB 二极管激光器相比, VCSEL 激光器可实现 $7\sim8$ cm^{-1} 调谐范围和高达几 MHz 的频率调制 [19], 因而备受国内外光谱学者们的青睐, 应用各种领域中光学光谱传感器研究和气体分析研究, 如内燃机中 H$_2$O(1369.84 nm) 诊断 [20], O$_2$ 探测 (760 nm)[21,22], 火灾探测和燃烧过程优化研究 (CO@2.3 μm)[23], 多组分气体化学分析 (CO, CO$_2$ 和 H$_2$S@1.577μm; H$_2$O 和 HF @1321～1354 nm)[24-26]。

3. 硅基 III-V 族激光器

$2\sim2.5$ μm 波长范围可调谐激光器对工业气体传感研究具有重要的价值, 例如 CO$_2$, CO, CH$_4$, NH$_3$, C$_2$H$_2$ 等分子在此范围都具有强吸收特性, 且比基于近红外波段的传感器灵敏度要高。尽管没有中红外 (>2.5 μm) 光谱范围分子吸收线强高, $2\sim2.5$ μm 波长范围成本低廉的光电子器件和低噪声的光电探测器使得发展低成本和小型化的光学传感器具有显著优势。众多半导体激光器中, 虽然基于 InP 和 GaSb 介质的 DFB 激光器和 VCSEL 激光器在 $2\sim2.5$ μm 范围亦具有良好的性能 [27-30], 但是其波长调谐范围有限, 只有 $3\sim5$nm 量级。近年来, 一种基于集成硅基 III-V 族的 DFB 激光阵列实现了 $2.27\sim2.39$ μm 光谱范围的宽范围输出 [31], 且在实验条件下无模式跳变现象发生。

4. 级联激光器

目前, 市场上可获得的中红外激光光源包括: 光参量振荡激光器 (OPO), 差频激光器 (DFG), 垂直腔面发射激光器 (VCSEL), 固态激光器 (Solid State Laser), 气体激光器 (Gas Laser), 超连续光谱红外或光纤激光器 (Super-Continuum Spectrum Infrared or Fiber Laser), 以及新型半导体激光器——级联激光器 (Cascade Lasers)。传统的 OPO、DFG、固态激光器和气体激光器因其体积、重量和功耗等方面的因素严重限制了外场应用。新型级联激光器具有体积小、功耗低、响应速度快等显著特征, 主要分为两种类型: 量子级联激光器 (Quantum Cascade Laser, QCL) 和带间级联激光器 (Interband Cascade Laser, ICL)。

QCL。基于 III-V 族半导体材料及其合成材料, 典型地如: GaAs/AlGaAs, InGaAs/InAlAs/InP。发射波长覆盖 $3\sim24$ μm 的中红外和 $60\sim300$ μm 的远红外 (或太赫兹)。最初源于 1971 年苏联科学家 Kazarinov 和 Suris 提出的理论假想 [32], 并于 1994 年由美国贝尔实验室 Capasso 和 Faist 等率先从实验上实现 QCL 激光输出 [33]。从最初只能在低温运行 (仅为 125 K) 的脉冲模式输出 (4.3 μm 激光, 峰值功率 30 mW), 经过数十年的发展, QCL 激光技术已突破低温限制, 发展到室温工作条件下脉冲模式和连续模式输出, 且在室温下连续输出功率高达 5W 以上 [34], 即使商业化产品亦实现了 500 mW 以上的输出功率 [35]。时至今日, QCL 设计结构可分为多纵模 Fabry-Perot 型 [36]、DFB 型 [37] 和外腔式 [38]。典型的波长调谐范围为几十个波数 (cm^{-1})，而利用衍射光栅集成的外腔式结构，波长调谐范围可达几百个波数[39]。目前 QCL 激光光源输出波长范围可覆盖绝大多数分子的强吸收指纹谱区，如表 3.3 所示。近年来，国际上众多实验室正在努力突破 3 μm 以下和 300 μm 以上的发射波长。

表 3.3 典型的 QCL 技术参数和相应的大气分子

分子	类型和工作要求	波长/μm	工作模式	功率/mW	制造商
CO	DFB 型，近室温 TE 制冷	4.5~4.6	脉冲；连续	< 100	瑞士阿尔卑斯激光；日本滨松
	外部光栅腔；室温 TE 制冷	4.65	脉冲；连续	50~105	美国 Daylight Solutions 公司
CO_2	DFB 型，近室温 TE 制冷	4.33	脉冲；连续	< 10	瑞士阿尔卑斯激光；日本滨松；美国康宁
NO	DFB 型，近室温 TE 制冷	5.2	脉冲	< 22	朗讯科技
	外部光栅腔；室温 TE 制冷	~5.4	脉冲	0~5	瑞士阿尔卑斯激光
	外部光栅腔；室温 TE 制冷	~5.3	连续	~100	美国 Daylight Solutions 公司
N_2O	DFB 型，TE 制冷	4.45~4.6	脉冲；连续	< 10(脉冲) < 100(连续)	瑞士阿尔卑斯激光
	DFB 型，TE 制冷/低温制冷	7.8~7.9	脉冲；连续	< 50	日本滨松
CH_4	DFB 型，TE 制冷	7.84	脉冲；连续	< 50	瑞士阿尔卑斯激光
NH_3	DFB 型，TE 制冷	10.34	脉冲；连续	~22	瑞士阿尔卑斯激光；Hamamatsu
	外部光栅腔；TE 制冷	~10.4	连续	< 72	美国 Daylight Solutions 公司
NO_2	DFB 型，TE 制冷	6.2	脉冲	2~8	日本滨松
	外部光栅腔；室温 TE 制冷	6.3	连续	200~300	美国 Daylight Solutions 公司
O_3	DFB 型，TE 制冷/低温制冷	9.5~9.6	脉冲	2~4.6	瑞士阿尔卑斯激光
	外部光栅腔；近室温 TE 制冷	9.3~9.81	脉冲	~2.5	美国 Daylight Solutions 公司
CH_2O	DFB 型，室温 TE 制冷	5.6	脉冲	< 10	瑞士阿尔卑斯激光
C_2H_2	DFB 型，室温 TE 制冷	14	脉冲	< 10	德国 Nanoplus

ICL。ICL 主要基于 InAs、GaSb、AlSb 及其合成材料，通常以 InAs 和 GaSb 材料为基质。室温下发射波长可覆盖 3~6 μm，低温条件下发射波长可延伸到 12 μm[40]。ICL 实际上是 QCL 的变种，通过结合常规的基于电子空穴复合产生

光子的半导体激光器和基于子带间跃迁的 QCL。与同波段的 QCL 相比，ICL 发射功率较低，但其驱动阈值功耗低近 10 倍，具有光束质量高和光谱模式纯度优越的特性。对于输出功率要求不高的应用环境，ICL 是一种理想的中红外光谱[41]。最新研究显示，ICL 具有比 QCL 线宽更窄的优势[42]。

3.2 样品吸收池

由朗伯–比尔定律可知，盛有待分析样品的吸收池的光程很大程度上决定了激光吸收光谱系统的检测灵敏度。如图 3.5 所示为典型的光学吸收池结构，主要由含有两个平面光学窗片的圆柱形容器构成[43]。实际应用中，为了避免光的干涉效应，两个通光窗片呈一定的倾斜角 (如布儒斯特角) 安置，有效光程为厘米量级，即使通过光学反射镜使得光束反射回入射端，也只能获得近似两倍的有效光程。为此，选择非平面型窗片，使得光束在腔内形成多次反射过程，实现光与物质相互作用光程的有效增强，如图 3.6 所示。

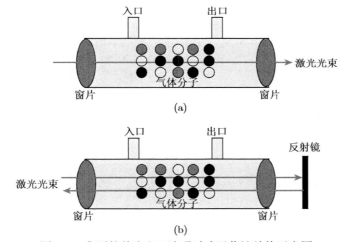

图 3.5 典型的单次和双次通过式吸收池结构示意图

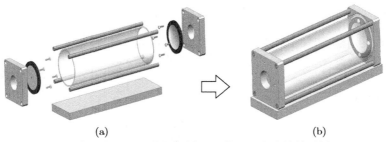

图 3.6 典型的长程吸收池机械零部件 (a) 和总体效果图 (b)

1. White 型多通池

早在 1942 年，White 利用三块相同曲率半径的凹面镜设计出一种长程吸收[44]，如图 3.7 所示，凹面镜 B 和 C 的曲率中心在 A 的前表面，A 的曲率中心则在 B 和 C 的中间。该结构设计使得 B 上的光斑被 A 成像在 C 上，C 上的点被成像在 B 上，类似地，A 上任何一点发出的光经过 B 和 C 的反射后都成像在 A 上其他表面处。假设腔体基长为 l，则 White 型吸收池的有效光程 L 与反射光斑数 n 和 l 之间的关系为

$$L = 2(n+1)l, \quad n = 1, 3, 5, \cdots \tag{3-1}$$

White 型吸收池要求三个光学镜片的焦距必须相等，由于镜面光斑呈线性排列，镜面利用效率低。后来，多位学者通过添加第四个辅助反射镜，设计出了各种改进的 White 型吸收池[45-48]。典型地，如 1991 年 Chernin 在 White 型吸收池基础上设计的改进型光学多通池 (通常称为 Chernin 型多通池)[49,50]，如图 3.7 所示，吸收池的一端由多块凹面镜构成，从而在镜面上形成偶数列、任意行的光斑分布，有效利用了腔镜面积，实验中可以根据需要随时改变吸收光程，虽然调节方便，但其结构偏复杂，且体积较大，限制了其在小型化光谱仪器的应用需求，仅限于实验室研究[51]。

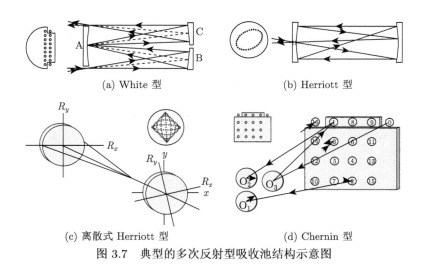

(a) White 型　　　　　　　　　　(b) Herriott 型

(c) 离散式 Herriott 型　　　　　　(d) Chernin 型

图 3.7　典型的多次反射型吸收池结构示意图

2. Herriott 型多通池

1964 年，Herriott 等利用两块等焦距凹面镜设计了一种新型多通池[52]，使得光斑呈圆形或椭圆形分布在镜面上，其镜面上光斑的分布满足方程：

$$x_n = A\sin(n\theta + \alpha)$$
$$y_n = B\sin(n\theta + \beta) \tag{3-2}$$

其中，$\alpha = \beta \pm \pi/2$，x_n，y_n 是镜面上第 n 个光斑的横坐标和纵坐标，θ 为第 n 个光斑 (x_n, y_n) 和第 $n+1$ 个光斑 (x_{n+1}, y_{n+1}) 在极坐标系下极轴之间的夹角，满足条件 $\cos\theta = 1 - (d/2f)$，d 为吸收池的物理长度，f 为球面镜的焦距。其反射次数 N 与镜面光斑数 n 和腔基长 l 之间的关系为 $N = 2nl$。

为了解决镜面利用率问题，后来 Herriott 提出离散型多通池设计[53]，离散型 Herriott 池中反射镜面由两个离散球面镜构成，即球面镜的 x 方向和 y 方向的曲率半径不同，光斑在其镜面上呈现李萨如图形的分布，如图 3.7 所示，其光斑在镜面上的分布满足方程：

$$x_n = A\sin(n\theta_x + \alpha)$$
$$y_n = B\sin(n\theta_y + \beta) \tag{3-3}$$

$$\cos\theta_x = 1 - (d/R_x)$$
$$\cos\theta_y = 1 - (d/R_y) \tag{3-4}$$

假设两个离散球面镜相同，每个球面镜沿 x 轴方向的曲率半径为 R_a，焦距为 f_x；沿 y 轴方向的曲率半径为 R_b，焦距为 f_y。在入射镜面的中心处开有一个半径为 r_{hole} 的小孔，光从小孔入射至腔内，不断反射后透射出腔外，吸收池长度为 d。用列向量 r_n 表示光线的传输矩阵，$r_n = [x_n, x_n', y_n, y_n']^T$，其中 x_n 和 y_n 是光线沿 x 轴和 y 轴的坐标，x_n' 是光线在 xz 平面的投影在 x 方向的斜率，y_n' 是光线在 yz 平面的投影在 y 方向的斜率，T 表示矩阵的转置，则从小孔入射时的光线矩阵 r_0 可表示为

$$r_0 = [x_0, x_0', y_0, y_0']^T \tag{3-5}$$

光在自由空间里的传输矩阵为

$$D = \begin{bmatrix} 1 & d & 0 & 0 \\ 0 & 1 & 0 & 0 \\ 0 & 0 & 1 & d \\ 0 & 0 & 0 & 1 \end{bmatrix} \tag{3-6}$$

由于两个离散球面镜相同，则光在通过离散球面镜时的反射矩阵为

$$R_1 = R_2 = \begin{bmatrix} 1 & 0 & 0 & 0 \\ -\dfrac{1}{f_x} & 1 & 0 & 0 \\ 0 & 0 & 1 & 0 \\ 0 & 0 & -\dfrac{1}{f_y} & 1 \end{bmatrix} \tag{3-7}$$

光线从镜面入射开始，每次往返一次的矩阵变换为

$$C = R_1 D R_2 D \tag{3-8}$$

光线在吸收池内来回反射，考虑到光源有一定的发散角，导致光线在镜面上的光斑有一定的光斑半径，记为 r_{spot}，当第 $n-1$ 次反射后到达入射镜面时，如果光线在镜面上坐标满足 $\sqrt{x_n^2 + y_n^2} + r_{spot} < r_{hole}$，则光线将透射出来。如果光线在吸收池内稳定反射，需满足条件：

$$\begin{cases} \sqrt{x_i^2 + y_i^2} < r_{mir}, & i = 1, 2, \cdots, n \\ \sqrt{x_i^2 + y_i^2} + r_{spot} > r_{hole} \end{cases} \tag{3-9}$$

其中，r_{mir} 为镜面半径。

此外，还有其他改进设计的多通池，例如，通过采用两个柱面镜的设计，或用一个柱面镜和一个球面镜的组合结构设计，最大光程亦能达到数十米 [54]，图 3.7 为当前几种流行的长程吸收池结构示意图。相对而言，传统的 White 型和 Herriott 型多通池皆是基于球面镜的设计，结构较简单，光束耦合较容易；改进的离散 Herriott 型多通池有效光程更高，光路调节技术要求稍高。

以上基于传统的 White 型和 Herriott 型多通池结构，通常可实现 100~500 倍的光程增强。国际上颇受欢迎的同类产品如美国 ARI 公司 (Aerodyne Research Inc) 研制的商业化 Herriott 型长程吸收池，腔体物理长度 47cm，有效过程可达 240 m (体积为 2.1 L)，但总体体积相对偏大 [55,56]。而美国 Infrared Analysis 公司生产的 White 型吸收池，以型号 35-V-H 为例，材料为较耐热的硼硅酸盐玻璃，内径 12.5 cm，有效光程 2.2~35 m，容积 8.5 L，在上端有 2 个通气口，其中上、下两个反射面之间的距离是 60 cm，有效总光程仅为 26.4 m。

3. 密集型多通池

长程多通池的总体设计目标是减少光斑重叠，提高镜面利用率，即提高反射次数。近年来，美国 Sentinel Photonics 公司的研究人员报道了一种基于球差结

构的改进型多通池，称之为密集型多通池 (Dense Pattern Multipass Cell, DP-MPC)[57]。此设计中，使得光斑呈多个同心圆环或相邻的圆环结构分布在球面上，如图 3.8 所示。两个相距 13cm 的球面镜，可获得 459 次反射，有效吸收光程可达 57.6m，尺寸为 17 cm×6.5 cm× 5.5 cm。2013 年 Krzempek 等利用该密集型吸收池结合 3.36 μm 波段 (2976.8 cm^{-1}) 的 DFB 半导体激光器和二次谐波探测技术，用于乙烷 (C_2H_6) 气体浓度测量，在锁相放大器时间常数为 1s 的条件下，实现了 740 pptv (1σ) 的探测极限 [58]。此外，中科院安光所刘锟等利用 2 英寸①的凹球面镜 (曲率半径 = 100mm)，在吸收池基长 12cm 的条件下，实现了 215 次反射，有效吸收光程为 26.4 m，并将其与 1.653 μm 附近 DFB 半导体激光器结合用于大气 CH_4 气体浓度的测量，采用波长调制二次谐波检测方法，在锁相放大器时间常数为 1ms 的条件下，实现了 100ppbv(1σ) 的探测极限 [59]。

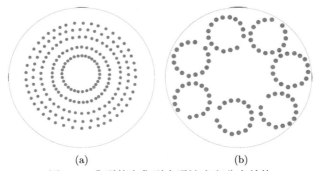

(a)   (b)

图 3.8　典型的密集型多通池光斑分布结构

4. 圆形多通池 (Circular Multipass Cell)

吸收池的体积对于发展便携式光谱仪器和实现快速气体交换具有重要的作用。1994 年 Thoma 等提出了一种用于激波管化学动力学研究的同轴圆形多通池 [60]，示意图和实物图如图 3.9 所示，通过在圆柱形钢管内壁安装 8 个微小反射镜，使得光束始终在同一平面内多次反射，有效光程提高了 1 个数量级。基于该设计理念，2011 年瑞士 EMPA 研究所大气污染与环境技术实验室报道了一种适用于多种光谱技术 (如直接吸收光谱、光声光谱和波长调制光谱) 的圆形多通池，将 6 块镀膜球面镜均匀分布在同心圆上，在 10cm 直径圆上，依据入射角不同，可实现 0.3~3.7m 的有效光程，体积仅有 24cm^3(假设高度为 3mm)。通过在其圆心正上方集成一个声信号探测器 (麦克风)，而形成光声池 [61]。通过改进，在 14.5cm 直径的条件下，可实现有效光程 12m 以上，与 6.25 μm 波段的 QCL 结合用于空气中 NO_2 气体的测量，Allan 方差 (Allan Deviation) 分析显示测量精度优于 1ppb@1s 平均时间 (100s 条件下，可提高到 0.1ppb 以下)[62]。

---

① 1英寸 = 2.54厘米。

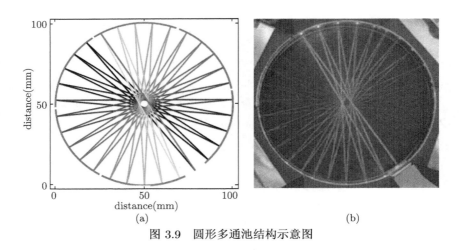

(a)   (b)

图 3.9   圆形多通池结构示意图

5. 散射型多通池

激光光谱技术在某些工业和医疗领域的应用方面，对气体体积具有较高的要求。近年来，具有无序强散射效应的纳米多孔物质，激发了广大光谱学者的研究兴趣。类似于积分球型吸收池内光散射过程[63,64]，氧化铝 (Al_2O_3，相应 760 nm 波长处折射率系数 = 1.76)、氧化锆 (ZrO_2，折射率系数 = 2.14) 和二氧化钛 (TiO_2，折射率系数 = 2.49) 等纳米多孔陶瓷材料可实现增强光与气体相互作用过程，几毫米厚度的介质层内，有效光程可增强两到三个数量级[65,66]。鉴于随机散射效应的不确定性，有效总光程的精确校正和长期的稳定性成为该技术的难点。Svensson 等以近红外 760.54 nm 波段氧气分子详细研究了 12~14mm 直径的各种纳米多孔物质有效光程增强特性[65]，相关结果统计如表 3.4 所示。

表 3.4   烧结陶瓷材料中氧气分子的近红外 (760.654nm) 光谱分析结果

多孔物质	厚度/mm	平均自由程/μm	多孔性/%	孔径/mm	透射率/%	光谱线宽/GHz	有效光程/cm	增强因子
氧化锆 (ZrO_2)	7.2	1.3	48.8	115±15	0.003	2.218±0.009	541±4	750
氧化铝 (Al_2O_3)	5.5	5.8	34.5	69±8	0.02	2.36±0.02	83.3±0.8	150
氧化钛 (TiO_2)	1.4	0.8	42.4	79±10	0.001	2.17±0.09	19±2	135
氧化锆 (ZrO_2)	7.0	10.4	48.6	43±6	0.05	2.75±0.06	86±4	120
氧化铝 (Al_2O_3)	9.9	7.8	34.0	3700±400	0.02	1.616±0.003	59.5±0.2	60

注：增强因子 = 有效光程/厚度。

6. 空心光纤型吸收池

随着光谱传感器在环境、生物医学等方面的广泛应用,传统上基于反射镜的长程吸收池已无法满足体积、重量和气体交换时间等方面的要求。随着光纤技术的发展,1992 年,英国 Bath 大学 Russel 首次提出光子晶体光纤 (Photonic Crystal Fibers, PCF) 的概念 [67−69]。由于光纤具有体积小、重量轻、易于弯曲盘绕等特性,人们提出利用空心光子晶体光纤代替传统光谱吸收池。当气体样品充入空心光纤芯区后,气体可以充分与光场接触,从而实现光与分子相互作用的吸收过程。由于其纤芯孔径一般在 10 μm 量级,当用于气体池的光纤较长时,气体从光纤两端注入需要耗费较长的时间。单纯地通过增加芯径方式,将会引起带隙内出现很多高损区,影响光纤传输特性。为此,众多学者通过从光纤侧面钻孔、多段光纤连接等方式进行改进,减少了气体注入时间 [70−75],同时带来了工艺过程的复杂化和损耗等问题。

目前,通信波段光器件具有价格低、技术成熟、资源丰富等优势,国际上基于空心光纤型气体传感器研究主要还是聚焦在近红外波段,典型地,香港理工大学靳伟教授领导的实验室围绕空芯光子带隙光纤 (Hollow-Core Photonic Bandgap Fibers, HC-PBFs) 的气体光谱传感技术取得了众多成果 [76,77]。最新报道,该实验室联合其他科研团队提出了一种基于光纤模式相位差探测的新型激光光热光谱学气体测量技术,实现了万亿分之一 (pptv) 量级的探测下限和高至 7 个数量级的动态范围,测量系统的长期稳定性 (> 3 h) 优于 1%[78]。空芯光纤具有从紫外到中红外的多波段、宽谱传输能力,然而当前,中红外空芯波导光纤的传输损耗限制了其在气体传感技术领域的发展 [79],但在不久的将来其必将成为新一代低功耗、低采样气体消耗、便携式气体传感技术的热点研究方向。

3.3 光电探测器

光电探测器作为该激光光谱系统中的核心器件之一,主要是基于电磁辐射与物质相互作用过程中所呈现的物理效应来实现光电转换,其性能很大程度上决定了激光光谱系统的灵敏度。目前光电探测器种类繁多,依据不同的探测机理,通常分为热电探测器和光子探测器,分别基于光与介质相互作用时的热电效应和光电效应。光电效应定义为:在电磁波照射下,某些物质内部的电子会被光子激发出来而形成电流,即光生电的现象。最初由德国物理学家赫兹于 1887 年发现,之后爱因斯坦提出光量子理论并成功解释了光电效应,于 1921 年获得诺贝尔物理学奖。利用光电效应可以制造各种光电器件,如光电探测器、光电倍增管、电视摄像管、光电管、电光度计等,如图 3.10 所示为光电效应示意图。

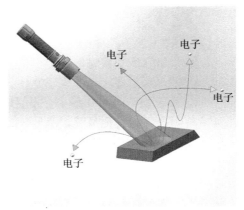

图 3.10　光电效应示意图

　　然而，该类探测器的主要问题是，受探测器所用介质材料的自身特性限制，波长或频率响应带宽有限，无法满足整个电磁波范围内的全波段响应。例如，在近红外激光吸收光谱中，最常用的光电探测器材料为硅 (Si) 和铟镓砷化物 (InGaAs)。硅器件的波长响应范围为 200~1100 nm。InGaAs 和扩展的 InGaAs 探测器波长响应范围分别为 800~1700 nm 和 1200~2600 nm。

　　图 3.11 为美国 New Focus 公司 2051 型硅光电探测器及其波长响应曲线，波长响应范围为 300~1070 nm，而该公司生产的 2053 型铟镓砷光电探测器波长响应范围为 900~1700 nm。图 3.12 为美国 Thorlabs 公司的 PDA50B 型锗光电探测器及其光谱响应曲线。此外，中红外对应着大多数分子的强吸收基频带，是发展高灵敏激光吸收光谱的理想波段，目前该波段的光电探测器主要有碲镉汞探测器和量子阱探测器，总体上成本较高。图 3.13 是波兰 VIGO 公司生产的红外碲镉汞探测器 (a)，尽管其波长响应范围可覆盖 2~16 μm，但是其探测灵敏度 (b) 具有显著的带宽依赖特性 [82]。

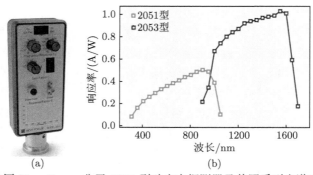

(a)　　　　　　　　　　　(b)

图 3.11　美国 New Focus 公司 2051 型硅光电探测器及其同系列光谱响应曲线 [80]

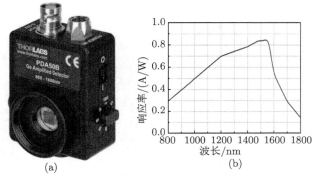

图 3.12　美国 Thorlabs 公司销售的 PDA50B 型锗光电探测器及其光谱响应曲线 [81]

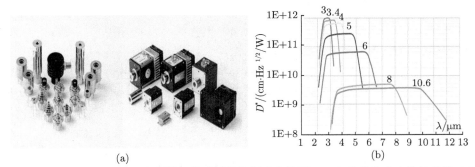

图 3.13　波兰 VIGO 公司生产的红外碲镉汞探测器实物图 (a) 和其带宽响应特性曲线 (b)

锑化铟 (InSb) 和碲化汞 (HgCdTe，简称 MCT) 是中红外探测器最常用的半导体材料，通常分为光导型和光电型两种工作模式。在光导模式中，电阻受到入射光子的影响，而在光电模式中，是由光电效应产生电流。对于这些中红外材料，由于其较低的暗电流，光伏操作是典型的首选。InSb 光电探测器的波长响应带宽为 1~5.5 µm，必须在低温 (80 K) 下工作，通常用液氮冷却的杜瓦封装。MCT 探测器 (光伏或光导式) 只需通过热电制冷的方式进行制冷，从而提供一种更轻便、更简单的封装，这对研制气体传感器非常有利。MCT 探测器的波长响应带宽为 2~15 µm。然而，值得注意的是，当调节 MCT 对长波的响应时，暗电流会上升。对于中红外 3~5 µm 范围，虽然 InSb 探测器在信噪比方面往往优于 MCT 探测器，但特殊的低温要求限制了其在中红外气体传感器领域的应用。值得注意的是，这两种中红外探测器材料都易受有源区空间非均匀响应的影响。选择合适的中红外探测器需要面对实际的应用需求在大小/面积、灵敏度和带宽要求方面进行权衡。

针对现有光电探测器的局限性，近年来，本课题组利用石英音叉的压电效应和谐振特性，开展了超宽连续波长响应的石英音叉光电探测器的研究，并成功用于氧化亚氮 (N2O) 分子吸收光谱测量 [83] 和挥发性有机化合物 (VOC) 的遥感探

测研究 [84]。石英音叉光电探测器的研制源于商业化标准器件——石英晶振，如图 3.14 所示。

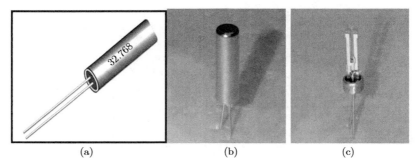

　　　　(a)　　　　　　　　　　　(b)　　　　　　　　　(c)

图 3.14　典型的石英晶振 (32.768 kHz) 及其内部结构图

　　石英晶振是用石英材料做成的石英晶体谐振器，俗称晶振，主要起产生稳定的频率时钟的作用，具有较好的抗干扰性能，而广泛应用于各种电子产品和传感器中。对于石英晶片外形类似音叉的晶振，亦称石英音叉或音叉晶振。石英音叉通常用圆柱形金属套管密封，石英材质决定了其具有将机械能转换为电能的压电效应。通常，晶振机械振动的振幅和感生出的压电电流非常微小，当外界信号激励源的频率和晶振固有频率一致时，可通过谐振效应产生共振放大。工业上，依据制作形状和尺寸的不同，晶振谐振频率一般在 kHz~MHz 量级，典型的有 32.768 kHz。石英晶振产生机械共振时，弹性共振通过压电效应与电气相耦合，其效果相当于由电阻、电感和电容构成的 RLC 谐振电路。图 3.15 给出了石英音叉振动时等效于力学上的弹簧振子模型和电学上 RLC 振荡电路模型示意图，可以看出电阻 R 等效于振子振动时受到的阻尼 h，电感 L 对应振子的质量 m，电容导数 $1/C$ 等效于弹簧的刚度系数 k。两种模型对应物理量总结归纳如表 3.5 所示。

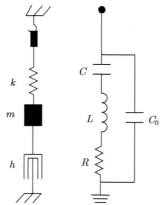

图 3.15　石英音叉振动时等效的弹簧振子模型和 RLC 振荡电路模型示意图

表 3.5　石英音叉振动时等效力学量和电学量

等效力学量	等效电学量
摩擦阻尼系数 h	电阻 R
质量 m	电感 L
弹簧刚度系数 k	电容 $1/C$
振子位移 x	感生电荷 q
外力 F	电压 U
振子速度 $\dot{x} = \mathrm{d}x/\mathrm{d}t$	电流 $i = \mathrm{d}q/\mathrm{d}t$
位移方程 $m\ddot{x} + h\dot{x} + kx = F$	电荷方程 $L\ddot{q} + R\dot{q} + q/C = U$
品质因子 $Q = (1/h)\sqrt{km}$	品质因子 $Q = (1/R)\sqrt{L/C}$
共振频率 $f_0 = (1/2\pi)\sqrt{k/m}$	共振频率 $f_0 = (1/2\pi)\sqrt{1/(LC)}$

石英音叉在光谱学上的应用源于 2002 年美国莱斯大学 A. A. Kosterev 等首次报道的以石英音叉代替传统的麦克风作为声信号探测器的光声光谱 (PAS) 技术，俗称 "石英增强型光声光谱" (QEPAS)[85]。由于石英音叉的高振荡频率和窄响应频率带宽，能有效地抑制低频噪声的干扰；且其微型化的结构便于发展紧凑型光声光谱传感系统。石英音叉的谐振特性通常由品质因子来衡量，而其谐振曲线满足 Lorentz 线型函数特性。如图 3.16 所示，品质因子定义为 $Q = f_0/(f_2 - f_1)$，其中 $f_0 = 32.765\mathrm{kHz}$，为音叉输出信号峰值频率 (即中心谐振频率)，f_1，f_2 分别是晶振输出信号峰值 $1/\sqrt{2}$ 处对应的频率，依据共振响应带宽 $f_1 - f_2 = 5.13\mathrm{Hz}$，可计算出 $Q = 6386.9$，该因子代表信号共振增强效应。

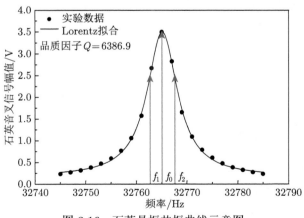

图 3.16　石英晶振共振曲线示意图

本课题组提出的基于石英音叉光电探测器的基本原理和过程如下：① 利用石英音叉表面的石英晶体能吸收不同波段的电磁辐射作为光接收器；② 当入射光 (调制光或脉冲光) 的空间变化频率或脉冲重复率与石英音叉本征频率相匹配时，将激发音叉产生共振效应，振动过程将光能转换成机械能；③ 通过石英音叉自身的压电效应,将机械能转换成电能;④ 微弱的压电电流通过匹配的前置放大电路转换成电压信号并放大输出,最终实现光能-机械能-电能的相互转化过程。理论上,整个光电转化过程包含光压效应、光致热弹性膨胀等物理机制。可见,石英音叉光电探测仅适用于脉冲光和调制的连续光,且需要满足共振条件。尽管有此限制因素,但是其自身的独特性能,使得能够满足紫外到太赫兹范围的超连续光谱范围响应[86−89],且具有良好的噪声免疫功能。

　　石英音叉探测器的性能对一些物理因素具有类似的依赖性。图 3.17 为标准的 32.768 kHz 石英音叉在不同压力下的共振响应曲线, 对此数据结果分析发现, 其最佳共振频率与压强之间具有很好的线性关系, 如图 3.18 所示。此外, 实验发现在一定光强范围内, 石英音叉与入射光功率之间亦具有很好的线性关系, 如图 3.19 所示。

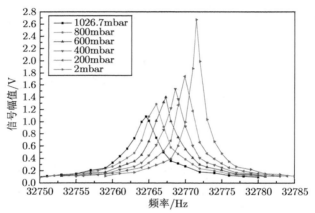

图 3.17　石英音叉在不同压力下的共振频率轮廓曲线图

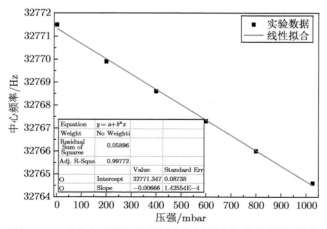

图 3.18　石英音叉最佳共振频率与压强之间的线性关系图

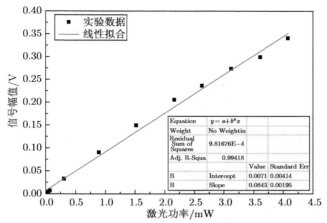

图 3.19 石英音叉与入射光功率之间的线性关系图

由于石英音叉感生的压电电流极为微弱，通常在 nA 量级，故需要在音叉的引脚上连接一个高精度低噪声的前置放大器，并对其输出电流信号进行放大处理。本实验室选用功能稳定的 LM4562 运算放大器进行两级放大处理，第一级选用 10MΩ 的跨阻，实现电流转化成电压，再进行放大输出，如图 3.20 所示。

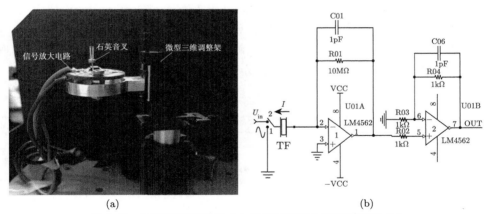

图 3.20 石英音叉探测器 (a) 及其前置放大电路原理图 (b)

石英音叉的一端接入运算放大器信号输入端，另一端预留两个端口。端口 1 接通时，音叉的一脚接地，产生零电压参考，用于外界扰动源的检测，例如，光声光谱中气体分子吸收激光能量后无辐射弛豫过程诱导的声波；端口 2 接通时，通过电压信号源 U_{in} 驱动音叉振动。当信号源的频率等于音叉本征频率时，两种方式皆能驱动音叉共振，使之通过压电效应产生电信号。本实验中选择把端口 1 接通的方式，利用光压激发音叉共振，数据采集系统将放大电路输出的电压信号采集到计算机中，并通过傅里叶变换 (FFT) 对其进行频谱分析。实际使用时，前置放大电路通过如图 3.21 所示的直流电源模块供电。

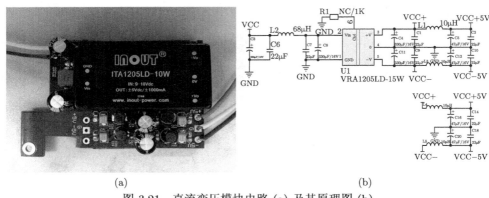

(a)　　　　　　　　　　　　　　　　　　(b)

图 3.21　直流变压模块电路 (a) 及其原理图 (b)

为了检验本实验室研制的基于石英音叉压电效应光电探测器的性能，开展了与波兰 VIGO 公司研制的热电制冷的 PVMI-4TE-10.6 型 MCT 探测器进行了对比实验。该商业化探测器主要技术参数信息如表 3.6 所列。首先，利用两种光电探测器分别测量了实验中选用的 ECQCL 激光光源的功率谱，如图 3.22 所示，实验结果显示 $1300\ \mathrm{cm^{-1}}$ 之前两者噪声皆较小，波数大于 $1300\ \mathrm{cm^{-1}}$ 时相对噪声较高，且 $1400\ \mathrm{cm^{-1}}$ 附近商业化 MCT 探测器的噪声波动要明显高于 QCTF 探测器的噪声波动。此外，利用两种探测器分别测量了 N_2O 气体在 $1200\sim1330\ \mathrm{cm^{-1}}$ 之间的吸收光谱特性，如图 3.23 所示，两者本底噪声相近。

表 3.6　商业化探测器主要技术参数信息

型号	性能参数
PVMI-4TE-10.6	材质：碲镉汞
	有效面积：$1\ \mathrm{mm}\times1\ \mathrm{mm}$
	制冷方式：半导体制冷
	响应波长：$2\sim12\mu m$
	响应时间：$\leqslant3ns$
	带宽：DC–250MHz
	输出噪声：$95\ \mathrm{nV\cdot Hz^{1/2}}$
	可探测率：$9.5\times10^8\ \mathrm{cm\cdot Hz^{1/2}/W}$
	电压响应率：8.9 V/W
	探测器温度：195 K
	配备直流前置放大器

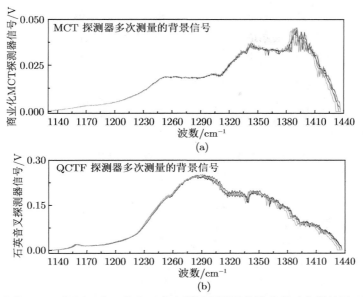

图 3.22 商业化 MCT 探测器和石英音叉光电探测器测量的激光器功率谱结果 (彩图请扫封底二维码)

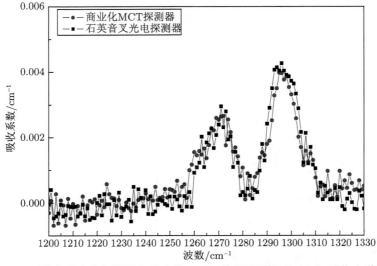

图 3.23 石英音叉光电探测器和商业化 MCT 探测器测量的 N_2O 吸收光谱结果

综上所述可见自主研发的 QCTF 探测器性能可与商业化 MCT 探测相媲美, 但是 QCTF 具有电磁辐射波段响应宽广的显著优势。为了检验 QCTF 探测器的宽波段响应特性, 本课题组搭建了图 3.24 所示的基于近红外和中红外激光器的双光谱实验系统。本设计方案将新型光电探测器与双频调制策略、快速傅里叶变换算法、光纤通信和吸收光谱技术相结合，成功实现了近红外 (DFB Diode Laser @1653nm) 和中红外 (ECQCL@6.96~8.85 μm，Block Engineering, USA) 不同波段范围内 CH_4 气体分子光谱的同时测量 [90,91]。

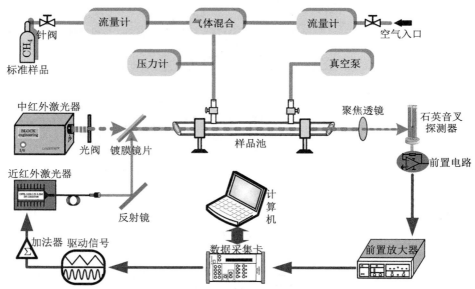

图 3.24　基于石英音叉探测器的近、中红外混合光谱探测系统示意图

CH_4 分子在近红外波段的吸收线强明显弱于中红外波段，为此，近红外 CH_4 吸收光谱探测结合了波长调制技术，中红外 CH_4 吸收光谱测量采用了直接吸收光谱法。为了实现近红外和中红外激光信号同时测量，实验中采用了双频调制频率策略，通过选择 QCTF 最佳中心谐振频率 ($f_0 = 32.765$ kHz) 附近相差 1Hz 的频率位置，即中红外 ECQCL 激光器的脉冲重复率设定为 $f_1 = 32.764$ kHz，而近红外半导体激光器的调制频率选择与 $f_2 = 32.766$ kHz 相匹配，对于二次谐波探测模式，调制为 $f_2/2 = 16.383$ kHz，如图 3.25 所示为 QCTF 探测器的谐振频率响应曲线和双频调制频率的选择。以 1Hz 频率间隔，既保证了谐振信号幅值有效增强因子，又轻松通过使用电子学硬件和软件算法实现两路信号的有效分离。实验中通过在 50cm 单通气体池中冲入不同比例下的高纯甲烷和空气的混合样品，同时测量的各种 CH_4 浓度条件下的近红外二次谐波光谱和中红外直接吸收光谱分别如图 3.26 和图 3.27 所示，将实验测量的光谱与理论模拟的光谱信号进行比对，皆具有很好的一致性。此外，分别以 6046.95 cm^{-1} 和 1305 cm^{-1} 波长处的 CH_4 分子吸收信号计算出的信号幅值与样品浓度之间的关系曲线亦在各自图中给出，利用线性拟合算法计算实验数据的线性相关度分别为 0.9998 和 0.994。

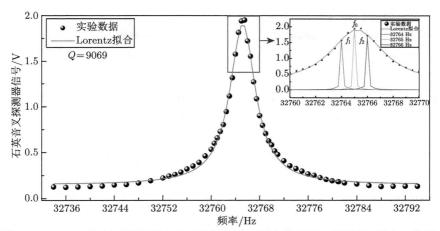

图 3.25 QCTF 探测器谐振频率响应曲线和调制频率的选择 (彩图请扫封底二维码)

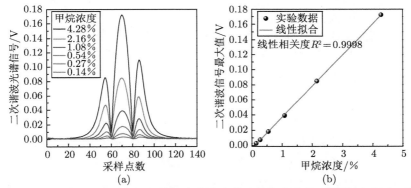

(a)

(b)

图 3.26 不同浓度下的 CH_4 近红外二次谐波光谱及其浓度响应 (彩图请扫封底二维码)

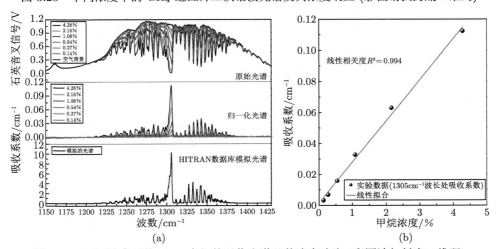

(a)

(b)

图 3.27 不同浓度下的 CH_4 中红外吸收光谱及其浓度响应 (彩图请扫封底二维码)

实验结果中样品吸收信号与浓度之间的线性关系与传统半导体探测器检测结果具有相同的响应特性,进而说明石英音叉光电探测器完全可以作为一种可靠的新型光电探测器用于激光光谱信号的探测。尽管这种应用存在调制频率匹配的前提条件,但是与基于半导体介质材料光电效应的探测器相比较,石英音叉理论上具有非常宽范围的波长响应特性,可实现超连续光谱或超光谱范围的光谱信号测量。

基于光声效应的探测器。2016 年德国弗赖堡大学 Scholz 和 Palzer 首次报道了一种基于光声效应的新型光探测器[92]。实验中,作者将待分析气体密封在一个集成 MEMS 麦克风的迷你光声池中而设计成的光电探测器,通过测量 CH_4 在 $6046.95\ cm^{-1}$ 附近的吸收光谱,并与商业化铟镓砷光电探测器 (Thorlabs FGA01) 进行对比实验,获得了相媲美的结果,证明了光声效应光电探测器技术的可靠性。该探测技术要求入射光必须是调制光,利用光与分子吸收过程产生的光声效应,并通过麦克风探测声信号,最终建立入射光强与光声信号之间的强度关系,实现光电信号的转化。

以上所述基于压电效应和光声效应所建立起来的新型光电信号探测技术,为未来无波长响应限制或超连续带宽响应的光谱探测技术开辟了一条新的路径。

3.4   光 学 材 料

光学镜片是光谱系统中不可缺少的器件。石英或熔融石英 (SiO_2) 是最常见、最低廉的光学材料,可见光和近红外光谱的首选材料,但其最高透过波长范围约为二点几微米,因此无法满足中红外光谱的应用需求。波长响应范围在中红外 $5\ \mu m$ 以上的窗片材料包括 BaF_2、CaF_2 和 MgF_2 在内的氟化物晶体具有从紫外线到 $12\ \mu m$ (BaF_2 的情况下) 的宽透射和低折射率 ($n_{refractive}$),有助于减轻背部反射和标准具效应,但由于其较大的热膨胀系数,材质不够坚硬,不适合高温高压环境中的窗片。此外,高温下氟化物晶体变得相对吸湿,不适宜在 $800\ K$ 以上的潮湿环境中使用。硒化锌 (ZnSe) 和硫化锌 (ZnS) 具有更宽广的透光范围,高达远红外 ($20\ \mu m$)。值得提出的是锌材料在 $500\ K$ 以上易氧化,和氟化物材料中的氟类似,针对氟和锌光学材料的表面反应问题可通过镀高温涂层来解决。此外,锗和硅在室温下也是具有很好透射率的红外光学材料,透光范围分别高达 $21\ \mu m$ 和 $10\ \mu m$,但随着温度升高,这些材料很快变得不透明[93]。表 3.7 列出了一些常用于光谱学中的光学材料及其光学特性。

表 3.7   常用的光学材料及其光学特性

介质材料	折射率系数	透射光谱范围/μm	热膨胀系数/(10^{-6}/K)
BK_7(硼硅酸盐冕玻璃)	1.5168(588nm)	0.330~2.1	7.1

续表

介质材料	折射率系数	透射光谱范围/μm	热膨胀系数/(10^{-6}/K)
SF$_{11}$(特种玻璃)	1.78472(588nm)	0.370~2.5	6.1
SF$_{14}$(特种玻璃)	1.76182(588nm)	0.420~2.0	6.6
FusedSilica(石英玻璃)	1.45846(588nm)	0.185~2.5	0.5
CaF$_2$(氟化钙)	1.399(5.0μm)	0.170~7.8	18.85
Sapphire(蓝宝石)	1.755(1.0μm)	0.180~4.5	8.4
Si(硅)	3.4179(10μm)	1.200~7.0	2.23
Ge(锗)	4.003(10μm)	1.900~16	5.7
ZnSe(硒化锌)	2.40(10μm)	0.630~18	7.1
ZnS(硫化锌)	2.2(10μm)	0.380~14	6.5
MgF$_2$(氟化镁)	$n_o = 1.3836$ $n_e = 1.3957$(405nm)	0.130~7.0	8.8||c;13.1||a
YVO$_4$(钒酸钇)	$n_o = 1.9500$ $n_e = 2.1554$(1.3μm)	0.400~5.0	11.37||c;4.43||a
CaCO$_3$(Calcite)	$n_o = 1.6557$ $n_e = 1.4852$(633nm)	0.210~2.3	24.39||c;5.68||a
Quartz(石英)	$n_o = 1.5427$ $n_e = 1.5518$(633nm)	0.200~2.3	6.88||c;12.38||a
α−BBO(偏硼酸钡)	$n_o = 1.6749$ $n_e = 15555$(532nm)	0.190~3.5	33.3||c;0.5||a
LiNbO$_3$(铌酸锂)	$n_o = 2.2863$ $n_e = 2.2027$(633nm)	0.370~4.5	4.1||c;14.8|a

此外，某些特殊环境应用中，如高压高温燃烧诊断，蓝宝石 (Al_2O_3) 由于其优异的强度和高熔点，是一种适用于恶劣环境的优良材料。蓝宝石还具有较高的导热系数和较低的热膨胀系数，使材料具有较高的抗热抗震能力。在许多情况下，蓝宝石是高温气体流动中光学端口/窗口的理想选择材料。然而，蓝宝石最高透射波长约为 5 μm，且透过截止波长具有很强的温度依赖性。在设计用于高温环境下 CO_2 (4.3 μm)、CO (4.8 μm) 或 NO (5.2 μm) 气体传感器时，应考虑此因素。Thomas 等建立了蓝宝石透射随温度变化的经验模型[94]，结果如图 3.28 所示，当温度范围为 300~2100 K，窗口厚度为 1 cm 时，透射率在 3~6 μm 的波长范围出现明显的"蓝移"现象。除了传输截止波长范围不足之外，石英和蓝宝石通常是燃烧高温环境下最理想的光谱窗口材料。

光谱系统中光路设计为了达到减少或增加光的反射、分束、分色、滤光、偏振等要求，需要在光学器件表面镀上一层 (或多层) 金属 (或介质) 薄膜，这种通过改变介质材料表面的反射和透射特性过程称为光学镀膜，技术原理上可分为物理方法和化学方法。根据电磁学的基本理论，当光束由介质 n_1 垂直入射至 n_2 时，对于不同介质的透射与反射满足：

$$反射率 = [(n_2 - n_1)/(n_1 + n_2)]^2 \tag{3-10}$$

$$穿透率 = 4n_1n_2/(n_1 + n_2)^2 \qquad (3\text{-}11)$$

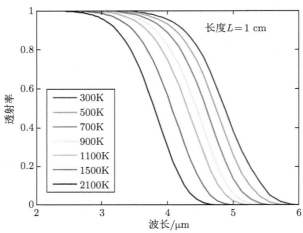

图 3.28　蓝宝石透射随温度变化的响应曲线 [94](彩图请扫封底二维码)

可见光和红外波段范围内, 大多数金属 (如铝、银、金) 膜的反射率都可达到 70%~98%, 常用于长程吸收池腔镜中。图 3.29 所示为典型的金属膜反射率响应曲线。光学镀膜使用的介质膜材料主要包括二氧化硅、氟化钙、氟化镁、氧化锆、硒化锌等介质材料, 可广泛用于电磁波中的红外波段。除了传统的高反膜、增透膜之外, 镀膜工艺还可以设计出对特定波长实现增强反射, 同时对另一波段实现增强透射的特殊膜, 即分光膜等。

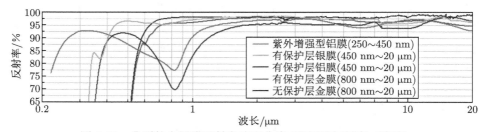

图 3.29　典型的金属膜反射率响应曲线 (彩图请扫封底二维码)

依据朗伯–比尔定律可知, 基于吸收光谱技术的气体传感器检测灵敏度很大程度上取决于所选择的分子吸收谱线强度。因而, 对应大多数分子基频跃迁的强吸收区域的中红外波段必然是高灵敏度测量痕量气体的理想选择。然而, 当前中红外波段的激光光源和光电探测器仍然存在成本较高的限制。相比较而言, 近红外波段的激光光源和光电探测器已发展到非常成熟的阶段, 且销售价格亦比较低廉。针对特定环境中部分分子的测量需求，可通过选择成熟的近红外激光光源与适当的光谱技术相结合，在满足实际应用需求的情况下，无需采用中红外激光器和光电探测器，可有效降低光谱仪器系统的成本和代价。为此，本课题组提出了一种基于近红外光谱和中红外光谱技术有效融合的光谱技术，为实现高效的同时测量多组分气体提供了一种具有非常高性价比的解决方案。图 3.30 是本课题组采用的基于 ZnS 和 YbF₃ 高折射率和低折射率材料制备的近红外 (∼1550 nm) 高反和中红外波段 (> 4.5μm) 增透型分光镜的光学响应曲线。基于该分光镜，我们成功实现了近红外 (NIR) 和中红外 (MIR) 混合气体传感系统的集成，提出了一种可实现宽光谱间隔范围多组分气体同时测量技术[96]。该实验系统中，我们首先利用近红外高反和中红外波段增透型分光镜将不同波段的两束激光耦合成同轴光束，再由其他反射型光学镜片将其耦合进长程吸收池。最后，再利用相同的分光镜将近红外光束和中红外光束分离，再分别由近红外探测器和中红外探测器检测出各路信号光。相比于传统的时分多路复用探测技术，基于现代的镀膜技术实现的基于近红外和中红外光谱融合技术具有更高的时间分辨率和降低系统成本等优势。该实验技术方案将在多光谱融合技术章节中给予详细的介绍。

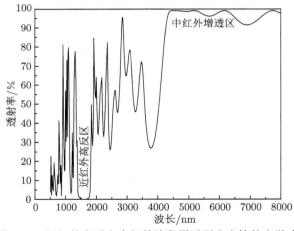

图 3.30　近红外高反和中红外波段增透型分光镜的光学响应曲线

参 考 文 献

[1]　EINSTEIN A. Ueber einen die erzeugung und verwandlung des lichtes betreffenden euristischen gesichtspunkt[J]. Annalen der Physik, 1905, 17:132-148.

[2]　BOHR N. On the constitution of atoms and molecules[J]. Philos. Mag., 1913, 26:1-24.

[3]　EINSTEIN A. Ein Satz der wahrscheinlichkeitsrechnung und seine anwendung auf die strahlungstheorie[J]. Annalen der Physik,1915 47: 879-885.

[4]　HERZBERG G. Molecular Spectra and Molecular Structure, vol. I-Spectra of Diatomic Molecules[M]. Malabar：Krieger , 1989.

[5]　HERZBERG G. Molecular Spectra and Molecular Structure, vol. II-Infrared and Raman Spectra of Polyatomic Molecules[M]. Malabar: Krieger, 1991.

[6]　TITTEL F K, RICHTER D, FRIED A. Mid-infrared Laser Applications in Spectroscopy. //SOROKINA I T, VODOPYANOV K L. Solid-State Mid-Infrared Laser Sources. Topics in Applied Physics, vol 89. Berlin, Heidelberg: Springer, 2003.

[7]　NASIM H, JAMIL Y. Recent advancements in spectroscopy using tunable diode lasers[J]. Laser Phys. Lett., 2013, 10: 043001.

[8]　ZELLER W, NAEHLE L, FUCHS P, et al. DFB lasers between 760 nm and 16 μm for sensing applications[J]. Sensors, 2010, 10:2492-2510.

[9]　LOH H, LIN Y J, TEPER I, et al. Influence of grating parameters on the linewidths of external-cavity diode lasers[J]. Applied Optics,2006, 45:9191-9197.

[10]　ARNOLD A S, WILSON J S, BOSHIER M G. A simple extended-cavity diode laser[J]. Rev. Sci. Instrum., 1998, 69:1236-1239.

[11]　NASIM H, JAMIL Y. Recent advancements in spectroscopy using tunable diode lasers[J]. Laser Phys. Lett.,2013,10:043001.

[12]　REPASKY K S, NEHRIR A R, HAWTHORNE J T, et al. Extending the continuous tuning range of an external-cavity diode laser[J]. Appl. Opt., 2006, 45: 9013-9020.

[13]　FLEMING M W, MOORADIAN A. Spectal characteristics of external-cavity controlled semiconductor lasers[J]. IEEE J. Quantum Electron., 1981, 17: 44-59.

[14]　伊贺健一, 小山二三夫. 面发射激光器基础与应用 [M]. 郑军译. 北京: 科学出版社, 2002: 37-38.

[15]　SODA H, IGA K, KITAHARA C, et al.　GaInAsP/InP surface emitting injection lasers[J]. Japanese Journal of Applied Physics,1979,18(12):2329-2330.

[16]　CHANG-HASNAIN C J. Tunable VCSEL[J]. IEEE Journal of Selected Topics in Quantum Electronics,2000,6: 978-987.

[17]　CHOQUETTE K D. Vertical cavity surface emitting lasers (VCSELs)[J]. Semiconductor Lasers, 2013: 316-340.

[18]　MICHALZIK R. VCSELs, Fundamentals, Technology and Applications of Vertical Cavity Surface-Emitting Lasers[M]. Berlin: Springer, 2013.

[19]　KAEBE B D, ROBINS N P, BOYSON T K, et al.　1.6 MHz scanning rate direct absorption temperature measurements using a single vertical-cavity surface-emitting laser diode[J]. Applied Optics, 2018, 57:5680-5687.

[20]　WITZEL O, KLEIN A, MEFFERT C, et al. VCSEL-based,high speed, in situ TDLAS for in-cylinder water vapor measurements in IC engines[J]. Opt. Express, 2013, 21: 19951-19965.

[21]　WELDON V, O'GORMAN J, PÉREZ-CAMACHO J J, et al. Laser diode based oxygen sensing: a comparison of VCSEL and DFB laser diodes emitting in the 762 nm region[J]. Infrared Phys. Technol., 1997, 38: 325-329.

[22] WANG J, SANDERS S T, JEFFRIES J B, et al. Oxygen measurements at high pressures with vertical cavity surface-emitting lasers[J]. Appl. Phys. B, 2001, 72: 865-872.

[23] CHEN J, HANGAUER A, STRZODA R, et al. VCSEL-based calibration-free carbon monoxide sensor at 2.3 μm with in-line reference cell[J]. Appl. Phys. B, 2011, 102: 381-389.

[24] LYTKINE A, JÄGER W, TULIP J. Gas phase chemical analysis using long-wavelength vertical-cavity surface-emitting lasers[J]. Opt. Eng., 2006, 45: 044301.

[25] BOND T, BOND S, MCCARRICK J, et al. Multiplexed gas spectroscopy using tunable VCSELs[J]. Proceedings of SPIE, 2012, 8366:836607-1-836607-6.

[26] STEIN B A, JAYARAMAN V, JIANG J Y, et al. Doppler-limited H_2O and HF absorption spectroscopy by sweeping the 1321-1354 nm range at 55 kHz repetition rate using a single-mode MEMS-tunable VCSEL[J]. Appl. Phys. B, 2012, 108:721-725.

[27] FOROUHAR S, BRIGGS R M, FREZ C, et al. High-power laterally coupled distributed-feedback GaSb-based diode lasers at 2 μm wavelength[J]. Applied Physics Letters, 2012, 100(3):5413.

[28] SANCHEZ D, CERUTTI L, TOURNIÉ E. Single-mode monolithic GaSb vertical-cavity surface-emitting laser[J]. Opt. Express, 2012, 20:15540-15546.

[29] XU F, LUO S, GAO F, et al. 2004-nm Ridge-waveguide distributed feedback lasers with InGaAs multi-quantum wells[J]. IEEE Photonics Technology Letters, 2016, 28(20):2257-2260.

[30] SPRENGEL S, ANDREJEW A, FEDERER F, et al. Continuous wave vertical cavity surface emitting lasers at 2.5 μm with InP-based type-II quantum wells[J]. Applied Physics Letters, 2015, 106(15):19951.

[31] WANG R, HAQ B, SPRENGEL S, et al. Widely tunable III–V/silicon lasers for spectroscopy in the short-wave infrared[J]. IEEE Journal of Selected Topics in Quantum Electronics, 2019, 25(6): 1-12.

[32] KAZARINOV R F, SURIS R A. Possibility of the amplification of electromagnetic waves in a semiconductor with a superlattice[J]. Sov. Phys. Semiconduct., 1971, 5: 707-709.

[33] FAIST J, CAPASSO F, SIVCO D L, et al. Quantum cascade laser[J]. Science,1994, 264: 553-556.

[34] RAZEGHI M, LU Q Y, BANDYOPADHYAY N, et al. Quantum cascade lasers: from tool to product[J]. Optics Express, 2015, 23(7):8462-8475.

[35] Alpes Lasers(Switzerland). http://www.alpeslasers.ch.

[36] TRIKI M, BA T N, VICET A. Compact sensor for methane detection in the mid infrared region based on quartz enhanced photoacoustic spectroscopy[J]. Infrared Physics & Technology, 2015, 69:74-80.

[37] WOLF J M, BISMUTO A, BECK M, et al. Distributed-feedback quantum cascade laser emitting at 3.2 mm[J]. Opt. Express, 2014, 22: 2111-2118.

[38] HUGI A, TERAZZI R, BONETTI Y, et al. External cavity quantum cascade laser

tunable from 7.6 to 11.4 μm[J]. Applied Physics Letters, 2009, 95: 061103.

[39] WEIDMANN D, KOSTEREV A A, TITTEL F K, et al. Application of widely electrically-tunable diode laser to chemical gas sensing with quartz-enhanced photoacoustic spectroscopy[J]. Opt. Lett., 2004, 29:1837-1839.

[40] MEYER J R, KIM C S, KIM M, et al. Interband cascade distributed-feedback lasers[J]. Proc. SPIE,2007, 6479:647916.

[41] GHORBANI R, SCHMIDT F M. ICL-based TDLAS sensor for real-time breath gas analysis of carbon monoxide isotopes[J]. Opt. Express, 2017, 25: 12743-12752.

[42] DENG Y, ZHAO B, WANG X, et al. Narrow linewidth characteristics of interband cascade lasers[J]. Appl. Phys. Lett., 2020,116: 201101.

[43] HODGKINSON J, MASIYANO D, TATAM R P. Gas cells for tunable diode laser absorption spectroscopy employing optical diffusers, Part 1: single and dual pass cells[J]. Appl. Phys. B, 2010, 100: 291-302.

[44] WHITE J U. Long optical paths of large aperture[J]. Journal of the Optical Society of America, 1942, 32(32):285.

[45] HORN D, PIMENTEL G C. 2.5-km low-temperature multiple-reflection cell[J]. Applied Optics, 1971, 10(8):1892-1898.

[46] BOIS D. Generation of square lattice of focal points by a modified white cell[J]. Applied Optics, 1973, 12(7):1391-1393.

[47] JEAN-FRANOIS D, RITZ D, CARLIER P. Miltiple-pass cell for very long path infrared spectrometry[J]. Applied Optics, 1999, 39(19):4145-4150.

[48] LORENZO G, RODOLFO G. Theoretical and practical consideration of the construction of a zero-geometric-loss multiple-pass cell based on the used of monolithic multiple-face retroreflectors[J]. Applied Optics, 2001, 40(33):6062-6071.

[49] CHERNIN S M, BARSKAYA E G. Optical multipass matrix systems[J]. Applied Optics, 1991, 30(1):51.

[50] CHERNIN S M. New generation of multipass systems[J]. Spectrochimica Acta Part A, 1996, 52: 1009-1022.

[51] YANG X B, ZHAO W X, TAO L, et al. Measurement of volatile organic compounds in the smog chamber using a Chernin multipass cell[J]. Acta Physica Sinica, 2010, 59(7):5154-5162.

[52] HERRIOTT D, KOGELNIK H, KOMPFNER R. Off-axis paths in spherical mirror interferometers[J]. Applied Optics, 1964, 3(4):524-526.

[53] MCMANUS J B, KEBABIAN P L, ZAHNISER M S. Astigmatic mirror multipass absorption cells for long-path-length spectroscopy[J]. Appl. Opt., 1995,34(18):3336-3348.

[54] SILVER J A. Simple dense-pattern optical multipass cells[J]. Applied Optics, 2005, 44(31): 6545-6556.

[55] MCMANUS J B, ZAHNISER M S, NELSON D D. Dual quantum cascade laser trace gas instrument with astigmatic Herriott cell at high pass number[J]. Appl. Opt., 2011,

50:A74-A85.

[56] LEE B H, WOOD E C, ZAHNISER M S, et al. Simultaneous measurements of atmospheric HONO and NO_2 via absorption spectroscopy using tunable mid-infrared continuous-wave quantum cascade lasers[J]. Applied Physics B, 2011, 102(2):417-423.

[57] Sentinel Photonics. www.sentinelphotonics.com.

[58] KRZEMPEK K, JAHJAH M, LEWICKI R, et al. CW DFB RT diode laser-based sensor for trace-gas detection of ethane using a novel compact multipass gas absorption cell[J]. Applied Physics B, 2013, 112(4):461-465.

[59] LIU K, WANG L, TAN T, et al. Highly sensitive detection of methane by near-infrared laser absorption spectroscopy using a compact dense-pattern multipass cell[J]. Sensors and Actuators B, 2015, 220: 1000-1005.

[60] THOMA M L, KASCHOW R, HINDELANG F J. A multiple-reflection cell suited for absorption measurements in shock tubes[J]. Shock Waves,1994, 4:51-53.

[61] MANNINEN A, TUZSON B, LOOSER H, et al. Versatile multipass cell for laser spectroscopic trace gas analysis[J]. Applied Physics B,2012,109:461-466.

[62] MANGOLD M, TUZSON B, HUNDT M, et al. Circular paraboloid reflection cell for laser spectroscopic trace gas analysis[J]. Journal of the Optical Society of America A, 2016, 33(5):913-919.

[63] HODGKINSON J, MASIYANO D, TATAM R P. Using integrating spheres with wavelength modulation spectroscopy: effect of pathlength distribution on 2nd harmonic signals[J]. Applied Physics B, 2013, 110:223-231.

[64] MASIYANO D, HODGKINSON J, TATAM R P. Gas cells for tunable diode laser absorption spectroscopy employing optical diffusers. Part 2: integrating spheres[J]. Applied Physics B,2010, 100: 303-312.

[65] SVENSSON T, ADOLFSSON E, LEWANDER M, et al. Disordered, strongly scattering porous materials as miniature multipass gas cells[J]. Phys. Rev. Lett., 2011, 107: 143901.

[66] VENTURINI F, SCHÖNHERR V, REY J M, et al. Characterization of strongly scattering nanoporous materials as miniaturized multipass cell for tunable diode laser absorption spectroscopy[J]. Applied Physics B,2017,123:136.

[67] KNIGHT J C. Photonic crystal fibres[J]. Nature, 2003, 424(6950): 847-851.

[68] RUSSELL P. Photonic crystal fibers[J]. Science, 2003, 299(5605): 358-362.

[69] RUSSELL P S J. Photonic-crystal fibers[J]. Journal of Lightwave Technology, 2006, 24(12): 4729-4749.

[70] HENSLEY C, BROADDUS D H, SCHAFFER C B, et al. Photonic band-gap fiber gas cell fabricated using femtosecond micromachining[J]. Optics Express, 2007, 15(11): 6690-6695.

[71] ADRIAAN V B, CHRISTOS G, PETROVICH M N, et al. Micro-channels machined in microstructured optical fibers by femtosecond laser[J]. Optics Express, 2007, 15(14): 8731-8736.

[72] HOO Y L, SHUJING L, HOI L H, et al. Fast response microstructured optical fiber methane sensor with multiple side-openings[J]. IEEE Photonics Technology Letters, 2010, 22(5): 296-298.

[73] LEHMANN H, BARTELT H, WILLSCH R, et al. In-line gas sensor based on a photonic bandgap fiber with laser-drilled lateral microchannels[J]. IEEE Sensors Journal, 2011, 11(11): 2926-2931.

[74] PARRY J P, GRIFFITHS B C, GAYRAUD N, et al. Towards practical gas sensing with micro-structured fibres[J]. Measurement Science and Technology, 2009, 20(7): 75301.

[75] CUBILLAS A M, LAZARO J M, CONDE O M, et al. Multi-coupling gap system modeling for methane detection using hollow-core photonic bandgap fibers[J]. Proceedings of IEEE sensors,2009: 1154-1157.

[76] YANG F, JIN W, CAO Y, et al. Towards high sensitivity gas detection with hollow-core photonic bandgap fibers[J]. Optics Express,2014, 22(20):24894-24907.

[77] HOO Y L, JIN W, HO H L, et al. Gas diffusion measurement using hollow-core photonic bandgap fiber[J]. Sensors and Actuators B, 2005, 105:183-186.

[78] ZHAO P, ZHAO Y, BAO H, et al. Mode-phase-difference photothermal spectroscopy for gas detection with an anti-resonant hollow-core optical fiber[J]. Nature Communications, 2020,11: 847.

[79] LIU N, SUN J, DENG H, et al. Recent progress on gas sensor based on quantum cascade lasers and hollow fiber waveguides[J]. Proc. of SPIE, 2017,10250: 102501W-5.

[80] Newport System.http://www.newport.com.cn.

[81] Thorlabs. http://www.thorlabs.com.

[82] Vigo System.http://www.vigo.com.pl.

[83] SUN J, DENG H, LIU N, et al. Mid-infrared gas absorption sensor based on a broadband external cavity quantum cascade laser[J]. Review of Scientific Instruments, 2016, 87: 123101-6.

[84] DING Y, HE T, ZHOU S, et al. Quartz tuning fork-based photodetector for midinfrared laser spectroscopy[J]. Applied Physics B, 2018, 124:78.

[85] KOSTEREV A A, BAKHIRKIN Y A, CURL R F, et al. Quartz-enhanced photoacoustic spectroscopy[J]. Optics Letters, 2002, 27: 1902-1904.

[86] YIN X, DONG L, WU H, et al. Highly sensitive SO_2 photoacoustic sensor for SF_6 decomposition detection using a compact mW-level diode-pumped solid-state laser emitting at 303 nm[J]. Opt. Express, 2017, 25(26):32581-32590.

[87] LIU N, ZHOU S, ZHANG L, et al. Standoff detection of VOCs using external cavity quantum cascade laser spectroscopy[J]. Laser Physics Letters, 2018, 15: 085701.

[88] LI S, LIU N, DING J, et al. Piezoelectric effect-based detector for spectroscopic application[J]. Optics and Lasers in Engineering, 2019, 115:141-148.

[89] SPAGNOLO V, PATIMISCO P, PENNETTA R, et al. THz quartz-enhanced photoacoustic sensor for H_2S trace gas detection[J]. Optics Express, 2015, 23(6):7574-7582.

[90] XU L, LIU N, ZHOU S, et al. Dual-frequency modulation quartz crystal tuning fork-enhanced laser spectroscopy[J]. Optics Express, 2020,28(4):5648-5657.

[91] XU L, LIU N, ZHOU S, et al. Dual-spectroscopy technique based on quartz crystal tuning fork detector[J]. Sensors and Actuators A, 2020,304:111873.

[92] SCHOLZ L, PALZER S. Photoacoustic-based detector for infrared laser spectroscopy[J]. Applied Physics Letters, 2016, 109: 041102.

[93] HARRIS T R. Optical properties of Si, Ge, Gaas, Gasb, Inas, and Inp at elevated temperatures[D]. Air Force Institute of Technology Ph.D. thesis，2010.

[94] THOMAS M E, JOSEPH R I, TROPF W J. Infrared transmission properties of sapphire, spinel, yttria, and ALON as a function of temperature and frequency[J]. Appl. Opt., 1988, 27(2):239-245.

[95] SPEARRIN R M. Mid-infrared laser absorption spectroscopy for carbon oxides in harsh environments[D]. Stanford University Ph.D. thesis，2014.

[96] LIU N, XU L, ZHOU S, et al. Simultaneous detection of multiple atmospheric components using a NIR and MIR laser hybrid gas sensing system[J]. ACS Sensors,2020, 5(11):3607-3616.

第 4 章　高级的激光光谱技术

现代激光光谱技术的发展,总结起来主要是从激光光谱系统三个核心器件 (即激光光源、吸收池、光电探测器) 出发,围绕信号增强和噪声抑制方面而衍生出一系列的高级激光光谱技术或探测方法。例如,针对单通吸收池光程的不足而发展起来的各种长程多次反射型吸收池或高精度光学谐振腔,据此形成的长程吸收池光谱、腔衰荡吸收光谱、腔增强吸收光谱或积分腔吸收光谱。为了有效抑制激光光谱系统噪声而建立起来的波长调制或频率调制光谱,以及双频调制光谱。针对各种光电探测器波长响应带宽有限,以及光信号易产生干涉效应的影响,通过检测声信号,代替传统的光信号检测方式,而衍生出的光声光谱。然而,光声光谱发展的过程中,鉴于传统声信号探测器—麦克风频率响应带宽有限,进一步发展起来了石英音叉光声光谱和微悬臂梁增强光声光谱。为此,本书将围绕这些方面发展起来的各种新型光谱技术进行详细的介绍。

4.1　长程池吸收光谱

可调谐二极管激光吸收光谱 (Tunable Diode Laser Absorption Spectroscopy, TDLAS) 技术是一种伴随着半导体激光器发明而问世的一种光谱技术,基于半导体激光器波长易调谐特性,获取待分析物质特征"指纹吸收谱",结合相关吸收光谱模型和信号处理算法,从而实现对其定性分析识别或定量分析。自从 1970 年麻省理工学院林肯实验室 Hinkley 等首次演示了铅锡碲化物半导体激光器的高分辨率光谱[1],TDLAS 已经发展了半个世纪,可用于物质浓度、温度、压力、速度、通量等物理量的测量[2,3],其应用领域遍及大气环境、工业处理控制、燃烧诊断、生物医学、土壤生态和海洋科学等学科和领域[4–12]。

光通信波段的近红外 (1 ~ 2μm) 分布反馈式 (Distributed Feedback,DFB) 半导体激光器已成为一种公认的性能优越的激光光谱光源。典型的近红外 DFB 半导体激光器的输出波长及其相应的吸收分子如表 4.1 所归纳。由光谱学可知,分子基频带位于中红外而泛频带位于近红外区域,使得分子在近红外吸收比中红外光谱范围弱一到几个量级。然而,近红外的线强和优越的激光二极管属性以及精心设计的长程吸收池结合,探测灵敏度亦可实现在 ppm~ppb 量级。此类激光光源的主要属性有光纤耦合输出、单模发射、几纳米的调谐范围、易于电调谐 (强度或波长调制)、价格低廉等。相对于其他类型激光光源,半导体二极管激光器因

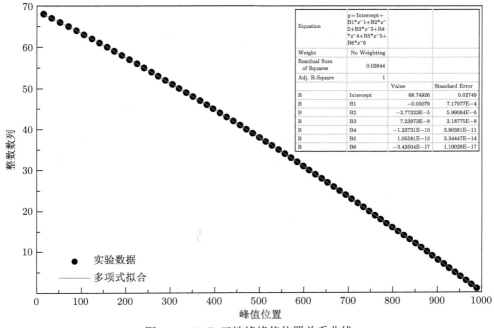

Equation	$y = \text{Intercept} + B1*x^1 + B2*x^2 + B3*x^3 + B4*x^4 + B5*x^5 + B6*x^6$		
Weight	No Weighting		
Residual Sum of Squares	0.03844		
Adj. R-Square	1		
		Value	Standard Error
B	Intercept	68.74926	0.02749
B	B1	−0.05079	7.17977E−4
B	B2	−3.77323E−5	5.99084E−6
B	B3	7.23973E−8	2.18775E−8
B	B4	−1.23731E−10	3.90381E−11
B	B5	1.05581E−13	3.34447E−14
B	B6	−3.43504E−17	1.10028E−17

● 实验数据

—— 多项式拟合

图 4.8 F-P 干涉峰峰值位置关系曲线

通过以上前期信号预处理过程，即可获得频域条件下的吸收光谱图。最后依据朗伯–比尔定律将透射谱转换成吸收系数 (单位：cm^{-1})，与第 2 章中理论公式 (2-6) 和 (2-7) 相对应，对吸收系数进行拟合积分计算，从而获得分子吸收线型的积分面积。最后结合已知相关参数和前面所述理论计算公式即可反演出吸收分子的分子数或浓度；反之，可计算出分子的谱线参数 (如线强)。第 2 章第 3 节分子吸收线型所述，在不同实验条件或物理机制的影响下，分子的吸收线型满足不同的模型，通过最优化分子吸收线型模型，可提高测量精确度。图 4.9 所示为标准 Voigt 线型和软碰撞 Rautian 线型拟合结果，由吸收峰中心位置的放大图可见，软碰撞 Rautian 模型与实验测量的信号更匹配，从而其计算的结果更精确。在 $6518 \sim 6530 \ cm^{-1}$ 光谱范围内，通过对比标准 Voigt 线型和软碰撞 Rautian 线型发现，统计结果如表 4.2 所示，总体上发现 Voigt 线型拟合结果要比 Rautian 线型拟合结果偏小，平均误差在 0.5%[22]。

经过数十载的不断发展，基于 TDLAS 吸收光谱技术的光学仪器或气体传感器已发展得相当成熟，在地球生态环境研究领域提供 "海陆空" 立体式全方位的监测服务，以及大型太空卫星计划项目中发挥重要的技术支撑作用。基于俄罗斯太空战略发展计划 "福布斯–土壤" (PHOBOS-GRUNT Mission) 项目 [23]，作者早期留学单位——法国兰斯大学 GSMA 实验室，与俄罗斯莫斯科空间研究所合

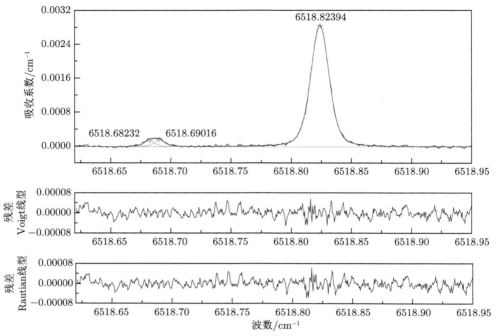

图 4.9　　实验测量的乙炔分子吸收光谱图及其对应的不同线型拟合结果

作研制了一套可以同时测量水汽 (H_2O)、二氧化碳 (CO_2) 和乙炔 (C_2H_2) 分子,
及其碳、氢、氧同位素成分的低功耗、小型化 TDLAS 光谱仪, 其光学结构示意
图如图 4.10 所示, 为系统 3D 结构模型示意图。该小型化 TDLAS 仪器尺寸为
30cm×5cm×5cm, 总重量小于 1.5 kg, 实物图如图 4.11 所示。针对三种物质 (8
种成分), TDLAS 光谱仪采用了 4 个不同中心波长的 DFB 二极管激光器作为激
发光源, 每个光源光谱参数和相应的分子如表 4.3 所示。"福布斯–土壤"火星探
测器是俄罗斯联邦航天署研制的新一代火星探测器, 原计划从火卫一采集土壤样
本, 用于研究火星演变和起源过程。为了满足"福布斯–土壤"火星探测器的搭载
要求, 所研制的 TDLAS 光谱仪采用时分多路复用 (Time-Division Multiplexing,
TDM) 探测技术和平衡探测原理, 通过一系列光学分束器和反射镜将四路激光信
号耦合成同轴光路, 实现了超窄的光学和机械结构设计。针对火星的空间环境, 拟
通过光谱手段分析火卫一土壤燃烧产物中的气体及其同位素成分, 探究火星形成
机制, 以期揭示类地行星的空间环境演化特征。

表 4.2 基于不同线型模型 (Voigt 和 Rautian) 测量的乙炔 $\nu_1 + \nu_3$ 带谱线强度 (@296K)

分子同位素	跃迁谱线	谱线位置 /cm^{-1}	本书作者 (Voigt 线型)	不确定度/%	本书作者 (Rautian 线型)	不确定度/%	误差% Disc.1	HITRAN08 数据库	误差% Disc.2
					线强 $S(10^{-22}$, cm^{-1}/(cm^{-2}·mol.))				
	P15e	6518.4860	84.9588	0.41	85.0654	0.85	−0.13	85.72	−0.89
	P14e	6521.1953	31.4275	0.52	31.7275	0.72	−0.95	31.65	−0.70
$^{12}C_2H_2$	P13e	6523.8794	102.936	0.67	103.0549	0.45	−0.12	103.5	−0.55
	P12e	6526.5384	36.8038	0.54	36.8074	0.66	−0.01	36.93	−0.34
	P11e	6529.1721	116.483	0.91	116.9766	1.01	−0.42	116.5	−0.01
	P10e	6518.8237	1.50136	1.12	1.51554	1.26	−0.92	1.504	−0.18
	P9e	6521.3373	1.51144	1.73	1.52049	1.15	−0.60	1.513	−0.10
$^{13}C^{12}CH_2$	P8e	6523.827	1.49466	1.44	1.50268	2.08	−0.53	1.487	0.52
	P7e	6526.2927	1.42707	1.22	1.43965	1.33	−0.87	1.422	0.36
	P6e	6528.7345	1.30596	1.09	1.31926	1.22	−1.01	1.317	−0.84

注: 不确定度定义为计算多次测量的统计平均误差 (1σ)。

误差分别定义为: %Disc.1 = (本书作者 (Voigt 线型) −本书作者 (Rautian 线型))/本书作者 (Rautian 线型) ×100%; %Disc.2= (本书作者 (Voigt 线型) − HITRAN08)/HITRAN08 ×100%。

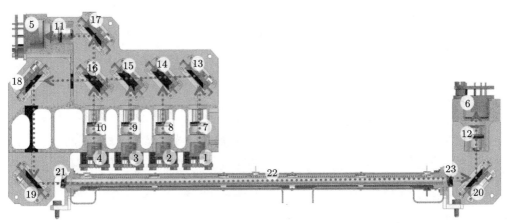

图 4.10 基于"福布斯–土壤"太空计划的 TDLAS 光谱仪 3D 模型图

序号定义: 1 ~ 4: 中心波长分别为 1533nm, 2041nm, 2640nm 和 2683nm 的分布反馈式半导体激光器; 5, 6: 参考信号和样品信号探测器; 7 ~ 10: 准直透镜; 11, 12: 聚焦透镜; 13 ~ 15: 平面反射镜; 16: 50%分束器; 17 ~ 20: 可折叠反射镜; 21, 23: 吸收池窗片; 22: 样品吸收池

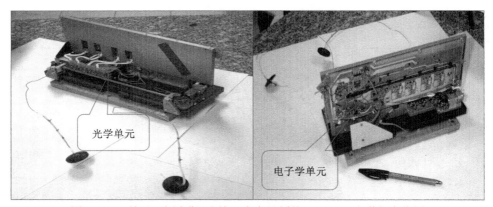

图 4.11　基于"福布斯–土壤"太空计划的 TDLAS 光谱仪实物图

表 4.3　基于"福布斯–土壤"太空计划的 TDLAS 光谱仪光源光谱参数

分子	激光光源	中心波长/nm	调谐范围/cm^{-1}	跃迁/cm^{-1}	功率/mW	探测器	激光器温度调谐范围/K
CO_2 H_2O	DFB 二极管激光器(锑砷化铟镓)	2682	3721 ~ 3733	3728.4101 3727.7376	~ 2	砷化铟	291.21 ~ 295.85
$^{18}OC^{16}O$ $^{18}OC^{16}O$ $^{13}CO_2$	DFB 二极管激光器(锑化镓铟)	2041	4894 ~ 4905	4898.7822 4898.5653 4899.6133	~ 3	砷化铟镓	290.95 ~ 297.12
HDO $H_2^{17}O$ $H_2^{18}O$	DFB 二极管激光器(锑砷化铟镓)	2642	3780 ~ 3795	3788.3366 3788.7852 2788.9125	~ 3	砷化铟	291.95 ~ 293.67
C_2H_2	DFB 二极管激光器(砷化铟镓)	1533	6518 ~ 6530	6523.8794	~ 5	砷化铟镓	293.55 ~ 296.15

4.2　调 制 光 谱

直接吸收光谱中通过检测光与物质相互作用过程中光强的变化量，在相关物理量参数 (如实验温度、压力和光程及分子吸收谱线参数等) 已知的条件下，依据朗伯–比尔定律即可反演出分子的浓度。该方法中，光强变化相对较微弱，易受各种光学噪声和电子学噪声的干扰，从而限制了直接吸收光谱技术的灵敏度。调制技术首先通过将信号频移到高频载波中，再利用相敏检波技术对其进行解调，可有效实现抑制各种低频噪声 (即 $1/f$ 噪声)。依据调制方式，可分为以下几类。

4.2.1　振幅调制光谱

振幅调制 (Amplitude Modulation) 光谱是一种通过对光源的发光强度进行调制来抑制相关噪声的光谱方法。传统的振幅调制是利用机械式斩波器对出射光束进行强度调制，将连续光变成具有一定周期性的调制光。典型的斩波器如美国

斯坦福 (Stanford Research Systems, SRS) 公司 SR540 型斩波器和美国 Terahertz Technologies Inc. (THI) 公司生产的 C-995 型机械式光学斩波器，它们的调制频率最高分别可达 3.7kHz 和 5kHz，实物图分别如图 4.12 和图 4.13 所示，其主要技术指标如表 4.4 和表 4.5 所列。机械式调制实现方式简单，通常其调制频率低、体积大，存在机械噪声和振动噪声干扰等问题。

图 4.12   美国 SRS 公司的 SR540 型斩波器[24]

图 4.13   THI 公司 C-995 型机械式光学斩波器[25]

表 4.4   美国 SRS 公司 SR540 型斩波器主要功能参数

参数名称	性能指标
斩波频率	内孔：4 ~ 400Hz，外孔：400Hz~ 3.7kHz
频率稳定性	250 ppm/℃
频率漂移	<2%
相位抖动 (RMS)	$0.2°$ (50 ~ 400Hz) $0.5°$ (400Hz~ 3.7kHz)
频率显示	4 位显示，1Hz 精度
频率控制	三挡可调：4 ~ 40Hz 40 ~ 400Hz 400Hz~ 3.7kHz
输入控制电压	0 ~ 10 VDC
控制器尺寸	7.7in × 1.8in × 5.1in(WHD)
斩波器头	2.8in × 2.1in × 1.0in(WHD)
斩波片直径	4.04in ± 0.002in
电源	12W，100/120/220/240 VAC，50/60Hz

表 4.5　THI 公司 C-995 型机械式光学斩波器主要功能参数

参数名称	性能指标
斩波频率范围	4 ~ 500Hz (内槽)，40 ~ 5kHz(外槽)
光圈尺寸	直径 15mm
频率控制	锁相回路，直接数字合成
频率的不确定性	设置 ±0.0025%
相位抖动	0.1%峰峰值，3 插槽；1.0%峰峰值，30 插槽
设定锁相时间	<3s
时钟输入要求	TTL,CMOS 兼容方波，4 ~ 5000Hz
同步信号输出	TTL,CMOS 兼容方波
显示	五位数字 LED 显示
斩波频率温度系数	<10ppm/°C
频率分辨率	0.001Hz
频率分辨率 (前控制面板)	0.01Hz
外部控制的计数器分辨率	0.1Hz，1Hz
RS-232 接口	9600 波特率 N-8-1,3 wire
斩波器头安装	标准 8-32 螺纹孔
斩波刀片直径	4.1 in
工作温度范围	0~40°C
接头尺寸	114mm ×114mm ×51mm
控制器尺寸	69mm×178mm×231mm
电源要求	95 ~ 260VAC，50 ~ 60Hz，15VA Max
CE 认证	是
质量	1.36kg

声光调制是一种基于声光效应的外调制技术，声光调制器通常由声光介质、电–声换能器、吸声 (或反射) 装置及驱动电源等部分组成。调制信号是以电信号形式作用于电声换能器上，再转化为以电信号形式变化的超声场，当光波通过声光介质时，声光效应使光载波受到调制而成为"携带"信息的强度调制波，具有耦合方式灵活性高 (如空间光传播或光纤传输方式)，但调制光波长响应范围受声光晶体材料的特性限制 (如英国 Gooch&Housego 公司，T-M200-0.1C2J-3-F2P 型声光调制器主要技术参数如表 4.6 所示)。

电光调制器是利用某些晶体的线性电光效应，如铌酸锂晶体 ($LiNbO_3$)、砷化镓晶体 (GaAs) 和钽酸锂晶体 ($LiTaO_3$) 的电光效应制成的调制器。在外加电压调制信号时，电光晶体的折射率在信号电场的作用下由于电光效应而产生变化，从而实现对入射光信号的幅度、强度、相位及偏振状态的调制。

此外，依据光源的发光特性，亦可通过对其驱动电流或电压进行调制，实现振幅或强度调制。典型的半导体激光器，如法布里–珀罗 (Fabry-Perot, F-P) 型激光器、分布反馈式激光器 (Distributed Feedback Laser, DFB)、垂直腔面发射激光器 (Vertical-Cavity Surface-Emitting Laser，VCSEL)、铅盐二极管激光器 (Lead Salt Diode Laser)、量子级联激光器 (Quantum Cascade Laser, QCL) 和带间级联激光器 (Interband Cascade Laser, ICL)，利用其对注入电流的依赖特性，通过

表 4.6   英国 Gooch&Housego 公司 T-M200-0.1C2J-3-F2P 型声光调制器主要技术参数

参数名称	性能指标
材料	TeO$_2$
波长	1530 $\sim$ 1565nm
平均功率	1W
光脉冲能量	100μJ
插入损耗	5.0dB
偏振消光比	20dB
消光比	20dB
回波损耗	$>$ 40dB
上升/下降时间	10ns(Max)
频率	200MHz
电压驻波比	1.5:1
输入阻抗	50Ω
最佳功率	3W
频移	200MHz
光纤类型	PM1550
光纤长度	1.5m
光纤封装	裸纤

加载方波电流在其工作阈值电流上下即可实现振幅调制。

4.2.2   波长调制/频率调制光谱

波长和频率调制光谱最早是在 20 世纪 80 年代初发展起来的调制光谱技术，为了进一步抑制激光和探测器的噪声影响，提高检测灵敏度 [26-29]。依据调制频率范围的大小，分为波长调制光谱 (Wavelength Modulation Spectroscopy, WMS) 和频率调制光谱 (Frequency Modulation Spectroscopy, FMS)。WMS 调制频率一般在几 kHz 到 MHz，而 FMS 调制频率通常在 MHz 到 GHz 范围。依据吸收光谱基本理论——朗伯-比尔定律，激光经过长度为 L 的均匀气体介质后透射系数为

$$\tau(v) = \left(\frac{I(v)}{I_0(v)} \right) = \exp(-\alpha(v)L) \qquad (4\text{-}2)$$

假设一个频率为 ω 的正弦调制信号叠加到激光器的驱动信号中，调制后的激光频率和强度分别为

$$v(t) = v_0 + a\cos(\omega t) \qquad (4\text{-}3)$$

$$I(t) = I_0 + i_0\cos(\omega t + \varphi) \qquad (4\text{-}4)$$

其中，a 和 i_0 分别为频率调制振幅和强度调制振幅，φ 为两种调制效应之间的相位差。

综上所述，时间依赖的透射系数以傅里叶余弦级数展开为

$$\tau(v_0 + a\cos(\omega t)) = \sum_{n=0}^{n=+\infty} H_n(v_0, a)\cos(n\omega t) \tag{4-5}$$

其中，$H_n(v_0, a)$ 为 n 阶傅里叶级数，满足以下条件：

$$H_n(v_0, a) = \begin{cases} \dfrac{1}{2\pi}\displaystyle\int_{-\pi}^{\pi}\tau(v_0 + a\cos\theta)\mathrm{d}\theta & (n=0) \\ \dfrac{1}{\pi}\displaystyle\int_{-\pi}^{\pi}\tau(v_0 + a\cos\theta)\cdot\cos(n\theta)\mathrm{d}\theta & (n\geqslant 1) \end{cases} \tag{4-6}$$

　　如图 4.14 所示为模拟的前四阶谐波信号波形。由此图可见，随着谐波阶段的递增，谐波信号幅值呈现递减趋势；谐波信号与零点的交点数和谐波阶数一致；结合直接吸收光谱可见，偶数阶谐波信号的最大幅值 (或绝对值) 位置与分子吸收峰的中心位置对应，而奇数阶谐波信号中，分子吸收峰中心位置对应的信号幅值为零。因而，实际应用中，通常采用二次谐波用于气体浓度的探测，奇数阶谐波信号因其过零点的特性而被广泛用于激光器锁频[30]。值得提出的是，此处理论模拟的各阶谐波信号具有很好的对称性，真实情况下受残余振幅调制效应的影响，谐波信号通常呈现出不同程度的反对称性[31]。

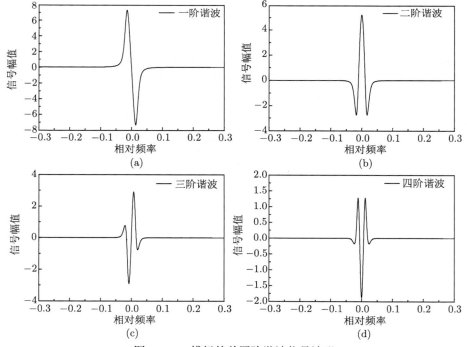

图 4.14　模拟的前四阶谐波信号波形

　　调制光谱有个关键性参数——调制振幅, 通过选择适当的调制振幅, 可使得谐波信号达到最大值, 最佳化的调制系数 m 可定义为

$$m = \frac{a}{\Delta v} \tag{4-7}$$

其中, Δv 为分子吸收线型线宽 (半高半宽:HWHM). 假设 $x = \dfrac{v - v_0}{\Delta v}$, 那么依据朗伯–比尔定律, Wahlquist[32] 和 Arndt[33] 给出 Lorentz 线型下吸收系数为

$$\alpha^{\mathrm{L}}(x, m) = \frac{1}{1 + (x + m\cos(\omega t))^2} \tag{4-8}$$

相应二阶谐波系数为

$$H_2^{\mathrm{L}}(x, m)$$
$$= \frac{4}{m^2} - \frac{\sqrt{2}}{m^2} \frac{(M + 1 - x^2)[(M^2 + 4x^2)^{\frac{1}{2}} + M]^{\frac{1}{2}} + 4x[(M^2 + 4x^2)^{\frac{1}{2}} - M]^{\frac{1}{2}}}{\sqrt{M^2 + 4x^2}} \tag{4-9}$$

以此类推, Doppler 加宽主导下 Gauss 线型吸收系数为

$$\alpha^{\mathrm{G}}(x, m) = \exp[-\ln 2(x + m\cos(\omega t))^2] \tag{4-10}$$

Wilson[34] 给出对应的二阶谐波系数为

$$H_2^{\mathrm{G}}(x, m) = \frac{2}{\pi} \int_0^{\pi} \exp[-\ln 2(x + m\cos\theta)^2] \cos(2\theta) \mathrm{d}\theta \tag{4-11}$$

其他压力条件下, 分子吸收线型可用 Voigt 线型描述, 假设 Gauss 线宽和 Lorentz 线宽相等

$$\Delta v_{\mathrm{L}} = \Delta v_{\mathrm{D}} \tag{4-12}$$

Voigt 线型归一化的吸收系数为

$$\alpha^{\mathrm{V}}(y, z) = \frac{V(y, z)}{V(0, z)} \tag{4-13}$$

其中, $z = \dfrac{\Delta v_{\mathrm{L}}}{\Delta v_{\mathrm{D}}\sqrt{\ln 2}}, y = \dfrac{z(v - v_0)}{\Delta v_{\mathrm{L}}}$, $V(y, z)$ 为 Voigt 函数[35]. 利用 Humlicek 算法[36] 计算的 Voigt 线型条件下的二级谐波系数为

$$H_2^{\mathrm{V}}(x, m) = \frac{2}{\pi} \frac{1}{V(0, z)} \int_0^{\pi} V((x + m\cos\theta)y_{1/2}, z) \cos(2\theta) \mathrm{d}\theta \tag{4-14}$$

其中，$y_{1/2}$ 由 $V(y_{1/2}, z) = V(0, z)/2$ 获得。

依据以上三种线型条件下的二次谐波系数，可计算出二次谐波信号峰值与调制系数之间的依赖曲线如图 4.15 所示。同理，可计算出其他项谐波系数对应的最佳调制系数 [37]，如表 4.7 所统计。

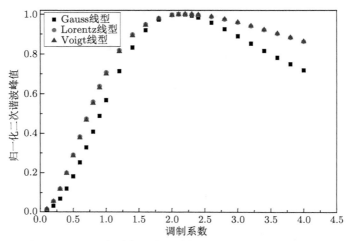

图 4.15   不同线型中二次谐波信号幅值与调制系数的关系

表 4.7   理论计算的不同线型下最佳调制系数

谐波次数	Doppler 线型		Lorentz 线型	
	调制系数 m	谐波峰值	调制系数 m	谐波峰值
1	1.6	0.574	2.0	0.509
2	2.1	0.438	2.2	0.345
4	3.6	0.236	3.9	0.179
6	5.2	0.160	7.4	0.146

波长调制光谱中一阶谐波信号幅值最强，但对光强具有显著的依赖性；二阶谐波信号强度次之，且与吸收介质的浓度具有一定的线性关系，满足如下关系式：

$$I_{2f} \propto I_0 \alpha L \tag{4-15}$$

在光学薄吸收的情况下 [38]，即

$$\alpha L \leqslant 0.05 \tag{4-16}$$

透射系数可简化为

$$\tau \approx 1 - \alpha L = 1 - \phi(v - v_0) S(T) N_0 C L \tag{4-17}$$

因此，二次谐波的傅里叶系数可进一步简化为

$$H_2(v_0, a) = -\frac{SN_0CL}{\pi} \int_{-\pi}^{\pi} \phi(v_0 + a\cos\theta) \cdot \cos(2\theta)\mathrm{d}\theta \tag{4-18}$$

实际过程中，在激光器调谐参数已知的条件下，即可计算出以上傅里叶各项系数。实验信号处理中，可利用基于硬件或软件的数字锁相放大器或算法解调出各项谐波信号。

此外，当调制振幅足够小时，谐波信号正比于吸收线型微分，俗称"微分光谱"[39]。此时，傅里叶分量可简单表示成

$$H_n(v_0) = \frac{I_0 2^{1-n} NL}{n!} a^n \frac{\mathrm{d}^n \phi}{\mathrm{d} v^n}\bigg|_{v=v_0}, \quad n \geqslant 1 \tag{4-19}$$

以波长可调谐半导体激光器作为激发光源为例，典型的波长调制激光光谱系统装置示意图如图 4.16 所示，激光器发射波长的调谐输出通过注入低频 (几百 Hz 以内) 三角波或锯齿波电流信号，而高频 (kHz 以上) 的正弦信号作为波长调制信号，通过加法器叠加后的混频信号输入到激光器控制器，再由激光器控制器匹配转化后输入到激光器，并驱动激光器出射激光。出射的激光光束经过待测气体的样品池后，直接由光电探测器接收，探测器将携带分子吸收信息的光谱信号输入到锁相放大器，锁相放大器结合自身输出的正弦参考信号 (或称为调制信号)，依据选择的谐波次数解调出谐波信号，最终输出给 AD 转换设备 (数据采集卡 DAQ) 和计算机进一步分析处理。

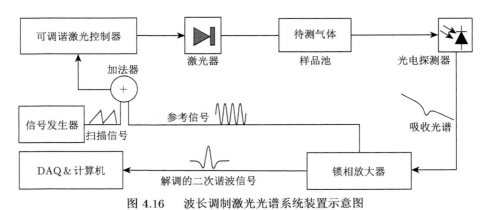

图 4.16 波长调制激光光谱系统装置示意图

4.2.3 免校正 $2f/1f$-WMS 技术

传统的波长调制光谱技术主要分为固定波长 WMS 和扫描波长 WMS，前者为激光器发射波长固定在分子吸收线中心位置，通过单点测量；后者为调谐激光

器输出波长覆盖整个分子的吸收轮廓，全光谱测量。相比较而言，固定波长 WMS 易受噪声的影响，扫描波长 WMS 测量精确度更高。针对恶劣环境中光强变化对谐波信号测量精确度的影响，以及残余振幅调制效应的影响，逐步建立起以一次谐波作为背景信号，对二次谐波信号进行归一化处理的探测技术，即 $2f/1f$-WMS 技术，俗称"免校正"波长调制光谱技术。

由于半导体激光器本身的特性，输入正弦调制信号的同时，除了输出波长会随电流变化和调制，其输出激光的光强也将同步受到调制。通常假设输出激光波长与输入电流同向，则激光器输出频率 $v(t)$ 和光强 $I_0(t)$ 可表示为

$$v(t) = v_0 + a\cos(\omega t) \tag{4-20}$$

$$I_0(t) = \bar{I}_0 \left[1 + \sum_{m=1}^{\infty} i_m \cos(m \times 2\pi f_m t + \psi_m - m \times \psi) \right] \tag{4-21}$$

式中，v_0 为激光中心频率；a 为调制频率深度；$\omega = 2\pi f_m t$ 表示角频率，f_m 为激光调制频率；$\bar{I}_0(t)$ 为激光中心光强；i_m 为激光强度调制幅度；ψ_m 和 ψ 分别为激光器输出光强和输出波长所对应的相位角。对激光透射率 τ 进行傅里叶级数展开得到

$$\tau(t) = \sum_{k=0}^{\infty} H_k \cos(k \cdot \omega t) \tag{4-22}$$

其中，H_k 是 k 阶傅里叶系数

$$H_k = \frac{1}{(1+\delta_{nk})\pi} \int_{-\pi}^{\pi} \tau(v_0 + a\cos\theta) \cos(k\theta)\mathrm{d}\theta \tag{4-23}$$

式中，δ_{nk} 表示克罗内克常数，当 $k=0$ 时，$\delta_{nk}=1$；当 $k \neq 0$ 时，$\delta_{nk}=0$。

为获取实验数据的谐波信号，通常采用数字锁相技术。将测量的信号分别乘以 $\cos(nft)$ 和 $\cos\left(nft + \dfrac{\pi}{2}\right)$，然后通过低通滤波器，可得到其对应的 n 次谐波的 X、Y 分量为

$$X_{nf} = \frac{1}{2}G\bar{I}_0 \left[H_0 + \frac{1}{2}\sum_{k=1}^{\infty} \left(H_{n+k} + (1+\delta_{nk})H_{|n-k|} \right) i_k \times \cos\left(\psi_k - k \times \psi\right) \right]$$

$$Y_{nf} = \frac{1}{2}G\bar{I}_0 \left[\frac{1}{2}\sum_{k=1}^{\infty} \left(H_{n+k} - (1+\delta_{nk})H_{|n-k|} \right) i_k \times \sin\left(\psi_k - k \times \psi\right) \right] \tag{4-24}$$

式中，G 是探测器的光电增益因子。谐波信号所对应的幅值可表示为

$$R_{nf} = \sqrt{(X_{nf})^2 + (Y_{nf})^2} \tag{4-25}$$

在测量过程中窗口污染、光束偏离和散射等因素会导致激光强度的变化，为获得与强度无关的吸收信号，通常使用一次谐波 ($1f$) 归一化的 n 次谐波信号 (nf) 进行测量，以二次谐波 ($n = 2$) 为例，其数学表达式为 [40−43]

$$S_{2f/1f} = \sqrt{\left(\frac{X_{2f}}{R_{1f}}\right)^2 + \left(\frac{Y_{2f}}{R_{1f}}\right)^2} \tag{4-26}$$

测量信号的 $2f$ 谐波信号通常包含背景信号信息，如标准具信息、非线性光强调制和非测量端气体吸收等。为了实现较高精度的温度或浓度测量，需要扣除背景信号的谐波分量。通过对背景信号进行相同的傅里叶处理，即可获得背景中对应的谐波信号，如下式所示：

$$X_{nf}^0 = \frac{1}{2} G \bar{I}_0 i_0 \cos(\psi_n - n \times \psi)$$

$$Y_{nf}^0 = -\frac{1}{2} G \bar{I}_0 i_0 \sin(\psi_n - n \times \psi) \tag{4-27}$$

$$R_{nf}^0 = \sqrt{(X_{nf}^0)^2 + (Y_{nf}^0)^2} = \frac{1}{2} G \bar{I}_0 i_n \tag{4-28}$$

此时目标气体吸收引起的谐波幅值可表示为

$$S_{nf} = (X_{nf} - X_{nf}^0)^2 + (Y_{nf} - Y_{nf}^0)^2 \tag{4-29}$$

进而，去背景后 $1f$ 归一化的 $2f$ 谐波信号为

$$S_{2f/1f} = \sqrt{\left[\left(\frac{X_{2f}}{R_{1f}}\right) - \left(\frac{X_{2f}^0}{R_{1f}^0}\right)\right]^2 + \left[\left(\frac{Y_{2f}}{R_{1f}}\right) - \left(\frac{Y_{2f}^0}{R_{1f}^0}\right)\right]^2} \tag{4-30}$$

实际应用中可通过使用峰值法或参数拟合的方法对 $S_{2f/1f}$ 信号进行分析，即可得到待测气体参数信息。波长调制光谱技术能够有效地抑制噪声、提高信噪比，同时也不需要基线拟合过程，适用于对弱吸收信号的高灵敏度检测。通过与其他高灵敏度技术相结合，如光声光谱和外差探测技术 [44,45]，特别适用于痕量气体浓度检测和具有显著噪声的场合，能够提高系统的信噪比和抗干扰能力，实现高精度测量。

4.2.4   信号解调

波长调制光谱产生的调制信号首先需要结合相敏检波技术或锁相解调技术解调出各阶谐波信号,才能实现相关物理量的反演。相位解调技术主要分为硬件和软件两种方式,当前普遍使用的锁相放大器为美国斯坦福公司生产的 DSP-SR830 型锁相放大器,如图 4.17 所示,DSP-SR830 型锁相放大器可提供超过 100dB 的动态储备,5ppm 的稳定度,0.01° 的相位分辨率,最高参考频率可达 100 kHz,主要技术参数如表 4.8 所列。随着现代锁相技术的发展,从各类实验室型锁相放大器已发展到小型化锁相板卡。图 4.18 为德国 FEMTO 公司研发的锁相放大器模块广泛地应用于科研和研发领域,其电流和电压输入参数由本地开关控制和光隔离数字输入,具有简洁和防电磁干扰措施,深受广大科研工作者的厚爱,主要技术参数如表 4.9 所列。

图 4.17   美国斯坦福公司 DSP-SR830 型锁相放大器 [24]

表 4.8   美国 SRS 公司 DSP-SR830 型锁相放大器主要技术参数

参数名称	性能指标
输入电压灵敏度	2nV~1V
参考频率范围	1mHz~102.4kHz
动态范围	>100 dB
稳定性高达	5ppm/°C
相位分辨率	0.01°
时间常数为	10μs~30ks
滤波器阶数	6dB, 12dB, 18dB, 24dB
输入噪声	6nV/$\sqrt{\text{Hz}}$
输入阻抗	10MΩ,AC 或 DC 耦合
通信接口	GPIB 和 RS-232

尽管锁相放大器的发展已比较成熟,与硬件相比,基于软件的锁相放大器具有成本低、使用灵活等优势。鉴于 Labview 软件在仪器测控方面的独特优势,基于该软件的数字锁相放大器已成为全球科研工作者们比较青睐的选择,如图 4.19 所示,可通过该软件完全实现硬件所具有的功能。

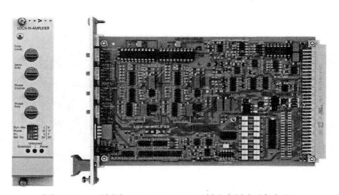

图 4.18   德国 LIA-BV-150 型板式锁相放大器

表 4.9   主要技术参数

参数名称	性能指标	参数指标	性能指标
工作频率	50Hz~120kHz	电压量程	3μV-1V,1-3-10 挡
时间常数	3μs~1s(6dB 或 12dB/倍频程)	电流量程	30pA~10μA,1-3-10 挡
输出模式	$X=$ 同相位 $Y=$ 正交 $R=$ 幅值	电压输入噪声	12nV/$\sqrt{\text{Hz}}$
相位可调节	$0°\sim360°$(8bit 分辨率)	电流输入噪声	0.4pA/$\sqrt{\text{Hz}}$
电子数字控制	16TTL/CMOS 输入,8 bit 相位,4 bit 时间常数,4 bit 敏感度	温度漂移	$<0.01°$/K
工作电压/电流	±15V,$+120$mA/-60mA	尺寸/重量	160mm×100mm×20mm(L×W×H) 100g

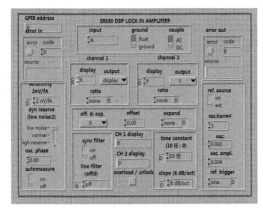
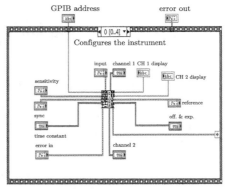

图 4.19   基于 Labview 的数字锁相软件界面

真实的半导体激光器并非满足理想上的线性调谐特性,通常在奇数项谐波信号中伴随着强度调制,导致谐波信号呈现出非零的背景,俗称"残余振幅调制"(Residual Amplitude Modulation,RAM)。因此,RAM 效应随着谐波次数的增加而减弱，但是随着调制频率和调制深度的增加而增强。依据二极管激光器的类型和制造商不同，RAM 效应亦各有不同。为了解决 RAM 效应的影响，光谱研究者们 (尤其是美国 Rice 大学 Hanson 教授领导的课题组) 提出了一系列的免校正 WMS 模型，如通过考虑高阶强度调制或测量无吸收物时的强度时间历史的方式模拟 WMS 信号[40,41,46,47]。后者在标准具效应显著的情况下，具有显著效果。此外，研究结果显示光学元件振动法，最佳化触发时间方式[48]和最佳化调制深度[49]，以及选择高阶谐波探测的方式[50−52]可有效减小光谱系统中标准具效应引起的 WMS 背景噪声。

4.2.5   波长光谱信号处理方法

波长调制光谱测量中，为了最终获取气体浓度信息，类似于直接吸收光谱或其他光谱法，需要结合一定的理论模型和算法对调制光谱信号进行处理分析。主要分为以下三种方法。

1) 浓度校正曲线法

鉴于二次谐波信号与吸收介质浓度之间的线性响应关系，该方法通常用于基于二次谐波信号探测光谱系统的校正。利用商业化不同浓度标准样品或高浓度样品稀释获取大范围浓度样品，获取系统在一定浓度范围内的梯度响应曲线，再计算出二次谐波峰值与样品浓度之间的响应曲线，最后通过线性拟合获得两者之间的校正公式，如图 4.20 所示。通过此实验过程可评估出光谱系统的线性响应范围，

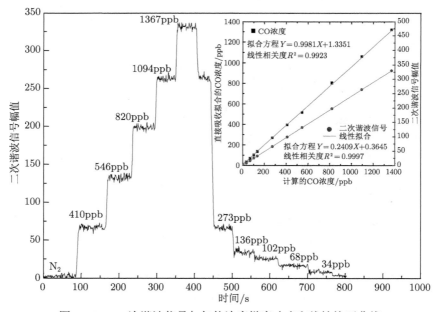

图 4.20   二次谐波信号与气体浓度梯度响应和线性校正曲线

利用计算的二次谐波信号幅值与浓度之间的数学关系式，即可用于未知浓度样品测试时浓度的反演计算。该方法计算效率高、响应快，但是需要考虑仪器的长期稳定性，定期重新校正，以避免仪器漂移效应引起的误差和不确定性。

2) 实时光谱拟合法

类似直接吸收光谱法，理论上谐波探测法亦可以通过建立光谱理论模型，结合最小二乘法对实验光谱数据进行拟合分析。然而，因谐波信号中傅里叶系数涉及复杂的积分运算，很难达到实时处理的效果。依据应用环境和数据精确度等要求，本方法可用于信号后处理 (Signal Post-Processing)。尤其是燃烧诊断应用领域广泛采用的 $2f/1f$-WMS 探测技术，如图 4.21 所示，为一次谐波背景归一化的二次谐波信号处理流程示意图。

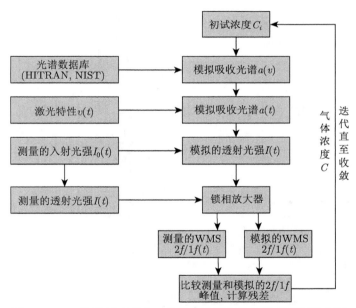

图 4.21　　一次谐波背景归一化的二次谐波信号处理流程示意图

3) 标准气体参考法

针对痕量气体检测中高灵敏度和快速响应的要求，本书作者早年在德国马谱研究所提出了一种基于标准气体参考光谱法 [53-55]。图 4.22 是基于标准气体参考光谱的二次谐波信号拟合过程图。该方法类似浓度校正曲线法，在光谱仪器浓度线性响应范围内，利用待分析样品信号与已知参考样品信号之间的线性关系，结合多维线性拟合算法，将两者之间的比值计算出来，再乘以参考样品的已知浓度值，即获得未知样品的浓度值。参考样品信号的获取与采样间隔，依据特定光谱仪器系统的稳定性而选择，图 4.23 为自主研制的 RT-QCL 激光光谱系统在

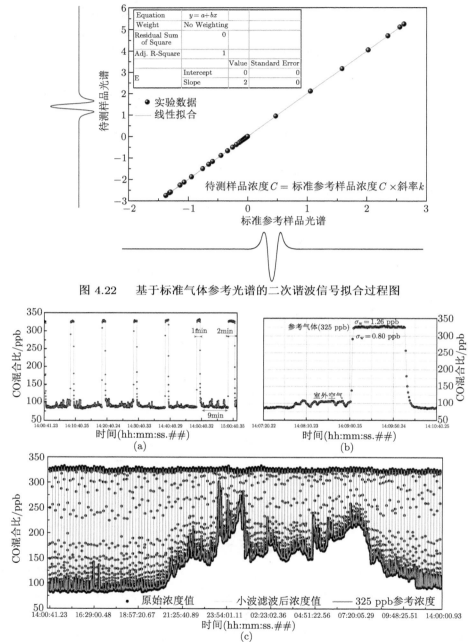

图 4.22 基于标准气体参考光谱的二次谐波信号拟合过程图

图 4.23 RT-QCL 激光光谱系统实时交替测量参考气体和实际大气 CO 结果图 (彩图请扫封底二维码)

10min 采样周期内交替测量参考样品气体 (1min 采样时间) 和实际大气中 CO 气体的浓度 (9min 采样时间), 其中 325 ppb 的参考气体为采用空气压缩机制备并存储在高压钢瓶的空气样品, 其浓度值通过商业化一级标准气体样品 (Scott Marrin Specialty Gases, Inc.) 标定。为了保证数据结果的可靠性, 数小时后再注入商业化一级标准气体样品用于系统校正。通过商业化高级标准气体样品来标定普通参考气体样品的方法, 既节约成本, 又能满足光谱仪器外场观测时校正的需求。

4.3 高精度光学腔增强型光谱技术

依据朗伯-比尔定律可知, 通过增加光与物质相互作用的有效距离可显著提高光谱检测灵敏度。然而, 传统的多次反射型吸收池, 存在反射次数和物理体积相对立的矛盾。随着反射次数 (即有效总光程) 的增加, 吸收池物理体积/重量亦变大/变重, 从而严重限制发展便携式气体传感器或光谱仪器的要求。针对这个技术难题, 光谱研究者们开展了一系列新型气体样品池的理论设计和实验研究。

高精度光学腔增强型光谱是激光吸收光谱技术的延伸, 利用超高反射率 ($R >$ 0.9999) 的光学腔镜构成谐振腔, 实现千米量级的有效总吸收光程, 因而成为一种具有超高灵敏度的吸收光谱技术。本章将以腔衰荡吸收光谱 (Cavity Ring-Down Spectroscopy, CRDS) 技术为重点介绍相关高精度光学腔增强型光谱技术的原理和最新研究进展。

腔衰荡光谱技术

CRDS 技术的基本原理是通过测量光在谐振腔内的衰减速率反演出与其相关的物理量信息, 如吸收分子的浓度、镜片的反射率、介质薄膜厚度等相关物理量。最初于 1988 年, 由 O'Keefe 和 Deacon 实验上报道了基于脉冲激光器的 CRDS 技术 [56]。以两片高反射率腔镜构成的光学谐振腔为例, 其原理是: 当入射光束在谐振腔内来回反射时, 每次反射都将有部分光从反射镜输出, 当透射光幅值达到一定阈值时, 通过高速声光或电光调制器快速切断光束, 此时腔内的光强度不会立刻消失, 而是随着时间以 e 指数衰荡到零, 并满足以下关系式:

$$I = I_0 e^{-t/\tau} \tag{4-31}$$

式中, I_0 为耦合进入光学谐振腔的入射光强, τ 为衰荡曲线的时间常数, 亦叫衰荡时间。当光学谐振腔为空腔时, 光强的衰减主要是以腔镜的透射和损耗为主, 衰荡时间为

$$\tau_0 = \frac{L}{c(1-R)} \tag{4-32}$$

其中，L 为光学谐振腔腔长，c 为光速，R 为腔镜反射率。当腔内充入某种吸收气体介质时，考虑到气体的吸收 αL 与腔镜的透射和损耗 $(1-R)$，此时衰荡时间为

$$\tau = \frac{L}{c\left[(1-R)+\alpha L\right]} \tag{4-33}$$

由上式可见：衰荡时间依赖于腔镜反射率 R、腔长 L，以及与腔内吸收介质相关的物理量 α，而与激光脉冲强度无关，为此不受光强波动的影响。此外，如果测得没有样品吸收时的衰荡时间 τ_0 以及有样品吸收时的衰荡时间 τ，则可得到样品的吸收系数 α 为

$$\alpha(v) = \frac{1}{c\tau(v)} - \frac{1}{c\tau_0} \tag{4-34}$$

假设腔镜反射率 $R = 0.9999$，腔长 $L = 1\mathrm{m}$，那么可计算出空腔衰荡时间 $\tau_0 = 33\mu\mathrm{s}$，此时间内光脉冲传播的总光程为 $10\mathrm{km}$，相比于典型的多次反射型吸收池 ($100\mathrm{m}$，体积约几升)，光程提高 100 倍，且体积可以设计得更小。依据朗伯–比尔定律，吸收系数定义为分子吸收截面 σ 与其浓度 C 之间的乘积。因而，上式可进一步拓展为 [57]

$$\alpha(v) = \sigma C = \frac{1}{c\tau(v)} - \frac{1}{c\tau_0} = \frac{\Delta\tau}{\tau_0\tau}\frac{L}{cd} = \frac{\Delta k L}{cd} \tag{4-35}$$

其中，$\Delta\tau = \tau_0 - \tau$，$\Delta k = 1/\tau - 1/\tau_0$ 表示衰荡率系数，单位为秒$^{-1}$(或 s^{-1})。

　　腔衰荡光谱同样易受到光学干涉噪声的影响，此噪声类似正弦振荡，具有频率的依赖性，可使用楔形衬底或通过镜的轻微失调方式进行抑制。第二种效应是叠加在光强单指数衰减上的调制，有时具有相当大的幅度，这是由脉冲激光激发的不同腔模之间的拍频效应而产生的。这种调制效应可以通过精细的腔调节和激光脉冲的模式匹配来最小化，当幅值较低时，可以通过指数拟合程序算法消除。当衰荡时间 $\tau \to \tau_0$ 时，腔衰荡吸收光谱的极限灵敏度 (Limiting Sensitivity) 可定义为

$$\alpha_{\min} = \frac{\Delta\tau_{\min}}{c\tau_0^2}\frac{L}{d} = \frac{L}{cd\tau_0}\frac{\Delta\tau_{\min}}{\tau_0} \tag{4-36}$$

其中，$\Delta\tau_{\min}$ 为腔衰荡时间内最小可探测变化量，将其除以分子的吸收截面，即获得最小可探测吸收物的浓度。由上式可知：通过选择高反射率的反射镜或通过增加腔体的长度来增加衰荡时间，可提升腔衰荡吸收光谱仪的灵敏度。此外，光谱研究者们利用"噪声等价吸收系数"(Noise-Equivalent Absorption Coefficient，NEAC) 来衡量光谱仪器的灵敏度：

$$\text{NEAC} = \left(\frac{2}{f_{\text{rep}}} \right)^{1/2} \frac{\Delta \tau_{\min}}{c \tau_0^2} \frac{L}{d} \tag{4-37}$$

其中，f_{rep} 为数据采样率，d 为腔内吸收介质占据的有效物理长度。实际上，最原始的高精度腔理论可追溯到基于两块平面反射镜的法布里–珀罗 (Fabry-Perot, F-P) 干涉腔的原理，其关键性参数为两个相邻最大值之间的频率间隔，即为自由光谱范围 (FSR)，频率间隔定义为

$$\Delta v_{\text{FSR}} = \frac{c}{2nL} \tag{4-38}$$

谐振腔精细度定义为

$$F = \frac{\pi \sqrt{R}}{1 - R} \tag{4-39}$$

腔模式的半高全宽带宽为

$$\Delta v_{\text{FWHM}} = \Delta v_{\text{FSR}} / F \tag{4-40}$$

其中，c、L 和 R 分别为光速、干涉计腔镜之间的间距和腔镜反射率，n 为腔内介质的折射率。假设腔长 $L = 1\text{m}$，腔镜反射率 $R = 0.9999$，那么光学谐振腔 FSR= 150 MHz，精度 $F = 31500$，比典型的脉冲染料激光器和光参量振荡激光器的带宽 (~ 3 GHz) 还要小，但是要大于一般的连续激光器带宽 (~ 1 MHz)。此外，共振光学腔的 $\Delta v_{\text{FWHM}} \sim 4.8$ kHz，从而说明只有当光频率与腔模共振时才能耦合到衰荡腔中，因此，只有使用窄线宽激光光源才能最佳地将光强耦合到一个非常尖锐的单模，才能实现光强在谐振腔内积聚，从而最大可能循环光功率，即为腔精细度 F 和入射到腔体内的光功率之间的乘积。

依据技术原理的差异，高精度光学谐振腔技术从最初的腔衰荡吸收光谱[58]，历经十载衍生出腔增强吸收光谱 (Cavity-Enhanced Absorption Spectroscopy, CEAS)[59] 和积分腔输出光谱 (Integrated Cavity Output Spectroscopy, ICOS)[60]，典型的实验装置原理示意图如图 4.24 所示。从光源类型 (脉冲光到连续光)、腔模耦合方式、谐振腔结构设计和腔体调控等方面衍生了一系列新颖的高灵敏度光谱技术，如离轴积 ICOS[61]V 型 CEAS[62]、光学反馈 (Optical Feedback) 型 CEAS[63]、多光谱技术结合腔增强/衰荡光谱技术[64,65] 等。有关此类技术的详细理论和实验已有大量综述和书籍报道[66−68]。

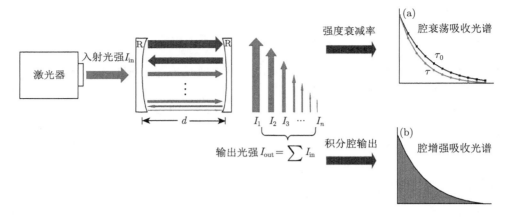

图 4.24　　腔衰荡吸收光谱和腔增强吸收光谱原理示意图

4.4　激光腔内吸收光谱

激光腔内吸收光谱 (Intracavity Laser Absorption Spectroscopy，ICLAS) 源于 1970 年苏联列别杰夫物理研究所 Pakhomycheva 等的发现 [69]，用来研究钕玻璃激光谱线宽展的机制。1971 年，Peterson 等将其与染料激光器结合用于低压碘蒸气和钠蒸气的原子吸收光谱研究 [70]，与传统的腔外吸收光谱法比较，获得了两个数量级的提高。与此同时，Thrash 等利用染料激光腔内吸收光谱技术成功实现氧炔焰中钡元素和锶元素的高灵敏度分析 [71]。ICLAS 本质上是将光学吸收池置于激光谐振腔内，利用光子在腔内的多次往返使得有效吸收光程可达数百千米量级以上，可用于痕量分子的微弱吸收光谱测量，原理上等效于直接吸收光谱技术，满足朗伯–比尔 (Lambert-Beer) 吸收定律，它是一种基于稳态特性和光强分辨测量的高灵敏度光谱方法，区别于基于瞬态特性和时间分辨测量的腔衰荡光谱法，其技术原理示意图如图 4.25 所示。

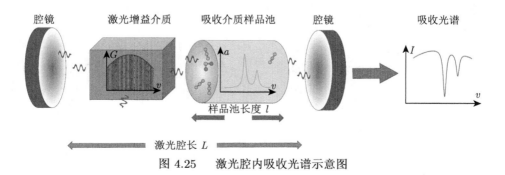

图 4.25　　激光腔内吸收光谱示意图

ICLAS 中，腔内的光束既是激光器的激发光束，亦是产生吸收光谱的激光束，具有多通效应、阈值效应和模式竞争效应，理论上其灵敏度要远高于腔外吸收光谱法。ICLAS 有效吸收光程可描述为

$$L_{\text{eff}} = \frac{ctl}{L} \tag{4-41}$$

其中，c 为光速，t 为激光建立时间，l 和 L 分别为样品池和激光谐振腔物理长度。典型激光器的激光建立时间在几百微米到数百毫秒量级，由上式可见，激光腔内吸收的有效光程可达数十千米量级。表 4.10 给出了几种典型激光器的激光建立时间及其相应的有效光程。

表 4.10 典型激光器的激光建立时间及其相应的有效光程

激光类型	t_S/ms	L_{eff}/km	参考文献
光参量振荡器	5×10^{-6}	0.0015	[72]
二极管激光器	0.13	40	[73]
色心激光器	0.4	120	[74]
光纤激光器	0.43	130	[75]
钛宝石激光器	4.5	1300	[76]
掺 Nd^{3+} 玻璃激光器	12	3600	[77]
染料激光器	230	70	[78]

随着激光技术的飞跃发展，ICLAS 技术已被广泛应用于气体、液体、火焰及等离子体中的原子和分子的极弱吸收光谱特性研究[79-84]。通俗来说，激光腔内吸收光谱技术是一种将样品吸收池置入激光谐振腔内，利用激光器谐振腔振荡效应实现光与待测样品之间相互吸收过程的有效距离的一种光谱方法。依据该技术理念，结合光声光谱技术检测灵敏度对激发光功率的直接依赖性，将光声光谱中关键性器件——光声池放入激光器谐振腔内，从而实现超高灵敏度的痕量气体浓度测量[85,86]。此外，通过进一步拓展，将光声池置入长程多通池和高精度光学腔的内部，利用激光光束多次来回反射实现光功率的放大，从而衍生出新一代超高灵敏度的腔内光声光谱技术[87,88]。

4.5 激光色散光谱

激光吸收光谱技术基于探测气体分子吸收过程引起的信号，微弱的光强变化叠加在大的背景信号中的本质，限制了该技术的动态响应范围。理论上，零背景 (Zero-Background) 的光声光谱技术克服了这个因素，因而具有宽的动态范围。光与物质的电子、振动阶转动跃迁之间近共振相互作用过程，产生对入射辐射的吸收，同时引起透射光波的色散。因此，通过探测分子吸收过程潜在的色散效应而

引起的折射率变化，演变成一种类似光声光谱的零背景技术，即色散光谱 (Dispersion Spectroscopy)。色散光谱是一种替代传统吸收光谱具有吸引力的光谱技术，可追溯到一个世纪之前[89]。痕量气体分子吸收引起的折射率系数变化极其微弱，使得历史上色散光谱在分子光谱领域进展非常缓慢。早期色散光谱研究，除了基于干涉条纹测量法[90]、全息测量技术[91]、探测器焦平面阵列和数字图像处理方法之外[92]，大多数都是基于干涉原理发展起来的方法[93]，且多年来一直延续被采纳至今，如外差探测策略[94]，马赫–曾德尔 (Mach-Zehnder) 干涉测量条纹位移[95,96]，及利用高精度 Fabry-Perot 共振器的方法[97]。以上所述相干检测方案都可以获得辐射电磁波的相位，并从中反演出色散信息用于痕量气体探测[98,99]。

近年来，美国普林斯顿大学 Wysocki 教授领导的课题组利用频率啁啾激光源和外差探测技术提出了一种新的手段用于观察分子吸收过程引起的色散，即"啁啾激光色散光谱" (Chirped Laser Dispersion Spectroscopy，CLaDS)[100]，并用于化学物质探测、原位痕量气体传感和开放式气体监测[101−103]。该技术具有以下特色：

(1) 色散信号的放大系数与激光的啁啾有关；

(2) 理论上免基线；

(3) 对强度波动具有免疫性，从而实现对强度噪声的抑制；

(4) 浓度线性响应动态范围宽 (ppt-纯样品)；

(5) 快速解调意味着免大气湍流干扰；

(6) 具有外差高灵敏度的优势。

对于确定的样品，频率依赖的吸收系数已知的条件下，可通过 Kramers-Kronig 方程计算色散相关的折射率和样品的吸收系数[104]：

$$n(\omega) = 1 + \frac{c}{\pi} \int_0^{+\infty} \frac{\alpha(\omega')}{\omega'^2 - \omega^2} \mathrm{d}\omega' \qquad (4\text{-}42)$$

其中，c 为光速，ω 为光的角频率。

对于气体分子，振转跃迁频率附近的色散与分子浓度成比例，从而可用于定量的气体测量。CLaDS 作为外差拍频的瞬时频率信号，可由下式描述[100]：

$$f(\omega) = \frac{1}{2\pi} \left[\Omega + \frac{S \cdot \Delta L}{c} - \frac{S \cdot L_c}{c} \cdot \omega \cdot \left(\left. \frac{\mathrm{d}n}{\mathrm{d}\omega} \right|_{\omega-\Omega} - \left. \frac{\mathrm{d}n}{\mathrm{d}\omega} \right|_{\omega} \right) \right] \qquad (4\text{-}43)$$

其中，S 为激光啁啾率，ΔL 为两路干涉光光程差，L_c 为气体样品池长度，n 为介质的折射率。拍频频率除了载波 Ω 之外，提供了 ΔL 和光路中的色散信息。物理光程差 ΔL 的贡献可通过平衡 Mach-Zehnder 干涉仪的光程抵消。当外差拍频信

号在载频 Ω 处进行频率解调时，即可反演出与分子色散相关的物理量，如气体分子的浓度信息。由公式 (4-43) 可知外差拍频信号与激光啁啾率 S 呈比例关系，通过选择具有快速频率啁啾的光源，如量子级联激光器，可显著提高探测灵敏度。针对 CLaDS 光谱噪声特性，尤其是非随机的光学干涉条纹，Wysocki 等建立了一种基于三种噪声源 (频率调制噪声、干涉条纹和随机噪声) 的噪声分析模型[105]。首先，频率调制 (FM) 探测中，解调器的输出噪声依赖于载噪比 (Carrier-to-Noise, CNR)，CNR 越高，噪声越低，且正比于解调带宽的平方根[106]。CLaDS 光谱中，高的频率啁啾率要求在非常短的时间内完成色散光谱测量。解调带宽需要与啁啾率同步增加，以保证频率解调的光谱保持一致的分辨率。假设解调带宽 Δf 与啁啾率 S 的比值保持不变，预期的频率调制噪声 N_{FM} 与 S 的平方成正相关，而与光谱的平均次数 k 呈反比例关系，那么 FM 噪声的表达式为

$$N_{\mathrm{FM}} = A \cdot S^2 \cdot \sqrt{\frac{1}{k}} \tag{4-44}$$

其中，A 为多个系统参数 (如本底噪声、调制器、分子的光谱特性) 相关的常量。其次，大多数基于高相干光源的光谱仪器，限制其 SNR 的主要因素是来自不受控制的杂散反射光或散射光在光学器件表面干涉而产生的光谱条纹 (Fringe) 噪声。尽管实际中将抗反射涂层用于所有的透射光学元件，但在 CLaDS 仪器中仍能观察到声光调制器 (AOM) 切面间由于残余标准具 (Residual Etalon) 效应产生的干涉条纹。Fabry-Perot 标准具效应既影响光强又影响相位，因此，在吸收光谱和色散光谱中都会产生干涉条纹。这种不需要的噪声信号可由下式模拟：

$$N_{\mathrm{fringe}} = B \cdot S \tag{4-45}$$

式中，B 是与寄生条纹光谱均方根值 (Root-Mean-Square，RMS) 相关的常量。这种干涉条纹噪声具有非随机性，无法利用多次信号平均法消除。最后，与啁啾率无关的其他随机噪声，包括干涉、机械振动引起的信号波动和电子电路引入的各种低频噪声，这类随机噪声可归结为一类 N_{DC}，当其频率带宽远小于 FM 解调带宽时，在模型中可假设为常量 C，亦与光谱的平均次数 k 成反比。

通过叠加以上所述三种噪声源，CLaDS 光谱仪器中噪声表达式可描述为

$$N_{\mathrm{total}} = \sqrt{\frac{1}{k}} \cdot \sqrt{N_{\mathrm{FM}}^2 + N_{\mathrm{DC}}^2} + N_{\mathrm{fringe}} \tag{4-46}$$

由于 CLaDS 光谱信号幅值与啁啾率 S 成正比，SNR 可描述为

$$\mathrm{SNR}(S) = \frac{D \cdot S}{\sqrt{\frac{1}{k} \cdot \sqrt{A^2 \cdot S^4 + C^2} + B \cdot S}} \tag{4-47}$$

其中，$D = \dfrac{L_c}{c} \cdot \omega \cdot \left(\left.\dfrac{\mathrm{d}n}{\mathrm{d}\omega}\right|_{\omega-\Omega} - \left.\dfrac{\mathrm{d}n}{\mathrm{d}\omega}\right|_{\omega} \right)$，表示 CLaDS 信号幅值归一化的啁啾率，

是一项以光频率 ω 为变量的函数。典型的 CLaDS 光谱系统实验装置示意图如图 4.26 所示。CLaDS 光谱对光强变化具有异常的免疫性，且在气体测量中具有大的浓度动态响应范围，这些独特的优点使其在遥感、长距离、开放式传感、燃烧成分诊断[107] 和等离子体分析[108]，甚至是大透射波动的环境中体现出显著的应用优势。

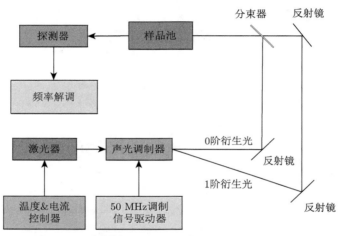

图 4.26　典型的 CLaDS 光谱系统实验装置示意图

4.6　光 声 光 谱

4.6.1　光声学的历史

光声光谱 (Photoacoustic Spectroscopy，PAS) 虽源于吸收光谱，但又不同于传统的基于朗伯–比尔定律的光学吸收光谱方法 (如傅里叶变换红外光谱，腔衰荡光谱或腔增强吸收光谱，内腔吸收光谱)，朗伯–比尔定律描述了入射光光强的指数衰减规律。

光声光谱是以美国科学家 Bell 于 1880 年发现的光声效应 (Photoacoustic Effect) 为基础的高灵敏光谱技术，如图 4.27 所示，其属于光热光谱 (Photothermal Spectroscopy) 的范畴，是一种量热的方法，通过媒介的发热直接测量了气体分子吸收的光能量，而与其他的消光效应无关，如散射等。分子吸收特定波长的光子而被激发到高能态，紧接着通过非辐射弛豫 (碰撞弛豫) 过程将光能转化为热能。样品中局域的温度变化引起压力的变化。当入射光受到调制时，产生周期性的热，

即产生调制的压力波，这种声波可用高灵敏度的声敏元件检测，最终转化为电信号。主要分为以下三步：

第一步，样品分子吸收光能后被激发到高能态，再通过分子间碰撞弛豫释放出热能；

第二步，由于局域短暂的加热和碰撞产生相同周期的声与热波；

第三步，在光声池中利用灵敏的声敏元器件 (微音器或压电陶瓷传声器) 探测声信号。

图 4.27　Bell 光声效应实验装置 [109]

第一步中，物质吸收光子后内能级态 (转动、振动、电子态) 被激发，通过辐射过程 (自发或受激辐射) 或非辐射去激发过程释放能量而回到初始态。

第二步中，声和热波的产生理论上由流体动力学和热动力学描述，主要物理定律有能量、动量和质量守恒定律，分别以热扩散、纳维–斯托克斯 (Navier-Stokes) 和连续方程形式描述。

第三步是利用声敏感元器件实现光声信号的检测。

因而，光声光谱包含着光、热、声和电的能量转移过程，如图 4.28 所示。光声光谱技术相比于传统的吸收光谱方法有如下的特点：

(1) 因测量目标分子吸收的能量 (非透射光能量)，故无吸收就无信号，即为零背景光谱技术；

(2) 以高灵敏的微音器探测声信号，故无波长依赖特性 (只受光声池窗片透光性质限制)；

(3) 系统浓度线性响应在好几个量级，理论上一个校准点就足以体现传感器响应特性；

(4) 简单的传感器结构就可实现 ppm-ppb 探测极限;

(5) 系统体积小, 易于发展外场环境所需的各种便携式光谱仪器。

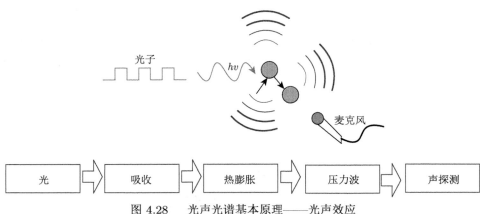

图 4.28 光声光谱基本原理——光声效应

光声效应的发现激发了科学研究者们的浓厚兴趣, 但不久由于各方面检测仪器的简陋和缺乏, 如合适的光源、微音器、各种电子学器件等, 实验上的进展很快就处于停滞状态, 持续了将近 50 年。直到 1938 年, Viengerov 报道了基于黑体红外源和微音器的光声系统, 并测定气体混合物中的气体浓度[110], 此第一个基于光声光谱的红外光谱计获得了光声计的美名, 尽管只能测定氮气中体积浓度小至 0.2% 的 CO_2。20 世纪 60 年代, 由于微信号检测技术的发展、高灵敏微音器和压电陶瓷传声器的出现、强光源 (激光器、氙灯等) 的问世[111], 光声效应及其应用的研究又重新活跃起来。到了七八十年代, 光声光谱作为高灵敏的探测方法, 尤其是气体激光器 (CO、CO_2 激光器) 的使用而异军突起[112,113]。因其高功率 (W 量级) 和单色性, 此类光源成为实现亚于 ppb 量级探测极限的优秀选择。到了 90 年代, 近红外半导体二极管激光器, 由于其稳定、可调谐、易调制的优点[114,115], 显现出其可作为光声探测中优良的光源。近年来, 一些新的激光光源, 如周期性极化的铌酸锂晶体 (PPLN) 光参量振荡器 (OPO)[116], 以及中红外量子级联激光器[117–119] 的普遍出现, 为实现更高探测极限提供了可能。

4.6.2 光声信号的产生

光声效应可广泛用于描述固体、液体和气体介质中的光声信号。本书将以气体介质为研究对象, 对光声信号的产生过程进行详细的阐述。光声信号的产生一般包括两步: 第一步是气体样品中的热传导, 第二步是声波的产生。第一个方面涉及气体样品的吸收过程, 以及随后的从振动到平动自由度的能量转移 (振-转弛豫)。最终能量转移的结果就是热传导率 H。

1. 热平衡中的热传导率

气体样品中强度调制激光束激发的热传导可用分子数布居来描述[120]，简单条件下，吸收气体只含有一种分子 (数密度 N)，可由包括振动基态 (数密度 $N - N'$) 和激发态 (数密度 N') 的两能级系统模拟，N' 可由如下速率方程计算：

$$\frac{\mathrm{d}N'}{\mathrm{d}t} = (N - N')\sigma\phi - N'\sigma\phi - \frac{N'}{\tau} \tag{4-48}$$

式中，σ 为吸收截面，ϕ 为光通量。τ^{-1} 可表示为非辐射和辐射弛豫时间常数倒数之和：

$$\tau^{-1} = \tau_n^{-1} + \tau_r^{-1} \tag{4-49}$$

方程 (4-48) 右边第一项代表频率 $\tilde{v} = (E_1 - E_0)/(hc)$ 处光子吸收；第二项代表光的受激辐射；第三项代表自发辐射和非辐射弛豫。典型大气压条件下，τ_n 在 $10^{-6} \sim 10^{-9}$s 量级，而 τ_r 在 $10^{-1} \sim 10^{-3}$s 量级。因振动态的自发辐射相比于碰撞去激发时间长，τ 可近似为 τ_n，因此样品中整个吸收的能量基本上以热的形式释放。但是，某些特殊情况下 (如动力学冷却[121,122])，只有部分吸收能释放成热。对于弱吸收，激发率 $\sigma\phi$ 很小，以致激发态分子数密度远小于整个分子数密度 ($N' \ll N$)。因此，激发辐射项可忽略，速率方程 (4-48) 可简化为

$$\frac{\mathrm{d}N'}{\mathrm{d}t} = N\sigma\phi - \frac{N'}{\tau} \tag{4-50}$$

对于入射光在复杂的谐波调制下，光通量表示成

$$\phi = \phi_0(1 + \mathrm{e}^{\mathrm{i}\omega t}) \tag{4-51}$$

其中，$\omega = 2\pi f$ 为角调制频率。那么速率方程可表示为

$$\frac{\mathrm{d}N'}{\mathrm{d}t} = N\sigma\phi_0(1 + \mathrm{e}^{\mathrm{i}\omega t}) - \frac{N'}{\tau} \tag{4-52}$$

方程 (4-52) 中，只有携带角频率 ω 和时间依赖项对光声信号有贡献。通过寻求此类型的解：

$$N' = N_0' \mathrm{e}^{\mathrm{i}\omega t} \tag{4-53}$$

可得到

$$N_0' = \frac{N\sigma\phi_0\tau}{\sqrt{1 + (\omega\tau)^2}} \mathrm{e}^{-\mathrm{i}\varphi} \tag{4-54}$$

其中，$\varphi = \arctan(\omega\tau)$ 代表激发态数密度 N' 和光通量 ϕ 之间的相位滞后。从而，式 (4-52) 的最终解可表示成

$$N' = \frac{N\sigma\phi_0\tau}{\sqrt{1+(\omega\tau)^2}}\mathrm{e}^{\mathrm{i}(\omega t-\varphi)} \tag{4-55}$$

热传导率 H (单位时间和体积) 与 N' 有关：

$$H = N'\frac{hc\Delta\tilde{v}}{\tau_n} \tag{4-56}$$

其中，$hc\Delta\tilde{v}$ 为激发态非辐射去激发过程释放的平均热能。如果去激发过程引起激发态到基态的转化，正如用二能级系统假设的，那么 $\Delta\tilde{v} = \tilde{v}_{\mathrm{laser}}$。考虑到 $\tau_n \cong \tau$ 和式 (4-55)，热传导率可表示为

$$H = N'\frac{hc\tilde{v}_{\mathrm{laser}}}{\tau} = H_0\mathrm{e}^{\mathrm{i}(\omega t-\varphi)} \tag{4-57}$$

式中，

$$H_0 = \frac{N\sigma I_0}{\sqrt{1+(\omega\tau)^2}}, \quad I_0 = \phi_0 hc\tilde{v}_{\mathrm{laser}} \tag{4-58}$$

为入射光强。在低频 ($\omega \ll 10^6, \omega\tau \ll 1$) 调制下 (除了以上讨论的特别情况)，热传导率可简化为

$$H = H_0\mathrm{e}^{\mathrm{i}\omega t} \tag{4-59}$$

$$且 \quad H_0 = N\sigma I_0 = \alpha I_0 \tag{4-60}$$

其中，α 为样品气体吸收系数。条件 $\omega\tau \ll 1$ 通常是可以满足的，因调制频率一般在 kHz 量级。以上条件下因 $\phi = 0$，介质的加热和光强的调制之间无相位滞后。然而，一些特殊情况下，$\omega\tau \ll 1$ 不能满足，即使调制频率在 kHz 范围，但 τ_n^{-1} 可以和 ω 在同样量级。此类特殊情况将在以下相关章节给予详细讨论。

2. 声波的产生

如上文提到的，声和热波可用经典的物理定律描述，即流体机械力学和热动力学，主导系统的物理定律是纳维–斯托克斯、热扩散、连续和静态方程。表征光声和光热过程的物理量有温度 T、压力 P、密度 ρ 以及速度矢量 $\boldsymbol{v}$ 的三个分量。这么复杂的问题一般是无解的，除非作一些简化。例如，光吸收引起的 T、P 和 ρ 的变化，与其平衡值相比通常很小，所以可以引入新的变量：

$$P(\boldsymbol{r},t) = p_0 + p(\boldsymbol{r},t) \tag{4-61}$$

$$T(\boldsymbol{r}, t) = T_0 + T(\boldsymbol{r}, t) \tag{4-62}$$

$$\rho(\boldsymbol{r}, t) = \rho_0 + \rho(\boldsymbol{r}, t) \tag{4-63}$$

其中，p_0、T_0 和 ρ_0 分别是压力、温度和密度的平衡值，P、T 和 ρ 是声引起的小的变化量。考虑此假设，速度 $\boldsymbol{v}$ 也是一个小量。从而可假设声变量的平方项、之间乘积项及高阶项都可以忽略。从而，可获得一维线性化的波动方程。考虑流体中热传导和摩擦，线性化的 Navier-Stokes 方程为 [123]

$$\frac{\partial \boldsymbol{v}}{\partial t} = -\frac{1}{\rho_0} \nabla p(\boldsymbol{r}, t) + D_v \nabla(\nabla \cdot \boldsymbol{v}_t) \tag{4-64}$$

式中，$D_v = 4\eta/3\rho_0 + \eta_b/\rho_0$，$\eta$ 代表剪切黏度系数，与流体中剪切运动有关，η_b 为体积黏度系数，最初是在弛豫现象中与流体浓缩有关。速度矢量 $\boldsymbol{v}$ 可分为两项之和：纵向 $\boldsymbol{v}_l$ 和横向 $\boldsymbol{v}_t$。只有纵向对声波有贡献，而横向可忽略[①]。

声压的波动伴随着温度的变化，得到热扩散方程为

$$\frac{K}{\rho_0 C_p} \nabla^2 T_a(\boldsymbol{r}, t) = \frac{\partial}{\partial t} \left(T_a(\boldsymbol{r}, t) - \frac{\gamma - 1}{\gamma \beta_T} k_T p(\boldsymbol{r}, t) \right) - \frac{H(\boldsymbol{r}, t)}{\rho_0 C_p} \tag{4-65}$$

其中，K 是热传导率，C_p 是定压比热容，$\gamma = C_p/C_v$ 是定压比热容和定容比热容之比，β_T 是热扩散系数，k_T 是等温可压缩率，H 是产生的热功率密度。

至此已用到四个方程 (三个 Navier-Stokes 方程和一个热扩散方程) 描述系统。要完善此模型，必须用质量密度连续方程和热动力学方程来联系声对密度、压力和温度的贡献：

$$\frac{\partial \rho_a(\boldsymbol{r}, t)}{\partial t} + \rho_0 \nabla \cdot \boldsymbol{v}_t = 0 \tag{4-66}$$

$$\rho_a(\boldsymbol{r}, t) = \left(\frac{\partial \rho}{\partial P} \right)_{T_0} p(\boldsymbol{r}, t) + \left(\frac{\partial \rho}{\partial T} \right)_{P_0} T_a(\boldsymbol{r}, t) = \frac{\gamma}{c_s^2} \left(p(\boldsymbol{r}, t) - \frac{\beta_T}{k_T} T_a(\boldsymbol{r}, t) \right) \tag{4-67}$$

其中，c_s 为声速，与介质的温度和质量有关，定义式为

$$c_s = \sqrt{\frac{\gamma RT}{M}} \tag{4-68}$$

为了得到简化的波动方程，考虑方程 (4-64) 的发散性，利用质量密度连续方程 (4-66) 消除 $\boldsymbol{v}_l$ 项：

$$\nabla^2 p_a(\boldsymbol{r}, t) = \frac{\partial^2 \rho_a(\boldsymbol{r}, t)}{\partial t^2} - D_v \nabla^2 \frac{\partial \rho_a(\boldsymbol{r}, t)}{\partial t} \tag{4-69}$$

---

① 因横向与声压无关，在大流体中可忽略。而当边缘条件满足时，横向流动可能很重要。

最后，利用状态方程 (4-67) 消去 $\rho_a(r, t)$：

$$\nabla^2 p_a(\boldsymbol{r}, t) = \frac{\gamma}{c_s^2} \left[\frac{\partial^2}{\partial t^2} - D_v \nabla^2 \right] \left(p_a(\boldsymbol{r}, t) - \frac{\beta_T}{k_T} T_a(\boldsymbol{r}, t) \right) \tag{4-70}$$

方程 (4-65) 和 (4-70) 的结合可获得两个独立的解[37]：第一个解包括波长在几个厘米到几米的声波；第二个解是被紧紧限制的热波，因波长处于亚于毫米波而无法传输过加热区。由于这两个波的属性毫不相同，所以可被分开测量。光热方法是一种测量热波的特殊技术[124,125]，在此不予考虑。光声光谱是基于用微音器探测声波的方法。通过假设腔的尺寸远大于热波的分布，可获得方程 (4-65) 和 (4-70) 的解。因热波在很大程度上被限制，此条件通常在光声光谱中是满足的。这种条件下，$T_a(r, t)$ 的二阶微分可忽略。结合式 (4-65) 和 (4-70)，独特的压力波方程为

$$\nabla^2 p(\boldsymbol{r}, t) - \frac{1}{c_s^2} \frac{\partial^2 p(\boldsymbol{r}, t)}{\partial t^2} + \frac{1}{c_s^2} D_v \frac{\partial}{\partial t} \nabla^2 p(\boldsymbol{r}, t) = -\frac{(\gamma - 1)}{c_s^2} \frac{\partial H(\boldsymbol{r}, t)}{\partial t} \tag{4-71}$$

此方程是一个受阻波方程，方程左边最后一项是黏滞损耗项，右边是一个热源项。损耗项使得此方程无法给出数学解析，但在一阶近似下忽略此项即可解。损耗将在下一步作为解的扰动介绍[126]。因而，方程可考虑成

$$\nabla^2 p(\boldsymbol{r}, t) - \frac{1}{c_s^2} \frac{\partial^2 p(\boldsymbol{r}, t)}{\partial t^2} = -\frac{(\gamma - 1)}{c_s^2} \frac{\partial H(\boldsymbol{r}, t)}{\partial t} \tag{4-72}$$

式 (4-72) 是一个不均匀波方程，通过对方程两边作傅里叶变换可解，其解 $p(r, t)$ 可表示成均匀波方程标准模式解 $p_j(r, t)$ 的有限幂级数展开形式。对式 (4-72) 进行傅里叶变换，得

$$\left(\nabla^2 + \frac{\omega^2}{c_s^2} \right) p(\boldsymbol{r}, \omega) = \left[\frac{\gamma - 1}{c_s^2} \right] \mathrm{i} \omega H(\boldsymbol{r}, \omega) \tag{4-73}$$

$$\text{且} \quad p(\boldsymbol{r}, t) = \int_{-\infty}^{\infty} p(\boldsymbol{r}, \omega) \mathrm{e}^{-\mathrm{i}\omega t} \mathrm{d}\omega \tag{4-74}$$

$$H(\boldsymbol{r}, t) = \int_{-\infty}^{\infty} H(\boldsymbol{r}, \omega) \mathrm{e}^{-\mathrm{i}\omega t} \mathrm{d}\omega \tag{4-75}$$

通过边界条件能找到均匀波方程的标准模式解。对于一个谐振腔来说标准模式就是声模式，如半径 R_c 和长度 L 描述的圆柱形腔。因光声池壁是刚硬的，池壁 $r = R_c$ 处声速为零，则声速与压力有关 (见式 (4-66))：

$$\boldsymbol{v}_l(\boldsymbol{r}, \omega) = \frac{1}{\mathrm{i}\omega \rho_0} \nabla \cdot p(\boldsymbol{r}, \omega) \tag{4-76}$$

声波必须满足边界条件：

$$\nabla_\perp p(\boldsymbol{r}, \omega)|_{r=R_c} = 0 \tag{4-77a}$$

$$\nabla_\perp p(\boldsymbol{r}, \omega)|_{z=0,L} = 0 \tag{4-77b}$$

这些边界条件决定了均匀波方程的标准模式解：

$$\left(\nabla^2 + k_j\right) p_j(\boldsymbol{r}, \omega) = 0 \tag{4-78}$$

$$且 \quad k^2 = \frac{\omega^2}{c_s^2} \tag{4-79}$$

对于圆柱形池子，圆柱形坐标 (r, Φ, z) 下 (图 4.29)：

$$\frac{1}{r}\frac{\partial}{\partial r}\left(r\frac{\partial p_j}{\partial r}\right) + \frac{1}{r^2}\frac{\partial^2 p_j}{\partial \Phi^2} + \frac{\partial^2 p_j}{\partial z^2} + k_j^2 p_j = 0 \tag{4-80}$$

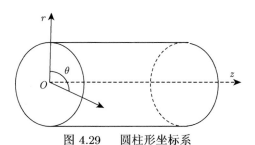

图 4.29 圆柱形坐标系

此方程的解可表示为

$$p(\boldsymbol{r}, \omega) = \frac{\cos}{\sin}(m\Phi)[AJ_m(k_r r) + BY_m(k_r r)][C\sin(k_z z) + D\cos(k_z z)] \tag{4-81}$$

式中，J_m 和 Y_m 分别为第一类、第二类贝塞尔 (Bessel) 函数。为了满足式 (4-77) 中的边界条件，式 (4-81) 中不同的参数定义如下：

$$B = C = 0 \tag{4-82a}$$

$$k_z = k\frac{\pi}{L}, \quad k = 0, 1, 2, \cdots \tag{4-82b}$$

$$k_r = \alpha_{mn}\frac{\pi}{R_c}, \quad m = 0, 1, 2, \cdots, n = 0, 1, 2 \tag{4-82c}$$

$$\frac{\mathrm{d}}{\mathrm{d}r}J_m\left(\frac{\alpha_{mn}\pi r}{R_c}\right)\bigg|_{r=R_c} = 0 \tag{4-83}$$

其中，α_{mn} 为 m 阶贝塞尔函数的第 n 个根除以 π，α_{mn} 的最初几个值给定在表 4.11 中。腔的标准模式给定为

$$p_j(\boldsymbol{r},\omega) = p_j \cos(m\varPhi) \cos\left(k\frac{\pi r}{L}\right) \mathrm{J}_m\left(\alpha_{mn}\frac{\pi r}{R_c}\right), \quad j=(k,m,n) \tag{4-84}$$

式中，p_j 为归一化系数，由模式的正交性决定：

$$\int p_i^*(\boldsymbol{r},\omega)p_j(\boldsymbol{r},\omega)\mathrm{d}V = V_c\delta_{ij} \tag{4-85}$$

其中，V_c 为光声池的体积，p_j 给定如下：

$$\frac{1}{p_j} = \frac{1}{\sqrt{\varepsilon_{km}}}\sqrt{1-\left(\frac{m}{\pi\alpha_{mn}}\right)^2}\,\mathrm{J}_m(\pi\alpha_{mn}) \tag{4-86}$$

式中，$\varepsilon_{00}=1,\varepsilon_{01}=\varepsilon_{10}=2$，当 $k+m>1$ 时，$\varepsilon_{km}=4$。式 (4-77) 给定的边界条件对于两端密闭的腔才有效。对于两端开放的腔，边界条件 ($z=0$ 和 $z=L$) 改变，输入输出阻抗 Z 等于零，纵向边界条件为

$$p(\boldsymbol{r},\omega)|_{z=0,L} = 0 \tag{4-87}$$

为了满足上式定义的边界条件，不同的参数定义如下：

$$B = D = 0 \tag{4-88a}$$

$$k_z = k\frac{\pi}{L}, \quad k=0,1,2,\cdots \tag{4-88b}$$

$$k_r = \alpha_{mn}\frac{\pi}{R_c}, \quad m=0,1,2,\cdots, n=0,1,2,\cdots \tag{4-88c}$$

两端开放的腔模式为

$$p_j(\boldsymbol{r},\omega) = p_j \cos(m\varPhi) \sin\left(k\frac{\pi z}{L}\right) \mathrm{J}_m\left(\alpha_{mn}\frac{\pi r}{R_c}\right), \quad j=[k,m,n] \tag{4-89}$$

表 4.11   圆柱形声共振器中角向和径向模式的最初几个 α_{mn} 值

m	n			
	0	1	2	3
0	0	1.21976	2.23326	3.23817
1	0.58601	1.69691	2.71709	3.72645
2	0.97212	2.13459	3.17323	4.19214
3	1.33722	2.55125	3.61154	4.64287

两端开腔和两端闭腔的本征频率相同，定义为

$$\omega_j = 2\pi f_j = \pi c_s \sqrt{\left(\frac{k}{L}\right)^2 + \left(\frac{\alpha_{mn}}{R_c}\right)^2} \tag{4-90}$$

本征值 (k, m, n) 分别代表纵向、角向和径向模式数。当 $m = n = 0$ 时，为纯的纵向模式；当 $k = n = 0$ 时，为纯的角向模式；当 $k = m = 0$ 时，为纯的径向模式。两端开腔时的前两个模式的每一种类型如图 4.30 所示，其他本征值代表混合模式。纵模的其他共振频率是基频的整数倍，$\omega_{k00} = k\pi c_s/L = k\omega_{100}$。径向和角向模式由贝塞尔函数描述，其共振频率没有相应的整数关系。径向模式沿着共振器的轴线集中能量，而角向模式 $(n \neq 0)$ 破坏了轴对称性。如角向模式 $(k = 1)$ 易于集中能量在腔壁附近。池内的声压可由所有标准模式的和给出：

$$p(\boldsymbol{r}, \omega) = \sum_j A_j(\omega) p_j(\boldsymbol{r}, \omega) \tag{4-91}$$

将上式代入式 (4-73)，考虑到 $p_j(\boldsymbol{r}, \omega)$ 是均匀波方程的解，可得

$$\sum_j A_j(\omega^2 - \omega_j^2) p_j(\boldsymbol{r}, \omega) = \mathrm{i}\omega(\gamma - 1) H(\boldsymbol{r}, \omega) \tag{4-92}$$

模式 $p_j(\boldsymbol{r}, \omega)$ 的振幅等于式 (4-92) 乘上 $p_j^*(\boldsymbol{r}, \omega)$ 再对整个腔的体积积分。由于本征态之间满足正交函数的关系 (见式 (4-85))，从而

$$A_j(\omega) = -\frac{\mathrm{i}\omega}{\omega_j^2} \frac{\gamma - 1}{V_c} \frac{\displaystyle\int p_j^*(\boldsymbol{r}, \omega) H(\boldsymbol{r}, \omega)\mathrm{d}V}{1 - \left(\dfrac{\omega}{\omega_j}\right)^2} \tag{4-93}$$

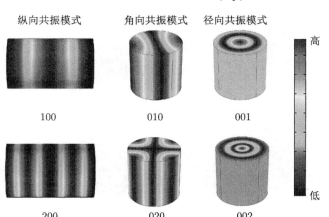

图 4.30　圆柱形光声池的低阶纵向、角向和径向本征模式 (彩图请扫封底二维码)

图中暗黑蓝色区域为声波的波节，亮红色区域为声波的波腹

方程 (4-93) 右边分子积分项代表热源 $H(\boldsymbol{r},\omega)$ 和标准模式 $p_j(\boldsymbol{r},\omega)$ 的耦合。当 ω 趋于共振频率 ω_j 时，表示模式共振，$A_j(\omega)$ 趋于无限大。这在物理上是不合理的，主要是由于方程 (4-72) 中缺少任何损耗机制。只有通过修饰方程 (4-93) 使其包含模式阻尼项才具有正确的意义。因而，以品质因子 Q_j 描述：

$$A_j(\omega) = -\frac{\mathrm{i}\omega}{\omega_j^2}\frac{\gamma-1}{V_c}\frac{\int p_j^*(\boldsymbol{r},\omega)H(\boldsymbol{r},\omega)\mathrm{d}V}{1-\left(\dfrac{\omega}{\omega_j}\right)^2-\dfrac{\mathrm{i}\omega}{\omega_j Q_j}} \tag{4-94}$$

其中，计算 Q_j 的方法将在下文给以详细介绍。为了明确地显示声信号对气体吸收和光强的依赖性，用方程 (4-59) 和 (4-60) 代替方程 (4-94) 中的 $H(\boldsymbol{r},\omega)$。考虑光束的总功率 P_0 和归一化分布 $g(\boldsymbol{r})$，光束光强可表示成

$$I_0(\boldsymbol{r},\omega) = P_0 g(\boldsymbol{r}) \tag{4-95}$$

方程 (4-94) 变成

$$A_j(\omega) = -\frac{\mathrm{i}\omega}{\omega_j^2}\frac{\gamma-1}{V_c}\frac{\alpha P_0 L}{1-\left(\dfrac{\omega}{\omega_j}\right)^2-\dfrac{\mathrm{i}\omega}{\omega_j Q_j}}\int p_j^*(\boldsymbol{r},\omega)g(\boldsymbol{r})\mathrm{d}V \tag{4-96}$$

显然，光声信号正比于吸收系数、入射光功率及相互作用的长度，反比于调制频率和光声池的体积。特别情况下，光束 (半径 a) 满足高斯分布时：

$$g(\boldsymbol{r}) = \frac{2}{\pi a^2}\mathrm{e}^{-2\frac{r^2}{a^2}} \tag{4-97}$$

则式 (4-96) 的积分变成

$$I_j = \frac{1}{L}\int p_j^*(\boldsymbol{r},\omega)g(\boldsymbol{r})\mathrm{d}V = p_j \mathrm{e}^{-\mu_j} \tag{4-98}$$

式中，p_j 为归一化系数，由式 (4-86) 定义，$1/\mu_j$ 代表光束和声模式 $p_j(\boldsymbol{r},\omega)$ 的耦合因子。声能量正比例于声压的平方，如下所示

$$E_j = \frac{|A_j(\omega)|^2}{\rho c_c^2} = \frac{(\gamma-1)^2(\alpha P_0 L p_j \mathrm{e}^{-\mu_j})^2}{\rho c_c^2 V_s^2}\frac{\omega^2}{\left(\omega_j^2-\omega^2\right)^2+\left(\omega\omega_j/Q_j\right)^2} \tag{4-99}$$

近共振条件下，作下列近似：

$$\omega_j^2-\omega^2 = (\omega_j+\omega)(\omega_j-\omega) \cong 2\omega_j(\omega_j-\omega) \tag{4-100}$$

声能量可表示成

$$E_j(\omega) = \frac{1}{4} \frac{(\gamma-1)^2 (\alpha P_0 L p_j \mathrm{e}^{-\mu_j})^2}{\rho c_c^2 V_s^2} \frac{1}{\left(\omega_j^2 - \omega^2\right)^2 + (\omega_j/2Q_j)^2} \tag{4-101}$$

此方程给出了 Lorentz 分布的半高半宽 (HWHM) 为

$$\Delta \omega_j = \frac{\omega_j}{2Q_j} \tag{4-102}$$

由方程 (4-96) 和 (4-98), 得共振频率下的光声信号为

$$A_j(\omega_j) = \frac{Q_j}{\omega_j} \frac{\alpha P_0 (\gamma-1) p_j L}{V_c} \mathrm{e}^{-\mu_j} \tag{4-103}$$

当调制频率等于腔的某一本征频率时, 多个周期的能量聚集成一个平面波, 系统以声放大器形式工作。最终信号的放大由共振器的整个损耗决定。一个短暂的瞬态之后, 能量积累成标准的声波, 达到稳定态时各种扩散过程引起的单位周期损耗能等于因吸收光子每个周期获得的能量。共振时的振幅是非共振时的 Q_j 倍, 即放大倍数等于品质因子。在共振中心和 $\omega = \omega_j \pm \Delta\omega_j$ 之间声能量被 2 分, 意味着光声信号幅度降到 $1/\sqrt{2}$。半高半宽亦可定义为含声压项:

$$A_j(\Delta \omega_{p,j}) = \sqrt{E_j(\Delta \omega_{p,j})} = \frac{1}{2} A_j(\omega_j) \tag{4-104}$$

压力和能量带宽的关系为

$$\Delta \omega_{p,j} = 3 \Delta \omega_j \tag{4-105}$$

0 阶声模式 ($k = m = n = 0, \omega_0 = 0$) 对应于池内均匀的压力变化:

$$p(\boldsymbol{r}, t) = A_0(\omega) \mathrm{e}^{\mathrm{i}\omega t} \tag{4-106a}$$

$$A_0(\omega) = \frac{\mathrm{i}}{\omega} \frac{\gamma-1}{V_c} \alpha P_0 L \tag{4-106b}$$

上式对应于非共振系统, 调制频率远小于最低阶本征频率。此时, 声波波长远大于光声池几何尺寸, 以致声无法传播, 即平面波无法形成。腔内平均压力以调制频率振荡。这种情况只能应用于封闭的共振器, 因为开放的共振器中压力变化简单地驱使气体进出, 直到达到平衡态为止。

非共振系统光声信号正比于吸收的光功率 (αP_0), 且以 $1/\omega$ 和 $1/V_c$ 减小。共振系统相对于非共振结构的优点可通过比较两者的声压振幅 (式 (4-103) 和

式 (4-106)) 得以体现。考虑到声模式激发的理想情况，且两者 $\alpha P_0/V_c$ 一致，则

$$\left| \frac{p_j(\boldsymbol{r}, \omega_j)}{p_0(\boldsymbol{r}, \omega_j)} \right| = \frac{\omega}{\omega_j} p_j Q_j \tag{4-107}$$

显然，品质因子所带来的增益使得共振系统相比于非共振系统可以运行在更高的频率，且信号更强 (信号增强因子弥补了光声信号对调制频率的依赖性)，且信噪比更高。最后，共振结构亦可以实现在连续流动状态下测量。

从式 (4-103) 可以理解实际中光声信号 S 的表达式，可描述成

$$S = C_{\text{cell}} P_0 \alpha S_{\text{mic}} \tag{4-108}$$

式中，P_0 为光声池内的激光光功率 (W)；α 为分子吸收系数 (cm^{-1})，与样品分子的浓度及分子谱线参数有关，如线强、线宽等；S_{mic} 为麦克风的灵敏度 (mV/Pa)；C_{cell} 为光声池的响应常数 (Pa·cm·W^{-1})，该常数是光声池几何形状尺寸、气体热特性 γ、测量条件、调制频率的函数。因而，光声光谱为间接的光谱技术，在激光功率和麦克风灵敏度已知的条件下，利用已知分子的信息 (浓度和谱线参数等) 即可获得光声池的响应常数，从而可以进一步获取其他分子的参数信息。

3. 损耗机制

共振腔中积累的平面波能量比单个声振荡周期中损耗的能量高许多倍，但是声放大效应因各种扩散过程而受到限制。主要有表面效应和体积效应。

表面损耗主要因平面波和腔内表面的相互作用引起，可分为以下几类：

(1) 腔壁的反射损耗；

(2) 微音器膜上的扩散；

(3) 内表面边缘层的黏滞和热扩散；

(4) 表面障碍物散射损耗，如气体进出口，微音器和窗片。

反射损耗依赖于反射壁处的密度和声速，可由声学定律确定。通过选择适当的刚硬材料加工声共振器，可降低此类损耗的影响。

由于通过微音器的能量损耗和其探测压力变化的能力相关联，因此微音器膜的损耗需要用一种非常谨慎的方法来处理。然而，一般微音器表面积很小 (几个平方毫米)，所以相应的能量损耗可忽略。

黏滞和热扩散可用腔壁附近的速度和温度梯度描述。整个共振器内绝大部分气体的扩散和收缩都是绝热的。然而，内壁附近由于池子的高热传导率而变成等温，引起在过渡范围内即热边界层内热传导，主要是热扩散过程。此边界层内，气体的膨胀部分是绝热和等温的，其定义式为 [127]

$$d_{\text{th},j} = \sqrt{\frac{2KM}{\rho_0 \omega_j C_p}} \tag{4-109}$$

式中，K 是气体热传导率，ρ_0 是气体密度，C_p 是定压比热容，M 是气体摩尔质量。

黏滞扩散可解释为边界条件受腔壁的影响所致。表面处，由于黏滞声速的切线分量为零，而在腔的内部反例于声压的梯度。黏滞损耗发生在过渡区附近，称之为黏滞边界层。类似于热边界层，黏滞层厚度定义为

$$d_{\eta,j} = \sqrt{\frac{2\eta}{\rho_0\omega_j}} \tag{4-110}$$

式中，η 为热黏滞系数。热扩散层和黏滞层的厚度随着角共振频率增加而减小，标准温度和压力下空气中这些层的厚度是相似的。纯的角向模式没有黏滞损耗发生在横向表面，因为声速只有径向分量，只发生在光声池内壁的末端。考虑到共振器的适当设计，径向模式整个能量损耗要低于纵向和角向模式。对于球形共振器，径向模式没有表面黏滞损耗，因而适当设计的球形共振器可获得极高的品质因子 [129]，典型值为 $Q_j \cong 2 \times 10^3 \sim 10^4$。

体积损耗是由于传输的声波易于建立平衡态过程引起的，主要有以下几类：
(1) 自由空间热和黏滞消散；
(2) 弛豫损耗；
(3) 扩散损耗；
(4) 辐射损耗。

因压缩运动引起的摩擦产生黏滞损耗，而体积的热损耗归因于气体中温度梯度引起的有机能量向分散的热转移。归纳这些现象，即所谓的斯托克斯–基尔霍夫 (Stokes-Kirchhoff) 损耗，就可估计出其大概的量级，通常占据能量耗散的次要部分。

扩散损耗通常可忽略，但声波通过多原子气体分子传播时分子弛豫具有非常重要的作用。此类损耗，在平动–振动、振动–振动、振动–转动之间具有有限的能量迁移率，但很大程度上依赖于其他分子的存在 (即使是很小部分，如 H_2O)。为了准确地理解损耗来源于分子碰撞弛豫效应，因此，需要对各种气体混合物中能量转移过程弛豫时间特性有精确的了解。可从频散和声共振轮廓的展宽来确定弛豫时间 [130]。有关分子弛豫效应在第 5 章作了相应的介绍。

由于声波在腔壁上近似理想的反射，对于完全密封的腔辐射扩散是可忽略的，但是辐射损耗在空隙 (如共振器和缓冲腔连接处) 处是不可忽略的。辐射损耗可通过增加开口的输入阻抗而减小，把腔共振器在开口处中断，起到声带阻滤波的作用，从而阻止声从共振器中泄漏。

品质因子 Q 是个很重要的参数，用来衡量光声系统中声能量的积累和损耗。其物理意义为一周期内存储的最大能量与损耗的能量之比，定义如下：

$$Q = \frac{2\pi}{\text{损耗的能量}} \frac{\text{积累能量}}{}$$
(4-111)

通过以上的介绍，可知圆柱形腔表面损耗对品质因子的贡献为 [131]

$$Q_{\text{surf},j} = \omega_j \frac{\dfrac{1}{\rho_0 c_s^2} \displaystyle\int |p_j(r,\omega_j)|^2 \, \mathrm{d}V}{\dfrac{1}{2} R_{\eta,j} \displaystyle\int |v_\parallel(r,\omega_j)|^2 \, \mathrm{d}s + \dfrac{1}{2} R_{\text{th},j} \displaystyle\int |p_j(r,\omega_j)|^2 \, \mathrm{d}s}$$
(4-112)

其中，

$$R_{\eta,j} = \rho_0 \omega_j d_{\eta,j}$$
(4-113)

$$R_{\text{th},j} = \frac{(\gamma - 1)}{\rho_0 c_s^2} \omega_j d_{\text{th},j}$$
(4-114)

$d_{\eta,j}$ 和 $d_{\text{th},j}$ 分别在式 (4-110) 和 (4-109) 中已定义过。对于纯的径向模式，表达式 (4-112) 可简化为

$$Q_{\text{surf},j}^{\text{rad}} = \frac{L}{d_{\eta,j} + (\gamma - 1)d_{\text{th},j}(1 + L/R_c)}$$
(4-115)

纵向模式：

$$Q_{\text{surf},j}^{\text{long}} = \frac{R_c}{d_{\eta,j} + (\gamma - 1)d_{\text{th},j}(1 + 2R_c/L)}$$
(4-116)

体积损耗亦对品质因子存在一定的贡献：

$$\frac{1}{Q_{\text{vol},j}} = \frac{\omega_j}{2c_s^2} \left[\frac{4}{3} \frac{\eta}{\rho_0} + (\gamma - 1)\frac{\kappa}{\rho_0 C_p} + \frac{\eta_b}{\rho_0} \right]$$
(4-117)

式中，η_b 是包含弛豫损耗的有效黏滞系数。光声系统运行在高于 0.1atm 压力时表面损耗占主导地位 [132]，而弛豫损耗可忽略。因而，包含表面损耗和体积损耗的品质因子 Q 可表达成

$$\frac{1}{Q} = \frac{1}{Q_{\text{surf}}} + \frac{1}{Q_{\text{vol}}} \approx \frac{1}{Q_{\text{surf}}}$$
(4-118)

4.6.3　光声池类型

　　光声池作为光声光谱系统的核心器件之一，依据其功能通常分为两类：共振型和非共振型。当光源的调制频率远小于共振器最低阶共振频率时，光声池就工

作在非共振模式[133]。此时，声信号反比于调制频率和光声池体积。此类光声池的体积一般在 $1 \sim 10$ cm^3，调制频率在 $10 \sim 100$ Hz 范围[134]，且常结合宽带光源使用，如卤素灯、弧光灯及黑体辐射源等，此类光源无法实现快速的调制。非共振光声池的缺点是易受环境噪声、流动噪声等低频噪声的干扰，因而非共振光声系统具有长的响应时间和低的灵敏度。

对于共振型光声池，调制频率处于光声池的某一本征频率，声信号得以放大 Q 倍，对于某些特殊的结构增益因子可高于 700[135]。结合式 (4-91) 和 (4-93)，可知声共振器的所有本征模式都是被激发的：

$$p(r,\omega) = \sum_j -\frac{i\omega}{\omega_j^2}\frac{\gamma-1}{V_c}\frac{\alpha P_0 L}{1 - \left(\dfrac{\omega}{\omega_j}\right)^2 - \dfrac{i\omega}{\omega_j Q_j}} I_j p_j(r,\omega) \tag{4-119}$$

实际考虑的声共振振幅正比例于品质因子，而其他共振减小 $\omega_j^2 - \omega^2$。因此远离共振的其他模式不会得到有效的激发。如果本征模式彼此分散，选择的共振品质因子足够高 ($Q > 50$)，那么所选的共振模式相比其他模式得到有效的激发，因此只有共振频率处才明显地对信号有贡献。

当共振频率 ω_j 被调制的激光光束激发，且微音器放在 $r = r_M$ 处时，由式 (4-94) 和 (4-103) 得到声压为

$$p(r_M,\omega_j) = -(\gamma-1)\frac{Q_j}{\omega_j}\frac{L}{V_c}I_j p_j(r_M,\omega_j)\alpha P_0 \tag{4-120}$$

上式右边因子 αP_0 之前的量是与光功率和吸收系数无关的，可看作系统的特性量。这些参量合在一起定义为光声池常数：

$$C_j(\omega_j) = -(\gamma-1)\frac{Q_j}{\omega_j}\frac{L}{V_c}I_j p_j(r_M,\omega_j) \tag{4-121}$$

从而，光声信号振幅可写成

$$S_{PA} = p(r_M,\omega_j) = C_j(\omega_j)\alpha P_0 \tag{4-122}$$

光声池常数 $C_j(\omega_j)$(单位：Pa·cm·W^{-1}) 描述给定频率处系统的灵敏度响应特性。考虑到微音器响应 (mV/Pa)，则池常数亦可表示为 (mV·cm/W)。池常数依赖于声共振器的大小、选择测量的共振频率、品质因子及激光束和声波的空间耦合等。因此，池常数并不是真正意义的常数，因为它与整个测量系统的特性有关 (包括声共振器、微音器位置和激光束的空间分布)，而不仅仅是光声池本身。

利用品质因子的表达式 (4-102)，池常数可表示为

$$C_j(\omega_j) = -(\gamma - 1)\frac{1}{2\Delta\omega_j}\frac{L}{V_c}I_j p_j(r_M, \omega_j) \qquad (4\text{-}123)$$

方程 (4-123) 说明池常数主要依赖于腔截面积 (V_c/L) 和共振带宽 $(2\Delta\omega)$。提高池常数的方式是受到限制的，虽然对于选定的本征模式激光束和声波的叠积分项可以最佳化，但也不会高于 1。唯一可能修饰的就是腔的横截面。通过减小截面积可增加池常数。但是，共振带宽亦比例于截面积，即比例于腔表面积和体积的比值。减小截面积，此比值减小，从而使池常数减小。因此，不可能同时拥有小的截面积和窄的共振带宽，所以实际应用时必须作出折中的选择。

多年来，随着光声光谱技术的发展，衍生出一系列不同类型的声共振光声池和共振技术。本书以下章节将分别介绍圆柱形共振器、球型共振器、亥姆霍兹共振器、多通式共振光声池和波导型声共振器，最后，详细阐述基于石英音叉增强型光声光谱技术，及微悬臂与迈克耳孙干涉计相结合的光声光谱技术。

1. 圆柱形共振器

圆柱形腔有很多优点，如多种模式激发，结构简单便于加工，其几何对称性能与沿轴向传播的激光束具有很好的匹配效果，几种典型的圆柱形光声池结构如图 4.31 所示。

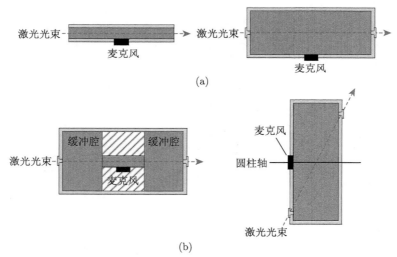

图 4.31　典型的圆柱形光声池结构示意图

依据以上所述圆柱形光声池共振频率公式 (4-90)，最简单的共振是基频模式，相应谐振模式的频率简化表达式为

$$f_{001} = \frac{c_s}{2L_{\text{eff}}}, \quad f_{010} = \frac{\alpha_{10}c_s}{2R_c}, \quad f_{100} = \frac{\alpha_{01}c_s}{2R_c} \qquad (4\text{-}124)$$

α_{mn} 是 m 阶贝塞尔函数的第 n 个根除以 π，L_{eff} 是共振器的有效长度，包括在共振器末端因边缘效应的校正因子。对于两端开放的空心圆柱形管 [136]：

$$L_{\text{eff}} = L + \frac{16}{3\pi} R_c \tag{4-125}$$

池常数取决于选择的模式，因光束和声模式的叠积分随着池结构的变化而变化。沿着轴向传输半径为 a 的高斯光束 (4-97) 与 1 阶径向声模式的叠积分 (4-98) 为

$$I_{100} = \frac{1}{L} \int_0^L \mathrm{d}z \int_0^{2\pi} \mathrm{d}\varPhi \int_0^{R_c} \frac{2}{\pi a^2} \mathrm{e}^{-2r^2/a^2} \frac{\mathrm{J}_0(\pi\alpha_{01} r/R_c)}{\mathrm{J}_0(\pi\alpha_{01})} r\mathrm{d}r \tag{4-126}$$

其中，归一化系数 p_j 被替代为

$$p_{100} = \frac{1}{\mathrm{J}_0(\pi\alpha_{01})} \tag{4-127}$$

假设光束半径远小于腔半径，则叠积分变为[①]

$$I_{100} = \frac{1}{\mathrm{J}_0(\pi\alpha_{01})} \exp\left[-\frac{1}{2} \left(\frac{\pi\alpha_{01} a}{2R_c} \right)^2 \right] \cong \frac{1}{\mathrm{J}_0(\pi\alpha_{01})} \tag{4-128}$$

由关系式 (4-84) 和 (4-127)，一阶角向模式振幅为

$$p_{100}(r) = \frac{\mathrm{J}_0\left(\alpha_{01} \dfrac{\pi}{R_c} \right)}{\mathrm{J}_0(\pi\alpha_{01})} \tag{4-129}$$

最后，微音器声波最大的位置 $(r = r_M = 0)$：

$$p_{100}(r_M) = -2.48 \quad (r_M = 0) \tag{4-130}$$

实际上微音器的位置 $r_M = 0$ 并不是最佳的，因其要与腔轴保持平行，进而与光轴相符。然而，如果利用对角线激发来改变光轴，那么保持微音器的位置是可行的。这种措施减小了叠积分，即导致池常数的减小。结合表达式 (4-121)、(4-124)、(4-128) 和 (4-130)，1 阶径向模式的池常数为

$$C_{100} = -(\gamma - 1)Q_{100} \frac{L}{V_c} \frac{R_c}{\alpha_{01} c_{\text{s}} \pi} \frac{1}{\mathrm{J}_0^2(\pi\alpha_{01})} \tag{4-131}$$

---

① 当 $\alpha \ll R_c$ 时，式 (4-126) 的积分变量 r 扩展至无穷大，将用到方程：

$$\int r\mathrm{e}^{-\chi r^2} J_0(\beta r)\mathrm{d}r = 1/(2\chi)\mathrm{e}^{-\beta^2/(4\chi)}$$

利用同样的方法可获得 1 阶纵向模式。其叠积分为

$$I_{100} = -\frac{2\sqrt{2}}{\pi}(\mathrm{e}^{-2R_c^2/a^2} - 1) \cong \frac{2\sqrt{2}}{\pi} \tag{4-132}$$

最大的声波为

$$p_{001}(r) = \sqrt{2}\sin\left(\frac{\pi z}{L}\right) \tag{4-133a}$$

$$p_{001}(r) = \sqrt{2} \quad (z = z_M = L/2) \tag{4-133b}$$

最后，池常数为

$$C_{001} = -(\gamma - 1)Q_{001}\frac{4}{\pi}\frac{L_{\mathrm{eff}}}{V_c}\frac{L_{\mathrm{eff}}}{c_s\pi} \tag{4-134}$$

径向共振 [137−139] 非常适合于高功率激光器 (如 CO、CO_2 激光器) 和高流速情况，因窗噪声和流动噪声可通过适当的池设计而消除。此外，径向模式具有更高的品质因子，腔壁的各种黏滞损耗更小[①]。角向声共振器和低功率半导体激光器相结合 [140]，可实现气体和气溶胶等成分检测分析与应用 [141]。纵向共振 [142−144] 最主要的优点是可激发 kHz 量级的共振。此外，缓冲舱亦可有效地滤除窗和环境噪声 [145]。

2. 球形共振器

当光声池为标准的球形腔时，在球坐标下解得的声压和共振频率表达式为

$$p_j(\boldsymbol{r}) = \mathrm{J}_l(k_{l,n}r)\mathrm{P}_l^m(\cos\theta)\mathrm{e}^{\mathrm{i}m\varphi} \tag{4-135}$$

$$f_j = k_{l,n}c/(2\pi R) \tag{4-136}$$

其中，$j = (nlm)$，n、l、m 分别是径向、θ 角向、φ 角向本征模式数；$\mathrm{J}_l(r)$ 是第 l 阶球 Bessel 函数，$\mathrm{P}_l^m(x)$ 是连带勒让德函数；$k_{l,n}$ 是满足边界条件 $\left.\dfrac{\partial \mathrm{J}_l(k_{l,n})}{\partial r}\right|_{r=R} = 0$ 的第 n 个根。

由以上章节的分析可知，造成声衰减的主要因素之一是池内表面上的黏滞和热传导。表面黏滞损耗正比于腔内表面的面积，这些内表面平行于介质质点振动速度或其分量。一般圆柱形光声池的长度 $L \gg R$，因而侧面面积远大于端面面积。由于径向声模式的传播垂直于侧面，平行于端面，所以径向模的黏滞损耗仅产生在端面。而其他声模式都在侧面产生黏滞损耗。所以径向声学模式的黏滞损耗最小，相应的品质因子最大。同样的分析表明 [146]，长方形光声池中声波的衰减都大

---

① 因粒子速度只有纯径向分量，池侧表面不存在黏滞损耗。只有端面对黏滞损耗有贡献，减小整个黏滞损耗。

于球形池中的衰减, 对于球形池的径向模式, 声波完全沿径向运动, 在池壁上的黏滞损耗为零, 所以使用球形光声池并使其工作在径向共振状态, 可以得到最大的 Q 值。球形光声池径向模的 Q 值为

$$Q_{n00} = \frac{R}{(\gamma - 1)d_\eta} \tag{4-137}$$

式中, R 为球半径; $d_\eta = (2\eta/\rho\omega)^{1/2}$, η 为气体的黏滞系数, ρ 为气体密度, ω 为圆共振频率。与圆柱形共振器 Q 值相比, 可见球形腔的径向模式由于没有黏滞损耗, Q 值更大。所以可以利用球形容器作为光声池, 以其径向模式来进行气体分子在弱吸收波段的高灵敏测量。

3. 亥姆霍兹共振器

亥姆霍兹共振器通常包含两个舱 V_1 和 V_2, 且由一个或两个半径为 a、长度为 l 的细毛细管连接, 典型的结果如图 4.32 所示。声学上等价于一个振子和弹簧组成的简单机械振荡器。舱中的空气等价于弹簧, 而毛细管中空气的质量相应于机械振荡器的可移动振子。激光光束穿过其中一个舱, 而微音器放置在另一个舱。此类共振器并不依赖于平面波模式的产生[147], 而取决于腔内气体从左到右的振荡声信号的放大。这些振荡在密闭的腔内产生周期性的收缩和膨胀, 在亥姆霍兹共振器频率处共振放大。亥姆霍兹共振池响应在文献[148,149]中早有报道, 共振频率定义为

$$f = \frac{c_s}{2\pi}\sqrt{\frac{A_c}{V'l_{\mathrm{eff}}}} \tag{4-138}$$

式中, c_s 为声速, A_c 为腔的截面积, l_{eff} 包括共振器两端边缘效应的细管有效长

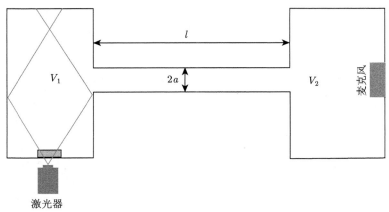

图 4.32　典型的亥姆霍兹共振器示意图[153]

度, 有效体积 V' 定义为

$$\frac{1}{V'} = \frac{1}{V_1} + \frac{1}{V_2} \tag{4-139}$$

亥姆霍兹共振器具有低共振频率、小的体积 [150] 及易实现差分结构, 提高信噪比 [151,152] 等特点。亥姆霍兹共振结构尤其适合与发散光源相结合, 如量子级联激光器或中红外半导体激光器, 因此类光声池常数中不存在反映光源和腔内声模式耦合效率的积分项, 从而避免了因耦合效率而降低系统灵敏度的问题。

4. 多通式共振光声池

多通式共振光声池 (图 4.33) 是为了满足极高灵敏度的需求 [154]。通过外部高反射镜使激光束来回多次通过光声池以提高有效光功率, 如 Fabry-Perot 腔结构 [155] 或 Herriot 型多通池 [156]。对于前者, Rossi 等利用共焦腔结构, 典型的精度为 300, 有效光功率可提高 100 倍, 从而实现灵敏度提高 100 倍。对于后者, Nagele 等在基长为 70cm 腔中将 CO_2 激光来回反射 36 次, 有效光功率增益为 19, 整个光程可达 23.7m, 光功率的增加可使探测极限达到 ppb 量级。

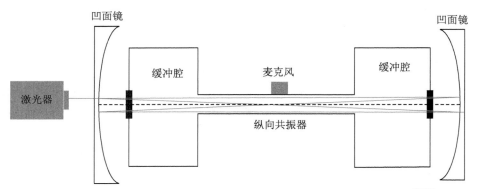

图 4.33　Fabry-Perot 腔与共振光声池组合成的多通式腔结构示意图 [155]

此类多通式共振光声池有利于增加有效光功率而提高探测灵敏度, 主要缺点是使系统的光路复杂化, 如共振光学腔的长度需稳定在激光波长的半整数倍。此外, 只有耦合到声学腔中这种稳定才有效。由于光声信号的产生需要入射光在声频内调制, 从而需确定此额外的调制不会影响整个系统的稳定性。最后, 为了防止共振频率失谐, 光学腔的机械稳定性也是需要考虑的一个重要方面。基于该增强有效光功能的设计理念, 衍生出了一系列增强型光声探测系统 [157,158]。

5. 波导型声共振器

此外, 依据腔的几何结构还可分为波导型光声池 (图 4.34), 截至目前有关这类结构的声共振器报道极少[159]，主要原因是光声池设计成此种结构时，耦合效应低，最重要的是对于产生的声信号的理论计算比较复杂，很难给予相应的理论分析解析式，故光声光谱研究者在设计声共振器时很少采用这种结构。

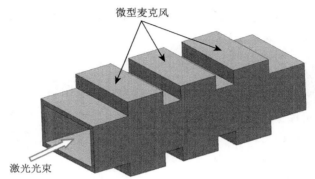

图 4.34　波导型光声池结构示意图[157]

4.6.4　光声光谱弛豫效应

光声光谱作为一种间接的光谱技术，其信号的产生过程与分子弛豫动力学效应具有显著的依赖关系[160−164]。光声光谱相比于其他光谱技术有其本质的区别，当分子弛豫率相比于调制速率缓慢时，即 $\omega\tau \gg 1$，光声信号的产生将受到抑制。为此，以大气 CO_2 分子为例，利用共振型光声池研究了近红外波段 (1.573 μm 附近) 分子弛豫效应中 CO_2 分子的光声探测信号强度的影响，如图 4.35 所示为实验研究所用的实验装置系统示意图。

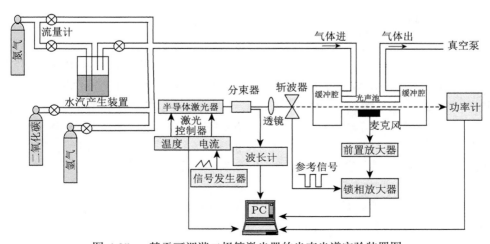

图 4.35　基于可调谐二极管激光器的光声光谱实验装置图

对于共振型光声光谱系统，系统的性能很大程度上取决于光声池的设计精度，所以首先必须要了解光声池的品质因子、频率响应特性等，才能获得最佳的实验结果。室温下，光声池内冲入一定浓度的 CO_2 样品气体，通过程序控制信号发生器输出不同频率的方波触发斩波器，可获得不同调制频率与光声信号的关系曲线，即调制频率谱。图 4.36(a) 为 1atm 下的共振频率谱，由 Lorentz 曲线拟合并计算出相应的共振频率和品质因子分别为 1458Hz 和 28，由理论公式可知此共振峰为 1 阶纵向模式，并具有很好的一致性。正如理论所期望的，共振条件下不仅仅光声信号强度得到 28 倍的增强，且光声光谱的信噪比要远远高于非共振条件时的情况。为了了解光声池的损耗特性，实验中我们记录了不同样品压力下的调制频率谱，同时用理论表达式对其进行拟合，图 4.36(b) 为不同样品压力下的品质因子曲线及其理论拟合曲线，具有很好的一致性，光声池呈现出的 $Q^{-1} \sim P^{-1/2}$ 依赖特性，说明光声池设计中面损耗起主导作用。

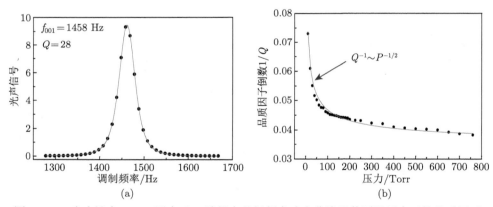

图 4.36　光声池在 1atm 压力下 1 阶纵向共振频率响应曲线及其不同压力下的品质因子

为了研究光声光谱探测 CO_2 分子过程中弛豫效应对光声信号的影响。实验中分别以高纯度的干燥 N_2(99.998%)、Ar(99.999%) 来稀释高纯度的 CO_2(99.99%) 样品以得到不同浓度下的 CO_2 样品，另外，通过玻璃容器中盛有的去离子水来过滤 N_2，用 N_2 和室温下的饱和水蒸气来稀释 CO_2 样品。考虑到压力依赖效应的影响，整个实验过程光声池内样品总压力保持在 1atm，且事先通过记录各种浓度下的 1 阶纵向调制频率谱以确定共振频率的位置，从而使系统在最佳状态下工作，同时为了提高信噪比，每个浓度下都对信号进行 100 次的平均，最终得到各种情况下的浓度校准曲线，如图 4.37 所示。通过线性拟合得到相应的斜率 (即光声信号对样品浓度的响应值)，归纳如下。

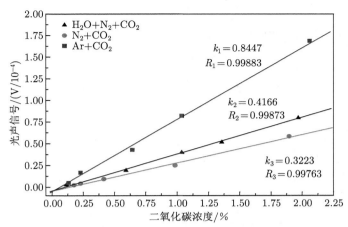

图 4.37　不同稀释气体下的浓度校准曲线以及相应的线性拟合

氩气稀释：$k_1 = 8.447$ nV/ppm。

水过滤的氮气稀释：$k_2 = 4.166$ nV/ppm。

干燥的氮气稀释：$k_3 = 3.223$ nV/ppm。

实验结果表明以 Ar 作为稀释气体时光声信号明显得到增强，相比于干燥的 N_2 作为稀释气体，在 Ar 和水过滤的 N_2 作为稀释气体时光声信号增强因子分别为 2.62 和 1.29，此现象可归咎于分子的弛豫效应。Wood 等最初报道了此现象，并称之为"动力学冷却效应"[165]，紧接着好几个研究小组亦做了相关方面的报道[166]，Veres 等在 1.43 μm 附近亦观察到了同样的现象[167]。在此我们亦同样认为由于 N_2 存在一个与被激发的 CO_2 分子近共振的亚稳态，它们之间的共振能量转移，减缓了光能量的热能化，从而抑制了弛豫效率，最终导致光声信号产生效率的降低，而 Ar 中被激发的 CO_2 分子却以相对较短的寿命通过分子间的碰撞弛豫到基态；由于水汽分子具有很强的偶极性，从而可作为一种有效的"催化剂"，促进振动能量的转化过程，即实现光声信号的增强。

此外，实验中亦发现以 Ar 作为稀释气体时除了信号得到增强外，光声光谱的噪声水平要明显低于以干燥 N_2 稀释时的情况。图 4.38 为实验获得的相同浓度 (1%) 不同稀释气体下 6358.654 cm^{-1} 附近的 CO_2 光声光谱，计算的信噪比分别为 $41.7(3\sigma)$ 和 $9.2(3\sigma)$，从而得到以 Ar 作为稀释气体时，信噪比约为以干燥 N_2 为背景气体时信噪比的 4.53 倍，此现象可能归因于热动力学现象，即与分子的布朗运动和热机械噪声等有关。因此，在利用光声光谱技术探测痕量气体时，结合分子弛豫动力学现象，可有效地提高系统探测灵敏度。

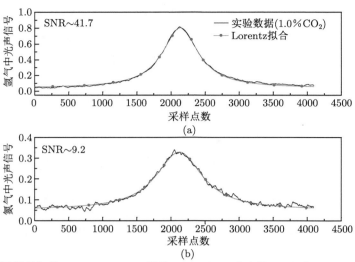

图 4.38　不同稀释气体 ((a) Ar; (b) 干燥的 N_2) 下 1%浓度的 CO_2 在 6358.654 cm^{-1} 附近的光声光谱, 以及相应的 Lorentz 线型拟合图; 横坐标为采样点数

4.7　新型光声光谱技术

自 1880 年首次发现光声效应而衍生出光声光谱学至今, 伴随着新型光源、调制器、声探测器、各种信号恢复电子设备的巨大改进和各种信号处理算法等软件方面的发展, 现代的光声光谱技术已取得了一系列突飞猛进的革新。从传统的非共振光声光谱技术, 经历了基于圆柱形、球形、波导型和亥姆霍兹共振光声池的共振型光声光谱, 以及基于 Herriott 型多通池和高精度 Fabry-Perot 腔增强型光声光谱。从激光光源的角度而言, 从传统的非相干宽带光源、气体激光器、固体激光器和染料激光器, 实现了从体积笨重和功耗较高的实验室型光源, 衍生出一批基于半导体激光器、光纤激光器、量子级联激光器等具有高光谱质量的小型化激光光源, 发展出以此类新型激光光源作为激发光源的新型光声光谱技术和光谱探测方法。此外, 在光声信号探测器方面, 已取得了一系列技术性突破。典型的成果有: 以石英音叉代替传统麦克风作为声信号探测器的“石英音叉增强型光声光谱”和以微型悬臂作为声波探测器的“悬臂梁增强型光声光谱”。

4.7.1　石英音叉增强型光声光谱

美国莱斯大学知名教授 Frank Tittel 领导的研究团队中 Kosterev 博士于 2002 年首次报道了一种新型光声光谱, 即石英音叉增强型光声光谱 (Quartz Enhanced Photoacoustic Spectroscopy, QEPAS)[169]。其基本原理是利用时钟频率稳定元件石英晶振的振荡特性 (石英晶振内部的物理结构如同微型音叉), 以及其石英的材质，故称之为"石英音叉"。以具有高频谐振特性的石英音叉代替传统的麦克风作为声信号传感器，可以称得上是光声学领域的一项重大进展。

作为声信号传感器主要是基于石英音叉的谐振效应与压电效应，当入射光 (连续调制光或脉冲光) 与分子相互作用产生的声信号频率与石英音叉共振频率相匹配时，音叉悬臂发生机械共振，通过自身的压电效应而产生微弱的压电电流信号，再由低噪声前置放大电路将其放大和转化成电压信号输出，即为光声信号。由于气体分子吸收与入射光波长之间相对应的关系，在一定波长范围内测量所对应的光声信号，得到的光谱信号即为光声光谱。石英增强型光声光谱中的光声信号可以表示为 [170]

$$S \propto \frac{Q \cdot P_0 \cdot \alpha}{f_0} \tag{4-140}$$

其中，Q 是代表石英音叉共振效应的品质因数，P_0 为入射光光功率，α 为吸收分子在特定浓度下的吸收系数，f_0 为石英音叉的中心谐振频率。石英音叉振荡器的基本谐振频率与其自身物理参数有关，可由下面公式描述 [171]：

$$f = \frac{1}{2\pi}\sqrt{\frac{k}{m_{\mathrm{eff}}}} = 1.015\frac{w}{2\pi \cdot l^2}\sqrt{\frac{E}{\rho}} \tag{4-141}$$

式中，$m_{\mathrm{eff}} = 0.2427\rho \times lwt$ 为悬臂梁的有效质量；l、w、t 分别为石英音叉振动臂的长度、宽度、厚度；$k = 1/4Et(w/l)^3$ 为弹性常数；E、ρ 分别为石英的杨氏模量和密度。品质因数反映了振动能量的损失或振动受到的阻尼量，可以根据以下公式计算该值：

$$Q = \frac{f_0}{\Delta f_{\sqrt{2}}} \tag{4-142}$$

其中，$\Delta f_{\sqrt{2}}$ 是信号幅度最大的 $1/\sqrt{2}$ 处的频率带宽 (半高全宽：HMFW)，典型值为 5Hz 左右。石英增强型光声光谱的高灵敏度一方面得益于其极高的品质因子 Q 值，如前章光电探测器部分所述，石英音叉 Q 值、谐振频率和等效阻值等参数是与环境因素 (如压力、温度和湿度等) 有关的物理量，如图 4.39 所示，典型地，在真空环境下，Q 值可达 10^4 以上，等效电阻 $R \approx 10 \ \mathrm{k\Omega}$，而在 1atm 大气压条件下 Q 值亦在几千量级，等效电阻 $R \approx 100 \ \mathrm{k\Omega}$，高 Q 值意味着具有较长的能量积累时间。另一方面石英音叉高谐振频率和窄谐振带宽使得石英增强光声光谱具有良好的选择性和对各种低频噪声及环境噪声的免疫性。相比于传统的基于麦克风探测器的光声光谱，QEPAS 光谱技术的灵敏度可实现提高 $1 \sim 2$ 个量级的突破 [172]。

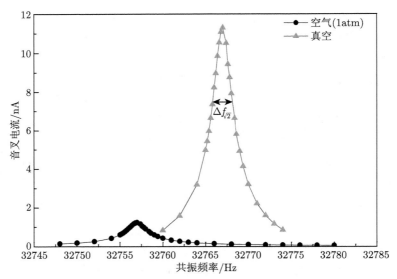

图 4.39　典型的石英音叉在空气和真空中谐振曲线的分布特性

1. 石英音叉热噪声分析

依据石英音叉的压电效应可建立起其机械属性和电子学属性之间的关联性,即可通过等效 RLC 串联谐振电路来描述,如前面章节已给出相关对比描述,可知满足如下关系式:

$$f_0 = \frac{1}{2\pi}\sqrt{\frac{k}{m}} = \frac{1}{2\pi}\sqrt{\frac{1}{LC}} \tag{4-143}$$

$$Q = \frac{1}{R}\sqrt{\frac{C}{L}} \tag{4-144}$$

实际应用中,通过测量出音叉的共振频率响应曲线,再利用 Lorentz 函数对其共振频率曲线进行拟合即可获取音叉的 f_0 和 Q 值。

石英音叉的电学参数可参见如图 4.40 所示的测试电路,在谐振频率 f_0 附近一定范围内,由输入端 2 对其输入交流电压信号进行扫频,并依据音叉等效电阻 R 和输出电压及其在中心谐振频率 f_0 处压电电流 $I(f_0)$ 之间满足的关系式计算获得

$$R = \frac{U_{\text{out}}}{I(f_0)} \tag{4-145}$$

当音叉任意引脚与输入端 1 相连时,此电路即可用于光声信号放大和电压转化输出。最后便可由 RLC 串联谐振电路中各电学参数之间满足的如下等式关系分别

计算出石英音叉的等效电感 L 和等效电容 C:

$$L = \frac{RQ}{2\pi f_0} \tag{4-146}$$

$$C = \frac{1}{2\pi f_0 RQ} = \frac{1}{4\pi^2 f_0^2 L} \tag{4-147}$$

通过以上分析获得音叉的相关电学参数之后，其热噪声 V_{rms} 强度可表示为

$$\sqrt{V_{\text{rms}}^2} = R_{\text{g}}\sqrt{\frac{4k_{\text{B}}T}{R}}\sqrt{\Delta f} \tag{4-148}$$

其中，R_{g} 为前置放大电路中的增益电阻或反馈电阻 (典型值为 10 MΩ)，Δf 为探测带宽，T 为实验温度，$k_{\text{B}} = 1.380649 \times 10^{-23}$ J/K 为玻尔兹曼常量。通常音叉的等效电阻 R 为几百 kΩ 量级，假设 $R = 500\text{k}\Omega$，实验温度 $T = 296\text{K}$，品质因子 $Q = 10^4$，音叉响应带宽 $\Delta f = 5\text{Hz}$，及已知反馈电阻 $R_{\text{g}} = 10$ MΩ，那么依据上式可计算出音叉随机热噪声大小一般在 μV 量级 [173−176]。

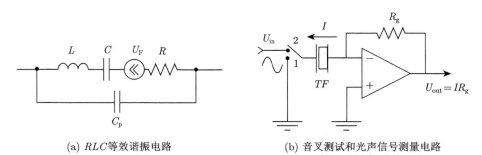

(a) RLC 等效谐振电路 (b) 音叉测试和光声信号测量电路

图 4.40　石英音叉等效 RLC 谐振电路模型和光声信号测量放大电路图

石英音叉压电效应具有一定的可逆性，除了声信号能激发音叉共振之外，理论上任何具有同频率的激励源都可以引起音叉产生共振效应。为此，Mordmueller 等利用电流驱动信号详细研究了音叉的谐振属性，其研究发现通过交替的电驱动和光声驱动，可以从音叉振荡衰变时间中提取有关背景气体的信息，虽然获得了与常规的基于振幅信号探测方法具有相当的检测极限，但该方法显示出可进一步改进的潜力 [177]。

2. 石英音叉谐振模式分析

精确地了解石英音叉谐振特性有利于基于 QEPAS 光谱探测技术的气体传感器系统的最佳化设计 [178]。为此，国内外众多光谱学者们开展了石英音叉理论模型和共振属性理论研究。Petra 等最先开展了 QEPAS 光谱中共轴激发模式中裸

音叉与共振管之间的最佳耦合模拟分析 [179]，为了进一步理解共振 QEPAS 系统属性和定量化 QEPAS 最佳设计，Aoust 等在其基础上进行了更深入的有限元分析 (Finite Element Analysis，FEA) 和实验对比 [180]。此外，针对音叉离轴激发模式、最佳化品质因子等方面亦取得了一定研究进展 [181–183]。现有研究说明石英音叉振动模式和能量场分布特性的选择是基于 QEPAS 光谱技术传感器系统检测灵敏度的关键影响因素，通过有限元分析法精确仿真分析，能为实验设计提供重要的参考价值。

有限元分析是基于结构力学分析迅速发展起来的一种现代计算方法。有限元分析是基于结构力学分析迅速发展起来的一种现代计算方法。COMSOL 与 AN-SYS 是两款比较典型的有限元分析多物理场耦合平台，其中 COMSOL Multi-physics 是 COMSOL 公司旗舰产品，起源于 Matlab 的 Toolbox，以有限元法为基础，通过求解偏微分方程实现单场物理现象的仿真；通过偏微分方程组实现多物理场现象仿真，通过其高效的计算性能和杰出的多场双向直接耦合分析能力实现高度精确的数值仿真。ANSYS Multiphysics 是 ANSYS 公司开发的多物理场耦合平台，其在经典力学分析软件界具有重要的影响力，可用于结构力学、热传递、流体流动、电磁学和声学等学科领域中物理场的仿真分析。在此，本书仅以 ANSYS 软件的有限元分析法对石英音叉的谐振特性进行仿真介绍。

首先，需要在 ANSYS 软件中建立仿真对象的几何模型，为了操作的便捷性可直接导入 AutoCAD 或 Solidworks 等机械设计软件或制图软件已建立的石英音叉 3D 物理模型，如图 4.41(a) 所示。该物理几何模型中选择了一款通用型石英音叉的物理参数：音叉臂的长度 l= 3.7 mm，宽度 w = 0.6mm，厚度 t = 0.3mm。音叉整体长度 d 定义为 6mm，槽宽 0.3mm，保存参数定义，并将绘制的 3D 图形保存为 ANSYS 能够识别的格式文件。打开 ANSYS 软件，在其 Workbench 工作界面中选择单击 Simulation，打开后单击 Geometry 选项，通过选择 From File 选项导入已建立好的音叉几何模型，如图 4.41(b) 所示。

然后双击 "Engineering Data" 菜单，选择 "Click Here to Add a New Material" 选项输入音叉介质材料的结构参数、热属性参数和电磁参数，主要包括密度、热膨胀和热传导率、各向同性弹性、杨氏模量、泊松比、体积弹性模量、阻抗等。以石英介质材料为例，其相关物理参数如图 4.42 所示。物理参数输入完毕和保存后，将进入对有限元网格尺寸定义步骤。

在所建立的立体模型中 (如 Model 菜单中 Geometry 栏中已建立的模型名称为 fork)，在 Details of fork 中的材料属性分配 Assignment 选项选择以上已设定的材料 s100；并在子菜单 Mesh 选项中的有限元大小 Element Size 网格单元定义为 0.1mm；定义完毕之后，单击 Generate Mesh，软件自动开始对音叉立体模型进行网格划分，结果如图 4.43(a) 所示。然后需要对振动模态进行模拟分析，首

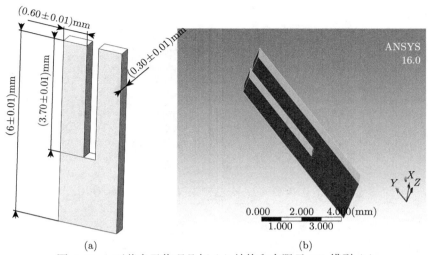

图 4.41　石英音叉物理几何 (a) 结构和有限元 3D 模型 (b)

3

	A		B	C	D	E
1	Property		Value	Unit	⊗	
2	🔲 Density		2.65E−06	kg mm^−3	▼	☐
3	⊟ 🔲 Isotropic Secant Coefficient of Thermal Expansion					☐
4	🔲 Coefficient of Thermal Expansion		7.1E−06	C^−1	▼	☐
5	🔲 Reference Temperature		22	C		☐
6	⊟ 🔲 Isotropic Elasticity				☐	
7	Derive from		Young's Modulu... ▼			☐
8	Young's Modulus		7.87E+10	Pa	▼	☐
9	Poisson's Ratio		0.42			☐
10	Bulk Modulus		1.6396E+11	Pa		☐
11	Shear Modulus		2.7711E+10	Pa		☐

图 4.42　石英介质材料的相关物理参数

先要将音叉模型一端固定, 通过单击 Modal 菜单下 Analysis Settings, 单击工具栏 Supports, 然后选择 Fixed Support 将要固定的端面 (即音叉的根部), 选中后, 在 Detail 中 Geometry 后单击 Apply, 即完成了音叉固定端解析, 结果如图 4.43(b) 所示。

最后进行谐振模式阶数的模拟阶段, 此过程首先需要自定义振动模态的阶数。通过单击 Analysis Settings, 将 Details 中的 Max Mode To Find 定义为需要的阶数 (在此以 6 阶为例)。设置完成后单击 Solution, 将会弹出 Deformation 菜单, 单击选择 Total, 最后选择单击 Solve 进行仿真分析。单击右键选择 Select All, 然后选择 Create Mode Shape Results。最后, 音叉谐振模式的前六阶振动模态就会全部模拟处理，结果如图 4.44 所示。

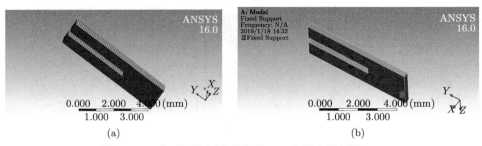

图 4.43　音叉网格划分几何体 (a) 和固定端解析 (b)

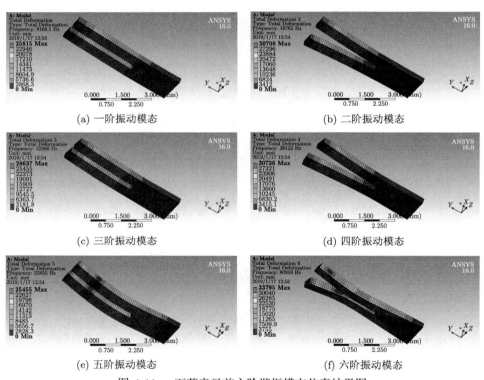

图 4.44　石英音叉前六阶谐振模态仿真结果图

最后，ANSYS 有限元分析法仿真出的石英音叉前十阶振动模态频率统计如图 4.45 所示。在对前十阶进行振动模态解析时，不难发现，第三阶的振动频率为 32266 Hz，与典型的圆柱形 32kHz 石英晶振的谐振频率相近。

	Mode	频率/Hz
1	1.	9169.1
2	2.	16762
3	3.	32266
4	4.	38123
5	5.	52855
6	6.	80959
7	7.	1.3717×10^5
8	8.	1.3755×10^5
9	9.	1.4231×10^5
10	10.	1.5608×10^5

图 4.45   ANSYS 有限元分析法仿真出的石英音叉前十阶振动频率

3. QEPAS 光谱技术进展

时至今日，QEPAS 光谱技术已历经近三十载的发展历程。国内外光谱兴趣研究者们通过对石英音叉声探测器结构设计和光源激发方式等方面进行不断的优化，取得了一系列的成就。针对传统的入射光从音叉悬臂之间垂直入射的共轴激发模式中对入射光光斑大小的严格限制要求，中科院安光所刘锟等提出了音叉侧边平行入射的离轴激发模式 [184,185]。依据驻波传输特性和圆柱形声共振增强原理，如图 4.46 所示 (L 为声共振管长度，λ 为声波波长，P 为声压幅值)，山西大学董磊教授等将石英音叉与声共振器结合的探测方法和多个石英音叉组合叠加探测策略实现光声信号的增强放大，将不同波长激光光束结合声共振器用于多个不同分子同时探测的光学和声学结构设计，以及利用电学调制方法实现噪声的有效抑制 [186-188]。此外，该课题组利用石英音叉的瞬态响应特性提出了基于拍频效应的 QEPAS 技术，即以石英音叉非共振频率解调其在受到脉冲声信号激励后输出的压电信号获得拍频信号, 通过对拍频信号的探测分析实现了目标气体浓度、石英音叉共振频率以及品质因数的同步测量，从而避免了对系统的反复校准, 真正实现了痕量气体的连续在线监测 [189]。图 4.47 列出了当前比较盛行的几种典型的石英音叉声探测器结构设计和光源激发方式示意图。

鉴于近红外 DFB 半导体激光器的光纤输出特性和导波光学中的倏逝场原理相结合，哈尔滨工业大学马欲飞教授等提出了光纤倏逝波型石英增强光声光谱技术 [190] 和多个石英音叉增强型光声光谱 [191]，以及全光纤耦合方式增加了光路调节的便捷性 [192]。依据光声信号的理论表达式可知光声信号幅值与入射光调制频率呈反比例依赖关系，意大利巴里大学的 Spagnolo 教授领导的课题组和其合作单位率先开展了大尺度、低共振频率的石英音叉研究，不仅有效提高了光声信号

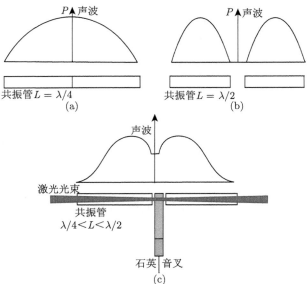

图 4.46　不同共振器耦合条件下的声共振分布特性

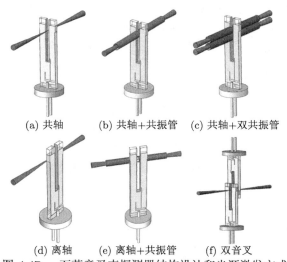

图 4.47　石英音叉声探测器结构设计和光源激发方式

激发效率，同时解决了光束质量较差的激光光源和宽带 LED 光源中光束发散角较大的问题 [193−195]，以及利用光纤功率放大器将近红外激光光源的有效光功率提高至 W 量级，从而实现高灵敏度痕量气体探测 [196,197]。此外，从光声效应的产生原理角度，通过利用分子的弛豫动力学效应，同样可实现特定分子的光声光谱信号 [198]。

4.7.2 悬臂梁增强型光声光谱

21 世纪以来，光声光谱技术另一项重大的突破或许应该属于高灵敏度“悬臂梁增强型光声光谱”，该技术以微型硅悬臂梁作为声传感器，并结合迈克耳孙干涉原理，芬兰土尔库大学 Wilcken 和 Kauppinen 于 2003 年首次实验上详细报道了这种基于微悬臂梁麦克风的增强型光声光谱[199,200]。实际上，“微悬臂梁麦克风”的概念早在 1996 年由 Lee 等提出[201]，由于其具有较高的灵敏度特性，吸引了众多气体传感器研究者们的兴趣，逐步获得各方面改进，进而在各个领域中用于高灵敏度气体浓度检测[202−206]。

尽管光学的微悬臂梁麦克风工作在非共振模式 ($f = 440$Hz)，通过测量甲烷 $2500 \sim 3500$ cm^{-1} 范围的光声光谱，其灵敏度比商业化的驻极体麦克风 (Sennheiser KE 13-227) 要高 100 倍。如图 4.48 为典型的利用微型悬臂 (长 4mm，宽 2mm，厚 5µm) 作为声波探测器的光声池结构示意图，当入射激光激发腔内吸收介质产生光声信号时，周期性的声波将引起位于腔中间的微悬臂振动。以此微悬臂作为迈克耳孙干涉仪的“动镜”，再由外部的固定反射镜、50:50 分束镜 (10mm 大小)、可见光二极管激光器 (670nm，5mW) 组成迈克耳孙干涉系统，利用傅里叶变换算法对干涉信号进行解调，以获取光声信号的频谱峰，而低频调制频率 (几十至几百 Hz 范围) 处的频谱峰值与样品中吸收介质的浓度呈线性关系。该技术的发明团队以中心波长在 1572nm 分布反馈式二极管激光器 (Furukawa Electric FOL 15DCWD-A81-19060) 作为 CO_2 分子 (6361.251cm^{-1}) 的光声信号激发光源，获得了归一化噪声等价吸收系数 (Normalized Noise Equivalent Absorption Coefficient，NNEA)，探测灵敏度为 2.8×10^{-10} cm^{-1}·W·Hz$^{-1/2}$，与同时代中新

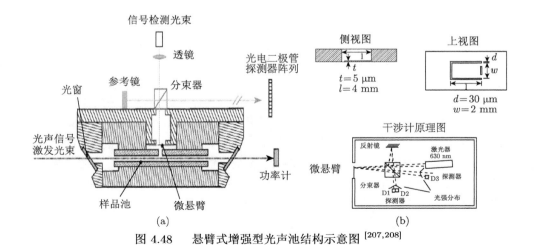

图 4.48　悬臂式增强型光声池结构示意图[207,208]

型 QEPAS 光谱技术获得的最高灵敏度 7.2×10^{-9} cm^{-1}·W·Hz$^{-1/2}$ (测量氨气分子的结果)[207] 相比，结果要高 25 倍。此外，通过结合 L 波段 (1565 ~ 1610 nm) 的镱铒共掺光纤放大器 (IPG Photonics EAD-1K-L-SF) 将 34mW 的激光功率放大到 1W 量级，CO_2 分子绝对检测限可达 sub-ppm 量级，归一化的灵敏度为 1.4×10^{-10} cm^{-1}·W·Hz$^{1/2}$ [208,209]，相比于传统基于电容式麦克风的光声光谱，探测灵敏度要高出两个量级。此外，微悬臂增强型光声光谱技术与垂直腔表面发射激光器 (VCSEL@760 nm)，CO_2 激光器，黑体辐射宽带光源和中红外 LED 光源，OPO 光学参量振荡器、THz 辐射源等多种激光光源相结合，实现了 O_2、CH_4、C_3H_8、CO_2、SO_2、H_2S、对苯、对、间、邻二甲苯、甲基氰等大气痕量气体分子和挥发性有毒有害气体的高灵敏度浓度测量 [210-219]。

　　基于微悬臂梁麦克风探测器和光学干涉检查的方法，获得了光声光谱发展历史上超高的灵敏度，即使是当时颇受欢迎的 QEPAS 光谱技术亦无法相媲美。然而，该技术结合了迈克耳孙光学干涉原理，使得系统结构上相对复杂化，复杂的光学探测方法使其对环境的抗干扰能力要求偏高。时至今日，该技术的发明单位已将其发展到了商业化成熟水平，如图 4.49 所示为芬兰 Gasera. Ltd. 公司研发的硅微悬臂梁增强型光声光谱检测系统的实物图 [220]。

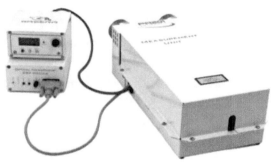

图 4.49　芬兰 Gasera. Ltd. 公司研发的硅微悬臂梁增强型光声光谱检测系统 [220]

　　光声光谱是一种历史悠久的高灵敏度气体传感技术，然而，传统电容式传声器作为 PAS 信号探测器，其电特性限制了其在高温、电磁干扰以及易燃易爆性环境中的应用。全光型光声信号传感器具有不带电和超高灵敏度的特点，在恶劣的环境应用中必将具有更好的优势。随着各种新型材料的不断涌现，微悬臂梁麦克风探测器的性能必将逐步提升 [221]。此外，通过与光纤传感技术相融合，如光纤布拉格光栅 (FBG) 技术和光纤干涉仪，使得光纤光声传感器可以在光纤网络中实现远程检测、现场检测、实时监控和分布式多路多点检测等功能 [222]。

4.8 多光谱融合技术

目前国内外报道的气体传感系统 (包括商业化光谱仪器) 通常只基于单一的光谱技术, 如直接吸收光谱法、光声光谱法、腔衰荡光谱/腔增强光谱法等。显然, 每种光谱技术都有其独特的优势, 亦存在其不足之处。通过多光谱技术融合的方式, 可提高传感器整体性能, 如测量精度、探测极限、响应速度及浓度响应范围等。理论上, 直接吸收光谱作为一种免校正的光谱方法, 可直接获取待分析气体样品的温度、压力、流速和通量等信息。该技术基于检测光与物质相互作用过程中光强的微弱变化量, 本质上易受各种电子学噪声和光学噪声的干扰, 灵敏度有限。调制光谱技术通过将吸收信号频移到高频载波中, 再利用锁相检波技术对其进行解调, 可有效实现抑制各种低频噪声 (即 $1/f$ 噪声), 具有检测灵敏度高的优势, 但技术上需要校正后才能反演出待分析样品浓度信息。尤其是在恶劣环境的条件下, 需要频繁的校正才能保证结果的可靠性。

近年来, 激光吸收光谱技术因其独特的优势, 被广泛应用于大气环境监测等领域的痕量气体测量。鉴于实际大气污染物的种类繁多, 各成分的源、转化机制及输送过程极其复杂且存在交叠现象, 大气污染源的深度解析具有重要的挑战性。多个大气污染成分的原位同时监测, 通过分析其浓度数据的相关性, 已成为一种深度解析和精准识别大气污染源的有效方式, 图 4.50 为作者早年在德国马克斯–普朗克化学研究所工作期间在 Taunus 大气观测站长期观测的大气 NO_x, CO 和 O_3 浓度时间分布特性及其之间的关联性 [223,224], 结合大气模型最终可靠地实现大气污染源的追溯。

此外, 大气中水汽的变化具有较大的空间性和时间性 (大约在 0.17 ppm-4.5% 范围), 且 H_2O 分子引起的谱线加宽系数要比干燥空气高得多 (近似在 2 倍以上 [225−227]), 这种干燥空气和潮湿空气成分的差异所引起的稀释效应和吸收谱线加宽效应, 给各类激光吸收光谱仪器在实际测量中带来了不同程度的偏差 [228,229]。实际外场测量中对于高精确度 (Sub-Percent Precision) 数据的要求, 尤其是高湿环境下, 水汽效应的校正具有重要的必要性。

鉴于多光谱技术联合和多组分大气污染物同时测量的重要意义, 近年来, 本课题组将免校正直接吸收光谱技术和高灵敏度波长调制技术有效结合, 以室温工作的分布反馈式连续型量子级联激光器作为激发光源 (中心波长 4.566μm), 商业化离散型 Herriott 长程吸收池 (AMAC-76, Aerodyne Research Inc.) 作为气体样品池, 热释电制冷型碲镉汞 (MCT) 探测器 (PVI-4TE-5, Vigo Systems) 作为光信号接收器, 建立了一套基于量子级联激光器的双光谱系统 (RT-QCLAS), 可同时测量 CO, N_2O 和 H_2O 三种大气分子 [230], 实验系统原理示意图如图 4.51 所

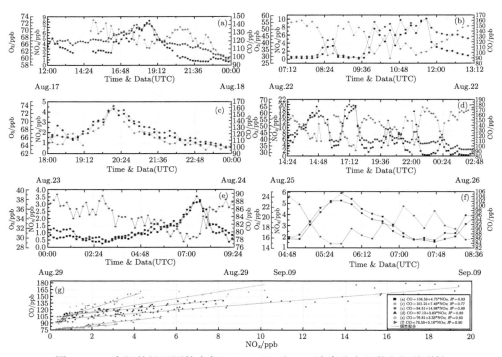

图 4.50　实际外场观测的大气 NO_x, CO 和 O_3 浓度分布及其之间关联性

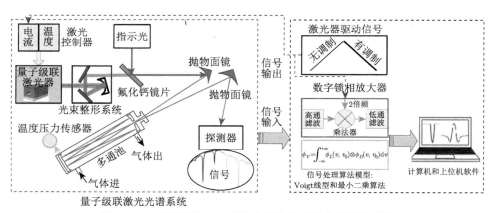

图 4.51　量子级联大气多组分双光谱光谱仪原理示意图

示，与其相应的实验仪器实物图如图 4.52 所示。

仪器所用量子级联激光器波长调谐范围和其输出功率特性如图 4.53 所示，依据 HITRAN 数据库模拟的 N_2O, CO 和 H_2O 三种分子在所用量子级联激光器波长调谐范围 ($2182\sim2198$ cm^{-1}) 内的吸收光谱如图 4.54 所示。综合以上所述图

图 4.52 量子级联大气多组分双光谱光谱仪实物图

形结果可见，激光器工作在室温 293K，驱动电流为 390~510 mA 时，即可实现 2186.5~2197.5cm^{-1} 波数范围内 N_2O,CO 和 H_2O 三种分子吸收光谱的同时测量，对应选择的三种分子相关谱线参数如表 4.12 所列。

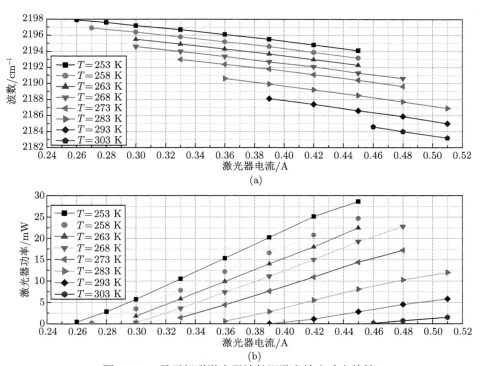

图 4.53 量子级联激光器波长调谐和输出功率特性

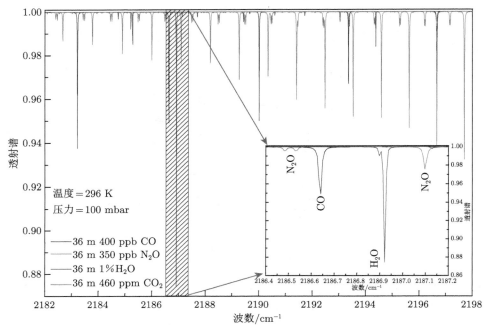

图 4.54　依据 HITRAN 数据库模拟的 N_2O、CO 和 H_2O 三种分子在 2182~2198 cm^{-1} 范围的吸收光谱 (彩图请扫封底二维码)

表 4.12　CO, H_2O 和 N_2O 三种分子相关谱线参数

分子	谱线位置/cm^{-1}	线强/($\times 10^{-21}$ cm/mol.)	空气加宽系数/(cm^{-1}/atm)	自加宽系数/(cm^{-1}/atm)
CO	2186.63900	3.314×10^{-19}	0.0567	0.062
H_2O	2186.89815	2.086×10^{-24}	0.0379	0.291
	2186.92044	2.820×10^{-23}	0.0315	0.188
	2186.92523	9.400×10^{-24}	0.0306	0.204
N_2O	2187.09904	1.863×10^{-19}	0.0698	0.084

　　整个仪器系统的控制、信号采集和实时处理分析与保存皆由 Labview 软件开发的上位机软件实现。如图 4.55 所示 Labview 软件产生的周期性无调制和调制激光器电流驱动信号分别用于产生直接吸收光谱和波长调制光谱。QCL 出射的发散光束通过自主设计的光束整形系统聚焦准直后，再经过 CaF_2 分束镜和第一离轴抛物面镜耦合进入长程吸收池，腔内经过多次反射出射后由第二离轴抛物面镜反射到 MCT 探测器。MCT 探测器将接收的光信号转换成电信号，再由数据采集 DAQ 设备 (NI USB-6259) 实现 AD 转换输入到基于计算机和 Labview 软件的信号采集分析处理模块。直接吸收光谱通过 Voigt 线型和 L-M 最小二乘拟合算法模块，结合实验物理条件 (如温度、压力和光程) 实现气体浓度的反演；波长调制

光谱通过数字锁相模块解调出谐波信号，结合已知浓度的标准参考谱，利用多维线性回归算法计算出样品的浓度。波长调制光谱技术中，二次谐波信号在最佳调制系数 ($m = 2.2$) 时信噪比最高，如图 4.56 所示为实验测量 (压力为 100mbar) 的三种不同分子二次谐波信号峰值与正弦波调制电流信号振幅之间的依赖关系。

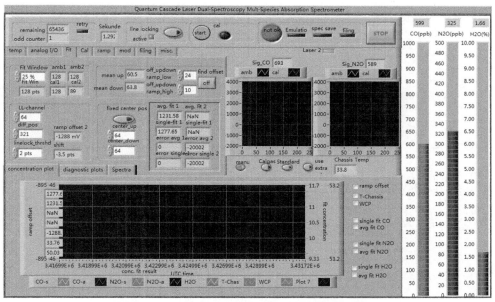

图 4.55　量子级联激光光谱仪上位机软件界面图

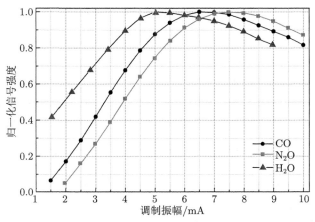

图 4.56　CO,N_2O 和 H_2O 二次谐波信号与调制振幅之间的依赖关系

依据调制系数的定义可知，不同分子因其具有不同的加宽系数，传统方法中

单一调制振幅条件下，无法满足多个不同分子或相同分子不同跃迁谱线的调制同时最佳化。为此，本实验系统中针对每个分子的调制振幅依赖特性，采用多参数调制策略，如图 4.57 所示，在激光器波长调谐范围内，依据每个分子吸收光谱分布区域划分调制区域，实现了多组分同时探测时调制系数最佳化，从而使得获取的二次谐波信号具有最佳的信噪比。

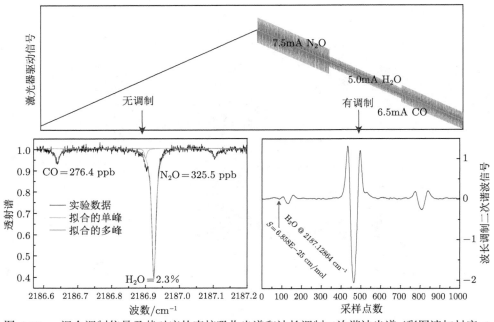

图 4.57　混合调制信号及其对应的直接吸收光谱和波长调制二次谐波光谱 (彩图请扫封底二维码)

实验仪器短时间性能通过采用国际通用方法 Allan-Variance 分析技术获得的结果如图 4.58 所示，两种光谱方法对应的测量精度统计结果如表 4.13 所示。结果显示 WMS-2f 探测方法灵敏度比 DAS 光谱探测方法灵敏度高 3 ~ 4 倍，1s 时间分辨率条件下，测量精度可达 1 ~ 2 ppb(@CO 和 N$_2$O)；最佳积分时间 75s 和 110s 的条件下，两种光谱方法对应 N$_2$O 和 CO 灵敏度可达亚于 ppb 量级，H$_2$O 分子灵敏度在 ppm 量级，归因于所选择 H$_2$O 分子吸收谱线较弱，其中 WMS-2f 光谱法对应测量精度分别为 0.21 ppb、0.18 ppb 和 5.65 ppm。

此外，通过在近似外场的条件下，该仪器在安徽大学校园内连续运行 20 多个小时，1Hz 时间分辨率下，测量结果如图 4.59 所示。结果显示大气中 N$_2$O 浓度相对比较稳定，CO 浓度变化幅度与城市环境中众多污染源相关，H$_2$O 浓度的时间变化与实际大气中水汽的变化规律相吻合。为了进一步衡量整个仪器的长期测量精

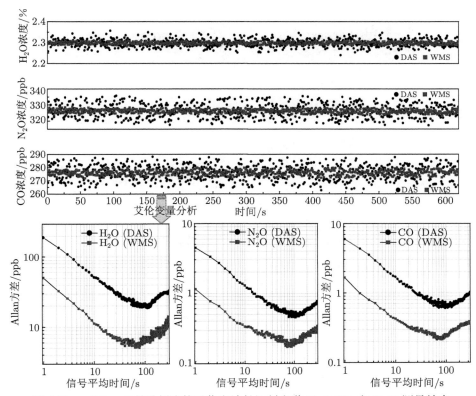

图 4.58 Allan 方差分析直接吸收和波长调制光谱 N_2O,CO 和 H_2O 测量精度

表 4.13 量子级联激光光谱仪性能指标参数

分子	1s 平均时间精度	最佳平均时间下精度	探测方法
CO	6.0 ppb@ 1s	0.65 ppb@ 110s	直接吸收 (DAS)
	1.64 ppb@ 1s	0.21 ppb@ 75s	波长调制 (WMS)
N_2O	4.40 ppb@ 1s	0.48 ppb@ 110s	直接吸收 (DAS)
	1.15 ppb@ 1s	0.18 ppb@ 75s	波长调制 (WMS)
H_2O	190.86 ppm@ 1s	20.29 ppm@ 110s	直接吸收 (DAS)
	50.40 ppm@ 1s	5.65 ppm@ 75s	波长调制 (WMS)

度, 通过选取其中某一区间段相对稳定的浓度数据, 对其进行柱状图 (Histogram) 分析, 如图 4.60 所示, 分析结果满足很好的高斯分布特性, 以高斯分布半高半宽 (HWHM) 代表分析精度, 总体上体现 WMS 探测技术比 DAS 方法测量精度要高近 $3 \sim 4$ 倍。鉴于实际大气中气体浓度并非是真实 "稳定不变", 柱状图分析测量精度比 Allan 方差分析结果稍差一些, 亦满足实际情况。两种分析方法皆体现基于量子级联激光双光谱多参数测量系统具有良好的稳定性和高测量精度, 完全满足实际大气中痕量气体的测量要求。

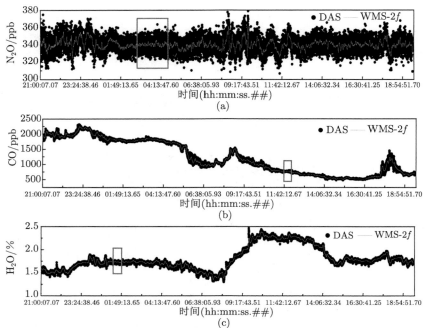

图 4.59　基于双光谱技术的实际大气 N_2O,CO 和 H_2O 连续测量 (1Hz 时间分辨率)

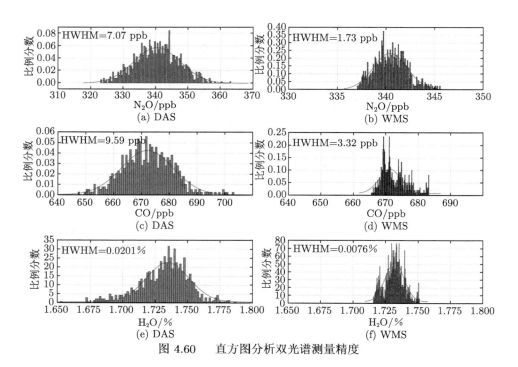

图 4.60　直方图分析双光谱测量精度

鉴于实际大气污染成分种类繁多，环境监测中需要同时测量多个污染源的成分，利用污染源之间的正负相关性，才能精准实现污染源的解析。该量子级联激光光谱仪器可通过简单地替换不同波段的激光光源及其对应的探测器，即可扩展到其他多个分子及其同位素的同时测量，如 CO_2@4.3μm、CS_2@4.59μm、NO@5.3μm、NO_2@6.25μm、SO_3@7.15μm、SO_2@7.51μm、CH_4&N_2O@7.90μm、O_3@9.56μm、NH_3@10.34μm 等大气分子、自由基和挥发性有机物 [231-235]。

实际中不同环境和区域，各种大气污染气体的浓度有着显著不同的变化特征和分布范围，如 NO_x 是城市大气中的重要污染物，主要来源于化石燃料的使用，其浓度通常在 ppb 浓度量级；而 CO 可分为人为源和天然源，典型的机动车尾气中 CO 的浓度可高达 ppm 量级。多组分气体传感器系统除了需要精确地选择适当的激光波长外，线性响应范围亦是基于激光光谱技术的气体传感器的一项重要指标，在多个污染气体监测系统显得尤为重要。虽然光热/光声光谱法具有几个量级的浓度线性响应范围，但需要特殊设计的气体池，受光热效应的弛豫时间限制，技术上无法实现快速的测量。傅里叶光谱仪 (Fourier Transform Infrared Spectrometer, FTIR) 一直以来被称为是红外光谱的黄金标准 (Golden Standard)，可覆盖整个中红外。痕量气体探测时通常需要有效光程在 20m 以上，标准的傅里叶光谱仪很难满足此项要求。

多年来，激光光谱学如火如荼的发展，已衍生出众多各具特色的光谱方法或技术。近年来，针对不同的应用环境和需求，秉承取长补短的原则，国际上亦发展了其他多光谱技术联合的探测方法。典型地，奥地利 Bernhard Lendl 领导的课题组将外差相敏色散光谱 (Heterodyne Phase Sensitive Dispersion Spectroscopy, HPSDS) 技术和波长调制光谱 (Wavelength Modulation Spectroscopy) 技术有效结合，设计了一套可同时测量 CO, NO, NO_2, N_2O 和 SO_2 五种气体成分的光谱系统 [236,237]，将 4 个不同中心波长的中红外量子级联激光器同时耦合到商业化 Herriott 型长程多通池 (AMAC 76, Aerodyne, USA)，最终通过单个热电制冷型中红外宽波长 MCT 探测器 (PCI-2-TE-12, 200 MHz Bandwidth, Vigo Systems) 探测激光信号，其原理示意图和实物图如图 4.61 所示。以 CO 分子为例，WMS-2f 探测方法和 HPSDS 探测方法，系统线性动态响应范围分别为 0 ~ 500ppbv 和 0 ~ 50ppmv，与传统单一波长调制光谱方法相比，线性响应范围提高了两个数量级，显然系统结构、硬件和技术要求方面要高些。

针对特殊环境中多组分检测的需要，美国陆军研究实验室 Holthof 等报道了一种高速光电多路复用器技术，其原理和实物图如图 4.62 所示，利用一个扫描电流计的非色散光学复用方案，将来自不同入射角度的多个连续可调谐 QCL (波长范围 6.3 ~ 10.5μm) 光束耦合成一束光，再将其耦合到微电子机械系统 (MEMS) 结构的光声池内，可同时检测 NH_3、NO_2、乙酸、丙酮、1,4-二噁烷和醋酸乙烯酯等多种化学成分和爆炸物成分。同理，中国科学院安徽光学精密机械研究所阚瑞峰研究员领导的团队采用时分多路复用探测技术[239]，将中心波长分别为 1900 cm^{-1}、1600 cm^{-1} 和 1103.4 cm^{-1} 的三个 QCL 同时耦合到一个有效光程为 60m 的光学多通池，实现了开放式同时探测大气中 NO、NO$_2$ 和 NH$_3$ 三种分子。此外，我国东南大学研究者们将紫外 DOAS 光谱技术和近红外激光 TDLAS 光谱技术有效融合，开展了针对 NH$_3$ 和 NO 混合气体浓度同时测量的实验研究。结果表明：使用多光谱融合模型，可以有效地消除 NH$_3$ 对 NO 浓度测量的影响，实现 NH$_3$ 与 NO 气体浓度的同时准确测量[240]。

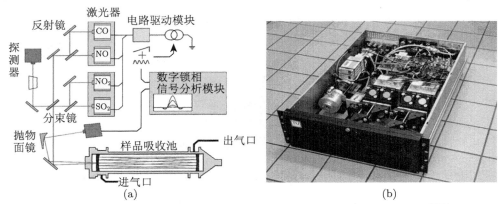

图 4.61　基于波长调制光谱和色散光谱的双光谱系统原理图和实物图[237]

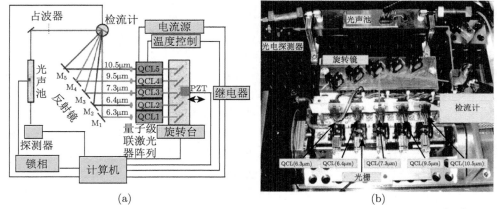

图 4.62　基于 QCL 阵列的光声光谱多组分化学战剂的传感器原理和实物图[238]

　　如前所述，依据实际应用环境需求，激光吸收光谱技术中，针对不同分子的指纹吸收谱特性可选择不同波段的激光光源。尽管中红外激光光源是实现大多数分子高灵敏度探测的首选，然而通过选择成熟的近红外激光光源结合高效的探测方案或检测策略，以及适当的数字信号处理技术等方式，亦可同样实现部分分子的高灵敏度检测需求。值得提出的是，基于时分多路复用探测技术仅采用一个光电探测器，受探测器响应带宽限制，该技术仅适用于一定波长范围内的多个激光光源系统。针对大多数分子指纹吸收谱皆分布在整个红外光谱范围内，本课题组提出了一种可用于大气多组分分子宽光谱范围 (近红外–中红外) 同时测量的近红外和中红外激光混合气体传感技术 [241]。该技术中通过分别采用高折射率 ZnS 和低折射率 YbF_3 材料制备的近红外 (~1550 nm) 高反和中红外波段 (>4.5 μm) 增透型镀膜镜片成功实现了近红外和中红外激光光束的同轴耦合。如图 4.63 所示，以中心波长在 1.653μm 的 DFB 型近红外半导体激光器和 4.56μm 波段的中红外量子级联激光器分别作为甲烷、氧化亚氮和一氧化碳三种分子的检测光源，首先利用第一块近红外高反和中红外波段增透型镀膜镜片 (Coated Mirror) 将不同波段的两束激光耦合成同轴光束，再由其他反射型光学镜片将其耦合进长程吸收池 (AMAC 76, Aerodyne, USA)。出射光由第二块相同的镀膜镜片将近红外光束和中红外光束分离，其表面反射的近红外激光束由铟镓砷型探测器 (InGaAs, New Focus 2053) 检测，中红外激光透过镀膜镜片再由离轴抛物面镜反射和聚焦到碲镉汞探测器 (HgCdTe,PVI-4TE-5, Vigo Systems) 实现光电信号转换。最后，两路信号光同时输入到数据采集设备 (DAQ) 进行 AD 转化，并传输到基于计算机的 Labview 上位机软件中进行实时信号采集和分析处理。实验中选择的 CO 和 N_2O 分子光谱参数见表 4.12，CH_4 分子的谱线参数如表 4.14 所总结。

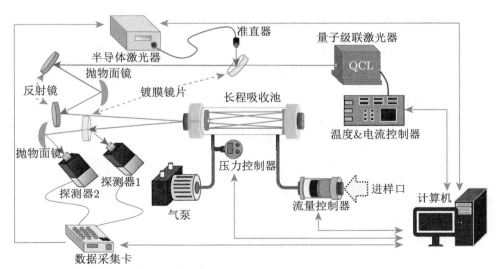

图 4.63　基于近红外和中红外激光的多气体传感系统原理图

表 4.14　　选择的 CH$_4$ 分子光谱谱线参数

分子	谱线位置/cm^{-1}	线强/($\times 10^{-21}$ cm/mol.)	空气加宽系数/(cm^{-1}/atm)	自加宽系数/(cm^{-1}/atm)
	6046.963576	1.455	0.066	0.079
CH$_4$	6046.95162	0.9277	0.066	0.079
	6046.94252	0.7877	0.066	0.079

　　为了检验近红外光束和中红外光束之间无相互干扰效应, 首先在长程吸收池内充入标准气体样品: 50ppm CH$_4$, 1.7ppm CO 和 1.1ppm N$_2$O。考虑到压力加宽效应的影响, 吸收池内样品总压力选择为最佳的采样压力 400mbar。采用 WMS-2f 探测方法, 如图 4.64 所示, 起始 I 阶段为两路激光同时工作状态, 第 II 阶段为近红外光束被遮挡状态, 第 III 阶段为中红外激光被挡住状态, 第 IV 阶段为恢复到原始第 I 状态阶段。由此实验测试结果可见, 两路信号皆具有很好的重复性, 无明显的干扰效应。

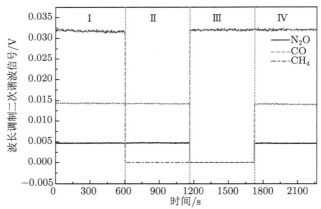

图 4.64　　近红外和中红外激光束干扰测量实验结果 (彩图请扫封底二维码)

　　本测量系统中采用的是波长调制光谱探测技术, 对于二次谐波信号首先需要确定其最佳调制振幅, 尤其是不同分子具有不同的加宽系数使得每个分子的最佳调制振幅亦呈现出不同的响应特性。图 4.65 给出了最佳采样压力 (400mbar) 条件下, 三种分子的二次谐波信号对调制振幅的响应特性。此实验条件下, 所用商业化标准样品气体中 N$_2$O, CO 和 CH$_4$ 的浓度分别为 1 ppm, 1.7 ppm 和 20 ppm, 样品中平衡气体为高纯 N$_2$, 三角波信号频率为 100Hz, 正弦调制信号调制频率为 2.7kHz。由实验结果可见 N$_2$O, CO 和 CH$_4$ 三种分子对应的最佳调制振幅分别为 40mV, 32mV 和 26mV。

　　此外, 为了检验该光谱系统的线性响应特性, 利用高纯 N$_2$ 对以上所用标准气体进行进一步稀释, 实验测量的各种浓度下的 CO 和 N$_2$O 二次谐波信号及其浓度校正曲线如图 4.66 所示, 相同实验流程下获得的 CH$_4$ 分子二次谐波信号和

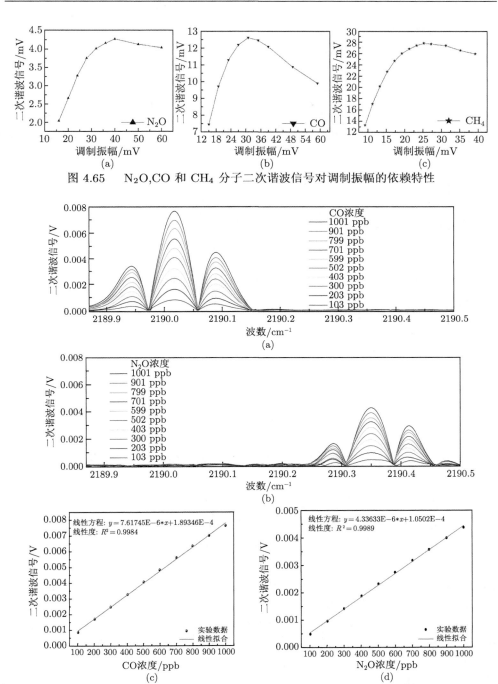

图 4.65 N₂O,CO 和 CH₄ 分子二次谐波信号对调制振幅的依赖特性

图 4.66 不同浓度下的 CO 和 N₂O 分子二次谐波信号和浓度校正曲线 (彩图请扫封底二维码)

浓度响应曲线如图 4.67 所示，通过线性拟合获得三种分子的线性响应度皆高达 0.99 以上。

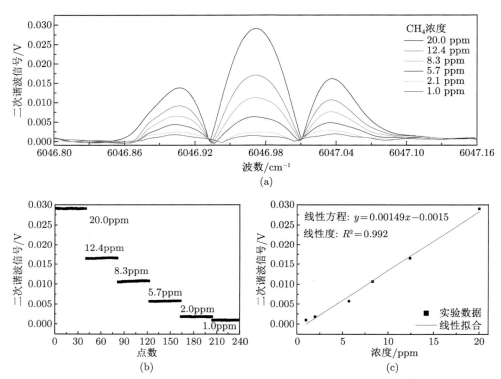

图 4.67　不同浓度下的 CH_4 分子二次谐波信号和浓度校正曲线 (彩图请扫封底二维码)

　　为了评估近红外和中红外激光融合的多组分气体传感系统的检测灵敏度，在样品池内充入以上所述的标准气体样品 (N_2O：1ppm，CO：1.7ppm，CH_4：20ppm)，在 1Hz 时间分辨率的采样条件下，对 2600s 时间内连续测量的时间序列浓度数据进行艾伦方差 (Allan Variance) 分析，实验获得的 N_2O、CO 和 CH_4 测量数据和分析结果分别如图 4.68 和图 4.69 所示，结果显示在 1s 平均时间的条件下，N_2O，CO 和 CH_4 检测灵敏度分别为 4.9ppb，6.36ppb 和 23.6ppb。此外，由艾伦方差分析结果可见：随着平均时间的增加，系统检测灵敏度可进一步提高，在最佳的积分时间约 900s 的条件下，N_2O 和 CO 探测灵敏度可达到 sub-ppb 量级，而 CH_4 分子探测灵敏度为两个 ppb 量级。

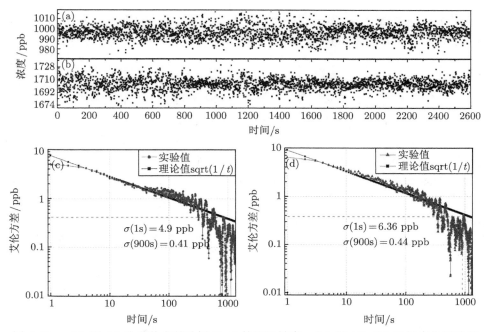

图 4.68　(a) 和 (c) 为艾伦方差分析 N_2O 检测灵敏度，(b) 和 (d) CO 灵敏度分析结果

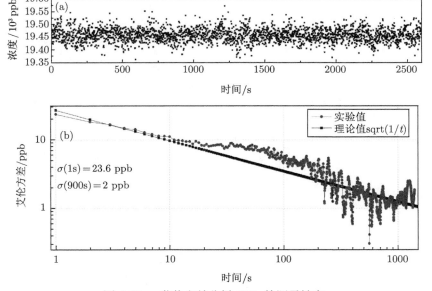

图 4.69　艾伦方差分析 CH_4 检测灵敏度

　　最后，我们对本实验室提出的近红外和中红外激光融合的多组分气体传感技术通过近似外场实测进行深入评估。该仪器系统安置在安徽大学馨苑校区内理工

E 楼三楼，利用聚乙烯塑料采样管和无油真空泵将室外大气抽入仪器样品池内，该光谱仪器在 2019 年 9 月 5 ~ 6 日之间成功实现了连续无故障运行近 48 小时，实验测量结果如图 4.70 所示。由此数据结果可见，实际大气中的 N$_2$O 浓度相对较稳定，整个测量周期内统计平均浓度约为 327ppb。CO 和 CH$_4$ 浓度波动范围较大，从每天 6 时左右开始呈现递增趋势，其中 CO 浓度递增趋势一直延续到 16 时，浓度动态变化时间范围较长；而 CH$_4$ 最高峰出现在 8 时左右 (浓度变化范围在 1.7 ~ 3.0ppm 范围，平均浓度为 2.2ppm)，浓度动态变化时间范围较短。此外，实验结果观察到的 CO 和 CH$_4$ 浓度羽翼递增现象在连续两天的测量周期内皆呈现出一定的重复性。显然，CO 作为典型的人类污染源，与城市机动车尾气具有显著的相关性，典型地，早晨上班时间出现的交通高峰期。甲烷的高峰现象可能与城市中工业生产过程中废气排放 (如污水处理厂的废气排放) 等日常生活和生产有关。本实验观察到的两种典型大气污染之间的关联性将在未来工作中结合其他度量方法和气象参数进行深入研究。

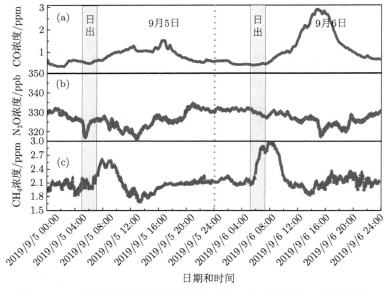

图 4.70　　实时连续测量室外大气中 CO、N$_2$O 和 CH$_4$ 气体浓度

4.9　遥感探测激光光谱技术

在各类矛盾凸显、爆恐突现的公共场所，危化品所引起的社会公共安全问题引起了社会各界的广泛重视。尤其是 2001 年美国 "9·11" 事件和 2005 年伦敦恐怖爆炸案后，如何有效快速探测易燃易爆物和化学战剂成为各国公共安全领域需

要解决的重大问题。研制快速、高效、准确的远距离危化品检测系统对于提高我国公共安全防范能力和保障人民生命安全具有重要的现实意义。

目前，国内外所采用的危化品检测技术主要有各种光谱分析技术、气相色谱技术、离子迁移谱技术、声表面波技术、微机电系统传感技术、质谱法、荧光传感技术、生物传感技术等[242]。依据检测方式主要分为接触式和非接触式两种。激光光谱分析技术用于安全检测方面，具有独特的优势：①利用不同危化品成分在红外波段具有不同的特征吸收"指纹谱"，实现不同危化品的可靠鉴别；②采用非接触式遥感或短程探测，为安检人员的人身安全提供了一定的保障。由于有机物的吸收光谱特性复杂，范围宽广呈带状分布，而传统的激光光源，如光参量振荡器 (OPO)、差频激光器 (DFG)、气体 (CO, CO_2) 激光器、染料激光器等，体积笨重、功耗高，不利于发展便携式激光传感器，且波长调谐范围有限，很难实现多个危化品成分的同时检测。因此，发展新型高效的激光危化品遥感探测技术和研发具有低成本、操作简单、响应时间、灵敏度、特异性和环境鲁棒性等技术挑战的实时化学传感器具有重要的价值和意义。

针对公共安全领域中危化品有效预警和防范的迫切需要，本课题组研制了一种基于新型量子级联激光器的危化品激光光谱遥感探测仪，仪器核心思想基于朗伯–比尔定律，通过选择具有强吸收特性的中红外光谱区，以微型的石英音叉代替传统的光电探测器，结合自行建立的集成多个算法的信号处理模型，实现了多种危化品的遥感探测与成分识别。

4.9.1 危化品 Standoff 光谱仪器描述

危化品激光光谱遥感探测仪中核心器件主要包括：激光光源、石英音叉光电探测器、反射器和望远镜结构光路等光学元器件构成的光学系统，及 AD 转化和系统通信控制单元，其中石英音叉光电探测器已在前面章节详细介绍过，在此不再赘述。光谱仪器选用的激光光源为美国 Block 公司生产的外腔式脉冲量子级联激光器 (ECQCL)，该激光器高度集成化，长、宽、高分别为 6.25 英寸、5 英寸、4.9 英寸，质量为 2kg，激光器实物图和其内部结构示意图如图 4.71 所示。该激光器可通过触摸屏手动操作，或以以太网通信协议方式，与电脑连接实现远程操作；可选择 Move、Step 和 Sweep 三种不同调谐模式实现其输出波长的扫描。该 ECQCL 激光器工作在室温条件下，可发射脉冲宽度范围为 $20 \sim 300$ ns 之间，脉冲重复率高达 3 MHz，整个波长可调谐范围为 $1130 \sim 1437$ cm^{-1}，其平均输出功率为 $0.5 \sim 20$ mW，输出功率特性如图 4.72 所示，由此图可见该激光器的功率不仅受脉冲宽度的影响，而且对脉冲重复频率亦具有很强的依赖性。

危化品激光光谱遥感探测仪的光学系统实物图如图 4.73 所示，主要包括光源、参考端和收发射端，及信号采集和分析处理单元。由于中红外 ECQCL 不可见, 系统中以人眼可见的波长为 650 nm 的红光作为指示光, 发射端通过一扩束器将出射激光准直扩束后入射到远处, 再由一个高反射器将其反射回接收端, 接收端主要由一个望远镜系统 (直径 85 mm, 焦距 300 mm) 构成, 望远镜系统焦点处放置一基于石英音叉的信号光探测器; 参考端由一个短程玻璃吸收池 (直径 25 mm, 长 29.6 cm)、CaF$_2$ 聚焦透镜 (直径 36 mm, 焦距 60 mm) 和另一个具有相同谐振频率的石英音叉参考光探测器构成。两路信号可同时输入到数据采集

(a) Lasertune™模块实物图　　　　　(b) 激光器内部Littrow型外置谐振腔结构

图 4.71　ECQCL 激光器实物图和结构示意图

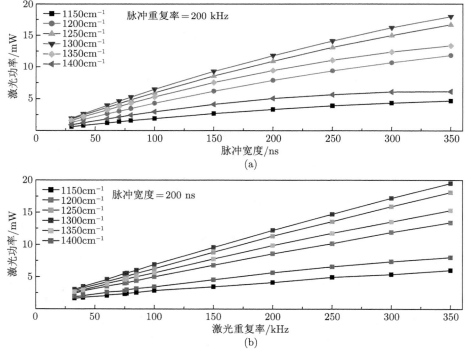

图 4.72　ECQCL 输出功率与脉冲重复率和脉冲周期的依赖特性

AD 转化设备 (NI USB-6259) 中, 最后通过 USB 通信协议传输到便携式笔记本电脑中。整个系统的控制、数据采集和分析处理, 由自行开发的基于 Labview 软件算法完成, 如图 4.74 所示, 并最终将数据存储在电脑中便于后续深入分析。双光路设计可分别用于 VOCs 吸收光谱特性研究和 VOCs 泄漏遥感探测研究, 可通过参考光路获得已知 VOCs 的参考光谱, 为信号光路获取的光谱信号提供分析参考。

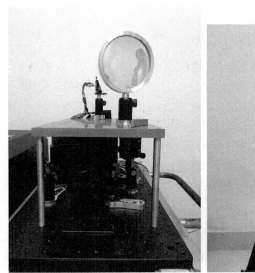

图 4.73　危化品激光光谱遥感探测仪的光学系统实物图

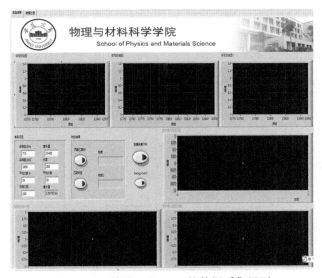

图 4.74　基于 Labview 的数据采集界面

4.9.2　信号处理算法模型

依据朗伯–比尔定律可见, 积分吸光度面积与分子数密度呈线性依赖关系, 实验中在分子吸收线强 $S(T)$、吸收光程 L 及样品温度和压力已知的条件下, 结合最小二乘拟合算法, 即可反演出待测分子数或其浓度值。显然, 对于一些分子谱线参数未知的物质, 无法通过以上理论直接反演出物质的浓度信息, 尤其是大分子有机物, 其复杂的结构, 决定了其吸收光谱呈现宽广的带状分布特性。因而, 常规的基于吸收线型模型拟合的方法无法满足大分子有机物的吸收光谱处理分析。

针对挥发性 VOCs 吸收光谱的复杂性, 本实验室开发了一套用于挥发性 VOCs 成分定性分析和浓度定量反演的算法模型, 具体流程图如图 4.75 所示。该算法首先利用美国哈佛大学建立的大气分子光谱数据库 HITRAN 和美国太平洋西北国家实验室建立的 PNNL 数据库中的数据建立一组标准的参考谱矩阵, 再将实验中测量的 VOCs 吸收光谱和自行建立的标准参考谱进行对比分析, 分析过程结合了三次样条插值算法 (CSI) 和多元线性回归算法 (MLR) 及 Levenberg-Marquard (L-M) 算法, 最终实现 VOCs 成分的定性识别和浓度的定量反演。参考谱矩阵中包含了大气中常规分子的吸收光谱和典型 VOCs 的标准参考谱, 如水汽 (H_2O)、一氧化碳、二氧化碳、甲烷、一氧化氮、一氧化二氮、二氧化二氮、乙

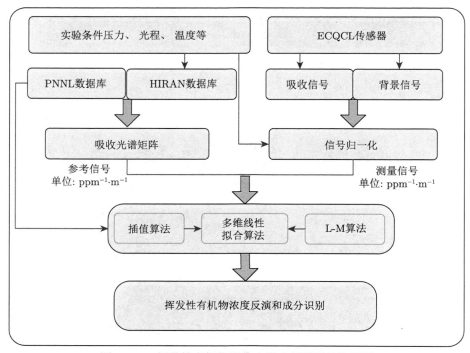

图 4.75　挥发性有机物吸收光谱分析模型的流程图

醇、乙醚、丙酮、异戊烷、异辛烷、戊烷、2–甲基–1–丁烯、甲苯、苯等。依据待测成分和应用环境的特性，参考谱成分可作相应的补充或调整。

1. 三次样条插值算法

实验中所采集的挥发性物质吸收光谱数据点数与标准参考谱点数不一致性，算法模型中采用三次样条插值算法 (Cubic Spline Interpolation Algorithm, CSI) 对实验数据进行插值处理 [243]，该算法能够得到数据点均匀增加且曲线光滑的光谱，具有数值稳定、计算简便等优点。其具体实现过程如下。

假设区间 $[a,b]$ 上有 n 个节点，$a = x_0 < x_1 < x_2 < \cdots < x_n = b$，各节点的函数值为 $f(x_i) = y_i$, $(i = 0, 1, 2, \cdots, n)$。若分段函数 $S(x)$ 满足如下条件：

(1) 插值条件，即 $S(x_j) = y_j$, $j = 0, 1, 2, \cdots, n$；

(2) 在 $[a,b]$ 上具有二阶连续导数，即 $\lim_{x \to x_j} S''(x) = S''(x_j)$, $j = 1, 2, 3, \cdots, n-1$；

(3) 在每个区间 $[x_i, x_{i+1}](i = 0, 2, 3, \cdots, n-1)$ 上是次数不大于三的多项式，则称函数 $S(x)$ 为此节点集的三次样条插值函数。

由于 $S(x)$ 在每个子区间上是一个三次多项式，有四个未知系数，$S(x)$ 共有 n 个区间，从而需要待定 $4n$ 个系数，因此在构造三次样条函数时，除了根据 $n+1$ 个插值条件和 $3n-3$ 个连续条件，还需一定的边界条件，即区间端点处的函数值或导数值满足周期性条件等。

2. 多元线性回归算法

鉴于汽油等挥发性物质的成分相对较复杂，无法直接通过以上理论直接对吸收光谱信号进行拟合处理。汽油性质的变化取决于其组成的变化，同时汽油的吸收光谱也会随着其组成化合物的种类和比例发生变化。一定波长范围内的吸收光谱数据可由多个成分吸收带叠加形成，为此通过建立基于多元线性回归算法 (Multiple Linear Regression Algorithm, MLR) 的分析模型对复杂 VOCs 吸收光谱信号进行分析处理。该算法模型以主要成分的标准谱线为自变量 X，以各成分的含量 β 为因变量参数，在要求误差平方和 ε 为最小的前提下，用最小二乘法求解各参数 [244]。

假设 X_1, X_2, $\cdots$, X_t 是 t 个已知或可精确测量的变量，如果变量 Y 与 X_1, X_2, $\cdots$, X_t 存在内在的线性关系，则它们之间的线性回归方程可表示为

$$Y = \alpha + \beta_1 X_1 + \cdots + \beta_t X_t + \varepsilon \tag{4-149}$$

其中，$\alpha, \beta_1, \cdots, \beta_t$ 为待定参数；ε 为随机误差项。

设 $\{(Y_i, X_{i1}, \cdots, X_{it}), i = 1, \cdots, t\}$ 为观察值，回归分析的首要任务是利用它们来估计 $\alpha, \beta_1, \cdots, \beta_t$ 和 ε，它们的最小二乘估计记作 $a, b_1, \cdots, b_t, \hat{\sigma}$，求估计

值 $b_1, \cdots, b_t$ 需解下面的线性方程组

$$
\begin{cases}
L_{11}b_1 + \cdots + L_{1t}b_t = L_{1Y} \\
L_{21}b_1 + \cdots + L_{2t}b_t = L_{2Y} \\
\vdots \\
L_{t1}b_1 + \cdots + L_{tt}b_t = L_{tY}
\end{cases}
\tag{4-150}
$$

其中，

$$
\begin{cases}
L_{ij} = \sum_{k=1}^{n}(X_{ki} - \bar{X}_i)(X_{kj} - \bar{X}_j), \quad i,j = 1,\cdots,t \\
L_{iY} = \sum_{k=1}^{n}(X_{ki} - \bar{X}_i)(Y_k - \bar{Y}), \quad i = 1,\cdots,t \\
X_j = \frac{1}{n}\sum_{k=1}^{n}X_{k,j}\, j = 1,\cdots,t \\
Y = \frac{1}{n}\sum_{k=1}^{n}Y_k
\end{cases}
\tag{4-151}
$$

在待分析 VOCs 样品吸收光谱信号 Y 与其主要成分的标准谱线 X 已知的情况下，结合公式 (4-150)、(4-151) 求得的 $b_1, \cdots, b_t$ 即为各成分所占的比例系数，然后代入 $a = Y - b_1X_1 - \cdots - b_tX_t$，得出 a 建立回归方程。此外，还可以获得 $\hat{\sigma}$ 的值，通过方差分析可以检验回归方程的可信度 [245]。

3. 莱文贝格–马夸特算法

莱文贝格–马夸特算法 (Levenberg-Marquardt Algorithm) 能提供非线性最小化的数值解。与拟牛顿 (Quasi-Newton) 方法一样，Levenberg-Marquardt (L-M) 算法被设计成在不需要计算海瑟 (Hessian) 矩阵的情况下接近二阶训练速度。当性能函数具有平方和的形式时，那么 Hessian 矩阵可以近似为

$$
\boldsymbol{H} = \boldsymbol{J}^{\mathrm{T}}\boldsymbol{J}
\tag{4-152}
$$

梯度可以计算为

$$
\boldsymbol{g} = \boldsymbol{J}^{\mathrm{T}}\boldsymbol{e}
\tag{4-153}
$$

其中，$\boldsymbol{J}$ 为雅可比 (Jacobi) 矩阵，包含网络误差相对于权重和偏差的一阶导数，$\boldsymbol{e}$ 是网络误差的向量。Jacobi 矩阵可以通过标准的反向传播技术计算，这比计算 Hessian 矩阵要简单得多。L-M 算法在以下类似牛顿的更新中使用了对 Hessian 矩阵的近似：

$$
x_{k+1} = x_k - [\boldsymbol{J}^{\mathrm{T}}\boldsymbol{J} + \mu\boldsymbol{I}]^{-1}\boldsymbol{J}^{\mathrm{T}}\boldsymbol{e}
\tag{4-154}
$$

当标量 μ 为零时, 即变为使用近似 Hessian 矩阵的牛顿法。当 μ 较大时, 变为小步长的梯度下降法。牛顿法在误差最小值附近更快、更精确, 因此实际迭代计算过程中总是尽可能向牛顿法逼近。有关 L-M 算法的详细介绍, 可参考原始参考文献 [246]。

为了检验以上所述的多算法挥发性有机物光谱分析模型的可靠性, 在实验室条件下利用样品吸收池进行了多种 VOCs 混合物检测分析研究 [247,248]。实验中利用商业化高纯乙醇 (99.7%)、丙酮 (99.5%) 和乙醚 (99.7%) 溶液, 自行配制了不同比例的混合物样品, 基于以上所述挥发性有机物吸收光谱分析的算法模型, 通过对乙醇、丙酮和乙醚三种 VOCs 的混合物进行实验分析研究, 图 4.76 给出了浓度分别为 2.58%、4.03% 和 3.60% 的实验结果图, 及拟合出的各个成分的吸收光谱图, 结果分析显示水汽含量相对比较低, 仅为 0.07%, 与高纯度样品中水汽含量具有很好的一致性。此外, 大量的实验数据分析结果表明, 理论拟合计算结果和实验测量结果具有很好的一致性, 部分吸收峰的精细结构存在一定差异, 主要是 ECQCL 激光器线宽较宽所致。

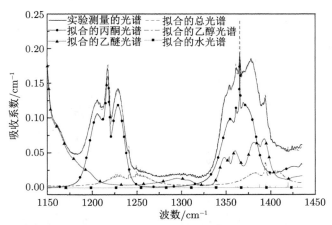

图 4.76 实验测量的乙醇、丙酮和乙醚不同混合比的 VOCs 吸收谱及其拟合结果

此外, 通过开展汽油中复杂 VOCs 成分定性识别和定量分析研究, 以深入评估危化品光谱仪和算法模型的可靠性。首选对某站点采集的 95#(原 97#) 汽油样本进行光谱研究, 实验中未对样品进行任何预处理, 直接将其挥发性气体充入吸收池内, 并通过室内空气混合到 1atm 压力下, 在整个激光波长调谐范围内, 实验测得的吸收谱如图 4.77 所示 (黑色曲线)。信号分析中, 首先利用三次样条插值算法将实验光谱分辨率提高到与标准谱一样, 再利用多元线性回归算法对其成分进行归属分析。从图中可以看出该汽油样本吸收光谱在 $1200 \sim 1275 \ \mathrm{cm^{-1}}$ 之间有较强吸收峰, 经分析, 主要对应汽油中含氧化合物醇类和醚类的特征吸收带, 即醇类

的 O—H 键和 C—O 键特征性伸缩振动吸收，同时对应于醚类的 C—O—C 双键。另外，在 1383 cm^{-1} 附近对应烷烃甲基的特征吸收峰，即—CH$_3$ 的对称弯曲振动吸收。根据各成分吸收峰的位置特征，我们结合 PNNL 数据库中异戊烷、异辛烷、戊烷、2-甲基-1-丁烯、甲苯、苯和乙醇的标准光谱，最终拟合的总成分吸收谱 (红色曲线)，以及各主要成分独自吸收谱特性亦给出在图中 (上面板)，图 4.77(下面板) 亦给出了拟合残差 (实验值–拟合值)，结果显示两者吻合较好，总体上，样本吸收光谱与拟合谱线的相对偏差在 ±0.002 以内，部分数据点之间的较大差异主要是波长位置的非完全匹配引起的。此外，由此结果图可见，1200 ~ 1300 cm^{-1} 和 1325 ~ 1425 cm^{-1} 两个光谱范围之间大的吸收轮廓主要是乙醇的吸收峰，而异戊烷、异辛烷、戊烷、2-甲基-1-丁烯、甲苯、苯等其他成分的吸收峰主要位于 1383 cm^{-1} 附近。

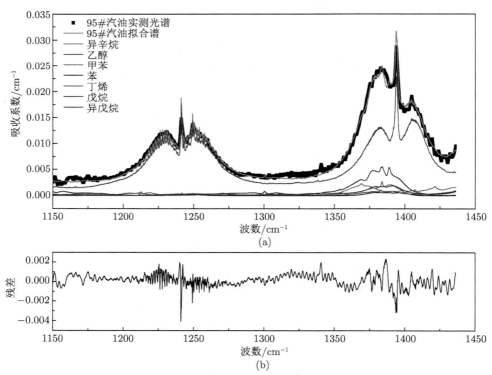

图 4.77　95# 汽油样本实验测得的吸收光谱及拟合结果 (彩图请扫封底二维码)

图 4.78 给出从不同站点获取的 92#(原 93#) 汽油样本分析结果 (以 92#A 命名)，其对应的红外吸收光谱存在明显差异。在相同的光谱范围内，92#A 汽油样本与上述 95# 汽油样本有着近似相同的光谱吸收特性。因此，光谱分析中我们

同样选用异戊烷、异辛烷、戊烷、2–甲基–1–丁烯、甲苯、苯作为汽油样本中的次要成分对 92#A 汽油样本的吸收光谱进行拟合，拟合结果显示两者具有很好的一致性。类似上述 95# 汽油样本，乙醇仍然是 92#A 汽油样本的主要成分，但是从 1383 cm^{-1} 和 1389 cm^{-1} 处吸收峰变化情况可见，异戊烷、甲苯和 2–甲基–1–丁烯等次要成分在 92#A 汽油样本中的比重具有显著的不同。

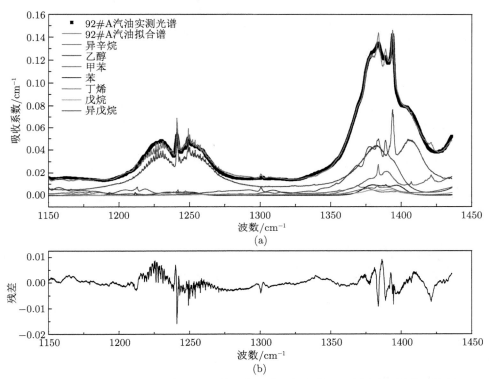

图 4.78　92#A 汽油样本实验测得的吸收光谱及拟合结果 (彩图请扫封底二维码)

　　图 4.79 给出的是从另一不同站点获取的 92# 汽油样本分析结果 (以 92#B 来命名)，93#B 汽油样本的吸收光谱与上述 95# 和 92#A 两种汽油样本在 1200 cm^{-1} 处的光谱线型差异较大。从拟合分析结果可见，1200 ∼ 1250 cm^{-1} 光谱范围内的吸收峰主要对应乙醇、丙酮与乙基叔丁基醚三种物质，而 1350 ∼ 1400 cm^{-1} 范围内的吸收光谱特性与 92#A 样本也有所不同，主要是各种成分的比重不同所致。相比较上述 95# 和 92#A 两种汽油样本，92#B 汽油样本中可能由于添加了含有丙酮、乙基叔丁基醚等成分的添加剂，从而使得其成分更加复杂。

　　通过上述拟合分析得出实验中研究的三种汽油样本中的主要成分及其对应的

相对比例统计结果已公开报道[249]。基于吸收光谱法的危化品光谱仪实验分析汽油中主要成分与相关文献报道基本上一致，如陆思华等[250]利用气相色谱法分析得到汽油蒸气中主要成分含量较高的有异戊烷、异辛烷、戊烷、2-甲基-1-丁烯、甲苯、苯、正丁烷等，胡华北等[251]采用气相色谱柱切换-反吹技术分析得到汽油中的主要醚醇类含氧化合物有乙醇、乙基叔丁基醚等，其检测用时为 25 min。值得指出的是采用新型量子级联激光光谱检测技术，在无需对样品进行预处理的情况下，即可实现汽油成分的快速归属 (测量分析处理时间总计约 6 min) 和比重分析。总体实验体现基于吸收光谱法的危化品光谱仪在挥发性有毒有害气体分析方面具有显著的优势。

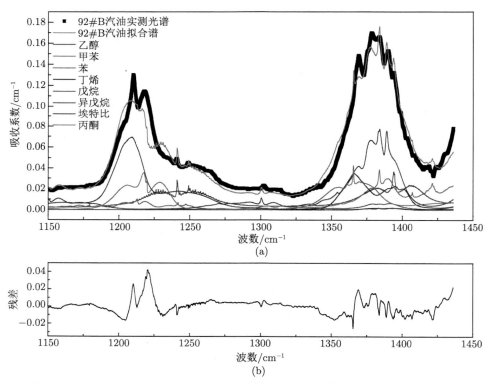

图 4.79 92#B 汽油样本实验测得的吸收光谱及拟合结果 (彩图请扫封底二维码)

4.9.3　开放式遥感探测

通过以上基于吸收池的实验和分析结果，总体上验证了所建立的挥发性有机物吸收光谱分析算法模型的可靠性。为了进一步检验危化品激光光谱仪的遥感探测性能，在实验室外走廊开展了开放式 VOCs 泄漏监测模拟实验。实验中将不同成分的 VOCs 溶液倒入一个开放的玻璃器皿 (直径 16 cm, 高度 2.5 cm), 并将其

置于光谱仪之外 $0 \sim 40$ m 处, 距离地面高度为 1 m, ECQCL 激光束穿过玻璃器皿中 VOCs 挥发出来的气团后, 由一反射装置将出射光束反射回光谱仪, 反射装置由一块 2 英寸镀金膜的反射镜 $(0.8 \sim 20$ μm 波长范围反射率 > 96%) 和三脚架组成, 模拟实验示意图如图 4.80 所示。

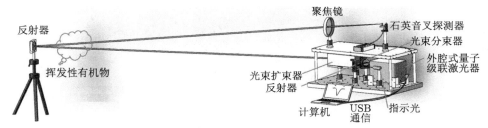

图 4.80 开放式监测 VOCs 泄漏模拟实验示意图

开放式遥感探测危化品挥发物最大的挑战是绝对浓度的反演问题, 因无法确定实际光束与挥发物气团的相互作用有效距离, 故无法反演出气体的绝对浓度值。鉴于挥发物气团是通过将 VOCs 混合溶液倒入开放的玻璃器皿中人工产生, 而激光光束从玻璃器皿上表面来回穿过两次, 故实验中假设实际吸收光程为玻璃器皿的两倍直径 (即 16 cm×2)。因而, 以下实验中反演出的 VOC 各成分浓度, 皆是基于假定有效吸收光程为 32 cm。

1. 扫描波长模式

尽管挥发性有机物种类繁多且光谱特性较为复杂, 但是每个 VOC 成分都具有其独特的指纹光谱。为此, 开放式模拟泄漏实验中, 首先以已知乙醇和丙酮样品分别进行独立检测, 实验过程中多次测量的吸收光谱及其与 PNNL 数据库对比结果分别如图 4.81 和图 4.82 所示。尽管实验测量的 VOC 吸收光谱信噪比比以上样品池中的结果差得多, 主要是受大气湍流效应和 VOC 自身的挥发过程的影响, 但是实验观测的乙醇和丙酮吸收光谱总体轮廓与标准谱仍然具有很好的一致性。

鉴于实际应用中 VOCs 成分的复杂性, 及各个成分之间的潜在干扰性。实验中通过配制不同比率的乙醇 (120 ml)、丙酮 (80 ml) 和乙醚 (40 ml) 混合溶液, 并将混合溶液倒入开口器皿中, 从而产生混合物 VOCs 挥发气团。该实验中, 盛有混合物溶液的器皿和反射器放置在距离光谱仪 40 m 远处。图 4.83 给出了实验测量的 $1140 \sim 1300$ cm^{-1} 之间混合物气团吸收光谱图、标准参考谱及其拟合结果图。由此图可知, 乙醚的强吸收区主要位于 $1140 \sim 1180$ cm^{-1} 之间, 丙酮强吸收区主要位于 $1180 \sim 1250$ cm^{-1} 之间, 而乙醇在该调谐范围内吸收强度相对较弱, 主要位于 $1210 \sim 1270$ cm^{-1} 之间。尽管各个 VOC 成分吸收光谱之间存在不同程度的重叠效应, 但是通过本项目建立的挥发性有机物光谱处理算法模型, 可有

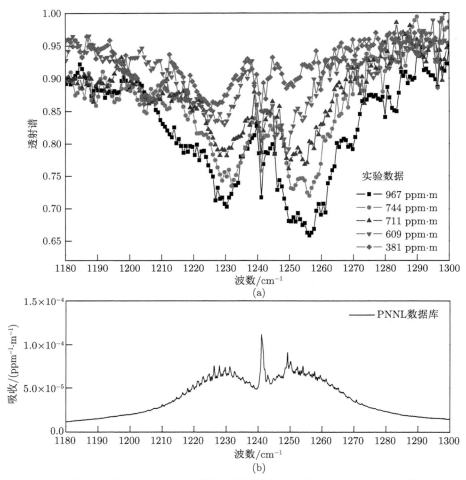

图 4.81   开放式 (30 m) 测量的乙醇挥发气团吸收光谱及与 PNNL 参考光谱比较图

效地将各个 VOC 成分吸收光谱分离出来。由于受 VOCs 自身挥发过程和大气湍流效应的影响, 实验光谱中出现部分明显的 "伪吸收峰" 结构, 同时亦可见乙醇在 1240 cm^{-1} 附近的吸收峰被明显地观察到, 且通过自行建立的模型算法清晰地恢复出来 [252]。

2. 固定波长模式

研究发现虽然乙醇、丙酮和乙醚三种挥发物吸收光谱存在一定程度的重叠效应, 但是每个成分仍然存在各自独特的 "指纹区", 例如 1150 cm^{-1}、1217 cm^{-1} 和 1250 cm^{-1} 三个波长处分别对应乙醚、丙酮和乙醇的强吸收, 且各自之间吸收干扰影响较小。为此, 本课题组开展了固定波长模式下的实验研究, 即利用此三个

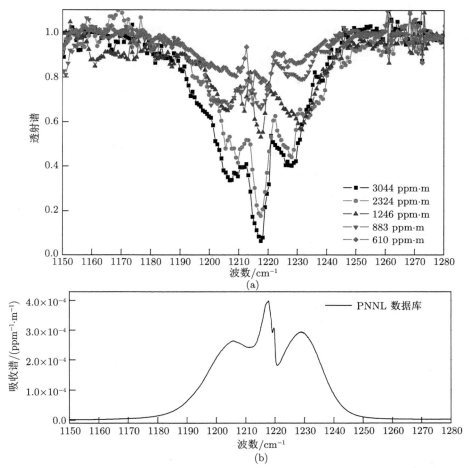

图 4.82　开放式 (30 m) 测量的丙酮挥发气团吸收光谱及与 PNNL 参考光谱比较图

不同固定波长进行乙醚、丙酮和乙醇三种 VOCs 的有效鉴别研究。类似以上开放式检测混合物挥发气团实验，首先将激光器发射波长固定在 1150 cm^{-1} 处，然后依次测量无挥发物气团的空气背景信号，再将盛有不同 VOC 的器皿放入激光光路中以产生人造 VOC 挥发物气团，并进行固定波长模式下的信号测量，整个实验过程采样率设定为 10 Hz，图 4.84(左上面板) 给出了相关实验结果示例，结果显示无吸收的空气背景下，QCTF 探测器接收的信号最强，当放入盛有乙醚的溶液时，ECQCL 出射光被乙醚 VOC 挥发气团吸收，光强衰减，对应 QCTF 探测器的信号变小，由于乙醇和丙酮在 1150 cm^{-1} 处几乎无吸收，故当放入盛有乙醇和乙醚的溶液时，QCTF 探测器的信号几乎不变。同理，图 4.84(左面板) 分别给出了 ECQCL 波长固定在 1250 cm^{-1} 和 1217 cm^{-1} 时，对应三种不同 VOCs 时 QCTF

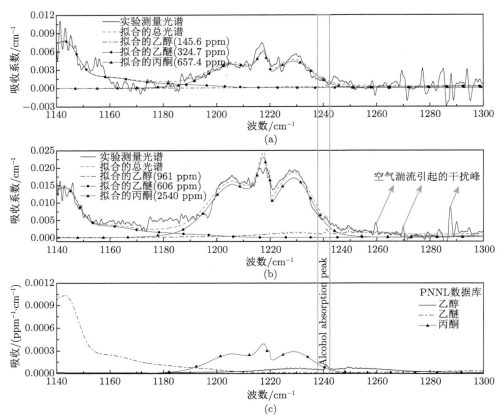

图 4.83　开放式 (40 m) 测量乙醇、丙酮和乙醚混合物气团吸收光谱、标准参考谱及其拟合
结果图

探测器的信号变化情况。由图可见, $1217~\mathrm{cm}^{-1}$ 固定波长模式时, 此处主要对应丙酮的强吸收, 乙醚和乙醇处于尾翼的弱吸收区, 故对应丙酮挥发气团时的光强衰减最大, 对应 QCTF 探测器输出信号最小; 而 $1250~\mathrm{cm}^{-1}$ 固定波长模式时, 对应乙醇的强吸收, 光强变化量最大, QCTF 探测器输出的电压信号最小, 此波长处对应乙醚和丙酮的尾翼弱吸收, 相应光强变化量相对较小。图 4.84(右面板) 分别给出了各自对应的平均结果, 该结果清晰地显示了不同固定波长模式下, 有无挥发物气团和不同挥发物气团时, QCTF 探测器输出信号的变化情况。此结果有效证明了可利用三种不同固定波长实现乙醚、丙酮和乙醇三种不同 VOC 的快速有效识别[253]。

　　遥感探测或 Standoff 探测技术在国防和公共安全领域具有潜在的优势。本实验室在安徽省科技厅科技攻关项目的支持下, 在国内率先开展了基于石英音叉的全电磁辐射波段响应的新型光电探测器研究, 以红外激光吸收光谱为检测方法, 以新型外腔式量子级联激光器为激发光源, 研制了一种新型的危化品激光光谱遥感探测仪, 通过选择挥发性有机物具有强吸收特性的中红外波长, 结合自行建立的集成多个算法的信号处理算法模型, 分别在扫描波长模式和固定波长模式下, 开展了危化品的遥感探测与成分识别研究。以典型的乙醇、丙酮和乙醚三种 VOC 为研究对象, 在 $30 \sim 40\text{m}$ 距离范围内, 尽管受到大气湍流效应和 VOC 挥发过程的影响, 在扫描波长模式下, 实验测量的 VOC 吸收光谱与标准数据库的参考谱具有很好的一致性, 结合自行建立的 VOC 光谱处理算法, 有效地识别出 VOC 混合物吸收光谱的各自独立成分; 在固定波长模式下, 通过选择每个 VOC 所具有的独特 "指纹峰", 亦能实现乙醇、丙酮和乙醚三种 VOC 的有效鉴别, 且采样率可达 10 Hz 以上。实验结果显示团队所建立的新型危化品激光光谱遥感探测仪, 在激光最大输出功率 < 3 mW 的条件下, 探测距离可实现 100 m 以上。

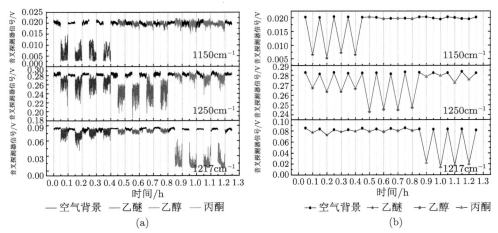

图 4.84　固定波长模式下实时测量 VOCs 混合物气团结果 (彩图请扫封底二维码)

(a) 10Hz 采样率; (b) 平均结果

　　未来研究中, 通过采用具有更高谐振频率的石英音叉探测器, 可提高激光器的有效输出功率, 或者将石英音叉光电探测器封装在低压或真空环境中, 以提高其谐振增强效应[254], 以及选择高功率激光光源等其他方法或探测技术, 以期实现更高灵敏度探测[255-258]。此外, 通过选用更高速采样率的模数 (A/D) 转换器和可快速扫描的 ECQCL 光源[259], 可减小大气湍流效应和 VOCs 挥发过程的影响, 从而快速实现更高灵敏度和更远距离的危化品泄漏监测等应用。鉴于危化品有机物的强吸收波段主要位于中红外区域, 而中红外光源的光束质量相比于较成熟的通信波段近红外激光光束质量较差, 以及散射角度的影响[260], 导致散射光收集效率非常低, 尽管可通过采用大口径望远镜接收系统 (如美国 Pranalytica, Inc. 研制的基于高功率 CO_2 激光器的爆炸物探测系统), 但是相对代价

较高 [261]。目前，国际上相关研究主要还是借助于具有高反射率的靶面 (如铝板和镜面等)，将出射光反射回发射端，如美国橡树岭国家实验室 (Oak Ridge National Laboratory) 研制的爆炸物高光谱成像系统 [262]，印度激光科学与技术中心 (Laser Science and Technology Center) 研制的有毒物质探测系统 [263]，美国西北太平洋国家实验室 (Pacific Northwest National Laboratory) 研制的化学传感器系统 [264]，以及美国陆军研究实验室 (U.S. Army Research Laboratory) 报道的爆炸物实验检测装置 [265]，最终完全通过从原始目标物收集散射光的方式实现远距离遥感探测危化品 (尤其是粉末状爆炸物, 如 TNT, RDX 和 HMX 等) 仍然具有很高的挑战性 [266,267]。

4.10　多频调制石英音叉增强型光谱

在前面的章节中，我们介绍过一种基于石英音叉谐振和压电效应的新型光电探测器。由于石英音叉谐振频率具有一定的响应分布范围。理论上，可同时使用多个调制的激光光束激发石英音叉共振，当用于激光器调制的电子学硬件频率带宽足够精细时，可将调制频率间隔进一步压窄，使其尽可能接近中心共振频率，以减小共振增强因子的损耗，即可实现多个不同激光光源分别对应的多个不同气体分子的同时测量。鉴于近红外半导体激光器的光纤耦合输出特性和傅里叶变换在频谱分析中的强大优势，本课题组报道了一种基于 "多频调制的石英音叉增强型光谱技术" [268]。鉴于水汽、二氧化碳、硫化氢和甲烷四种分子在大气环境和工业生产等行业中的重要影响，故此实验中选择了此四种分子为研究对象，其近红外吸收光谱分布特性如图 4.85 所示。

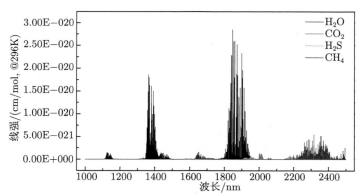

图 4.85　水汽、二氧化碳、硫化氢和甲烷分子近红外吸收光谱分布特性
(彩图请扫封底二维码)

如图 4.86 所示为基于三频调制的石英音叉增强型多组分气体探测系统装置

示意图,基于光谱理论模拟结果,实验中选择了三个不同中心波长的 DFB 半导体激光器, 中心波长分别为 1391 nm,1574 nm,1653 nm, 分别用于 H_2O, CO_2, CH_4 三种分子的光谱测量,选择的三种分子跃迁谱线线强相对都较弱,从 HITRAN 数据库查阅可知其线强分布在 $10^{-23} \sim 10^{-21}$cm/mol. 量级上, 用于 CO_2 分子检测的 1574 nm 激光器可同时用于 H_2S 分子的光谱测量。相应激光器和相应分子光谱参数如表 4.15 所总结归纳。

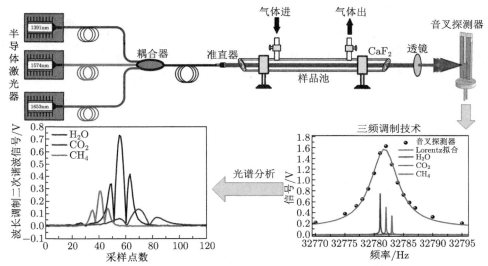

图 4.86   三频调制石英音叉增强型多组分光谱探测系统示意图 (彩图请扫封底二维码)

表 4.15   选择的不同激光器及对应的检测分子和线强

分子	波长/nm	波数/cm^{-1}	线强/(cm/mol.)
H_2O	1391.67276	7185.59728	5.931×10^{-22}
	1391.6729	7185.59655	1.977×10^{-22}
CO_2	1574.03395	6353.10312	1.134×10^{-23}
H_2S	1573.93068	6353.51996	4.36×10^{-23}
CH_4	1653.72254	6046.96359	1.455×10^{-21}
	1653.72582	6046.9516	9.277×10^{-22}
	1653.7283	6046.9425	7.877×10^{-22}

为了实现分子吸收光谱的测量,首先对选择的三个激光光源的光谱输出特性进行研究。图 4.87 给出了所选择的三个激光器在部分工作温度条件下的波长输出范围随驱动电压的变化特性。依据此实验结果,可见通过设定激光器工作温度分别为 $T = 33℃, 30℃, 30℃$, 可实现固定温度下 H_2O,CO_2 和 CH_4 三种分子在单个电流/电压调谐周期范围内的光谱测量。图 4.88 展示了相应工作温度下的各个激光器功率响应和发射谱分布特性 (OSA, Yokogawa AQ6370C)。结果显示水

分子相应的激光器出射功率最高可达 45mW；二氧化碳和甲烷分子对应的激光器出射功率相对较弱，最高功率分别约为 20mW 和 8mW。此外，由三个激光器的发射谱可见，虽然边模抑制比皆在 60dB 左右，但是激光器的强度噪声相对偏高，主要来源于实验室自制的激光控制器电子学噪声限制。

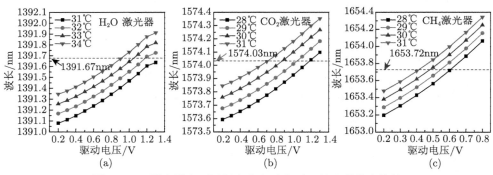

图 4.87   激光器在不同温度和驱动电压下的光谱输出特性

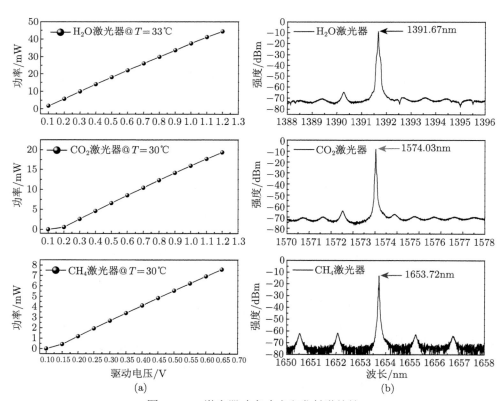

图 4.88   激光器功率响应和发射谱特性

鉴于 H_2O、CO_2 和 CH_4 三种分子在近红外波段吸收谱线线强相对较弱,本实验中通过结合波长调制二次谐波探测技术来进一步增强系统灵敏度。石英音叉光电探测器共振频率带宽通常在 5Hz 左右,本实验中选择的石英音叉中心共振频率 $f_0 = 32781.73Hz$,室温和 1atm 大气压下的品质因子 $Q = 8335$。考虑到 CO_2 分子吸收谱线最弱,对应该分子激光器的调制频率选择在最佳中心频率 f_0 处,近似为 32782Hz;以 1Hz 的频率分辨间隔,H_2O 分子激光器的调制频率 $f_1 = 32781Hz$,而 CH_4 分子激光器的调制频率 $f_2 = 32783Hz$。为了检测多频调制同时探测的可行性,首先利用各个激光器在单一调制信号下进行单个光谱信号的测量,如图 4.89(a) 和 (b) 分别为三个激光器各自独立工作的条件下,石英音叉探测到的时域信号和傅里叶变换后的频谱信号。当三个激光器输出的激光光束同时入射在石英音叉光电探测器表面时,探测器输出的时域信号和相应的频谱信号分别如图 4.89(c) 和 (d) 所示。结果显示时域信号根本无法分辨各个激光器信号,而频域下各个激光器的频谱信号清晰可分,傅里叶分析结果与已知调制频率具有非常好的一致性,进而证明了基于多频调制的石英音叉增强型光谱技术的可靠性。

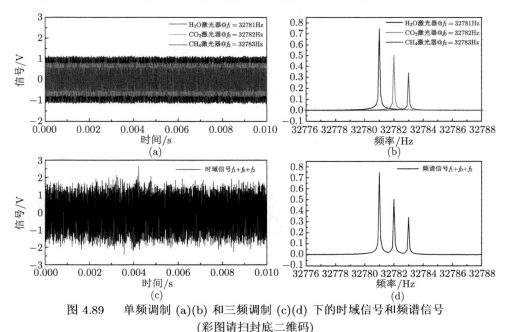

图 4.89 单频调制 (a)(b) 和三频调制 (c)(d) 下的时域信号和频谱信号
(彩图请扫封底二维码)

基于石英音叉光电探测器的波长调制谐波探测,激光器的调制频率应该设置为 f/n,其中 f 为音叉谐振频率,n 为所选择的谐波阶数。在二次谐波探测方法中,激光器的调制频率需要设定为所选择的共振频率的一半,即 H_2O,CO_2 和 CH_4 三个激光器的调制频率分别选择为:$f_1/2 = 16390.5$ Hz,$f_0/2 = 16391.0$ Hz,

$f_2/2 = 16391.5$ Hz。此外，二次谐波探测中光谱信号对调制信号的调制振幅具有显著的依赖特性，故开展了深入的调制振幅依赖性实验研究，实验测量的结果如图 4.90 所示。据此结果，综合考虑压力展宽效应的影响，最终选择的最佳采样压力 $P = 245$ mbar，在此压力条件下，H_2O, CO_2 和 CH_4 三种分子二次谐波光谱最佳调制振幅分别为 0.025V, 0.07V 和 0.02 V。在此获得的最佳压力条件下，进行了二次谐波信号对激光入射功率的响应特性，如图 4.91 所示，在各个激光器功率可调谐输出范围之内，相应三种分子二次谐波信号的幅值与探测器表面激光功率之间具有非常好的线性响应特性。

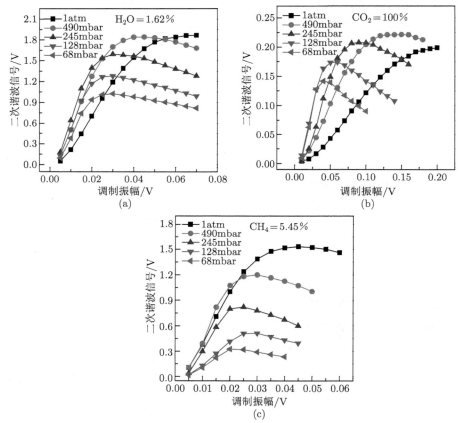

图 4.90　　各个分子不同采样压力下的二次谐波信号对调制振幅的依赖特性

　　在调制参数和采样压力参数最佳化之后，对三种分子的二次谐波信号幅值与其浓度之间的响应特性进行了独立研究。由于空气中 H_2O 分子的含量相对较高，波长为 1391.67nm 的激光器在吸收池 ($L = 50$cm) 之外的自由空间具有大约 12cm 的光程，由此产生了一定的背景吸收信号。在实验研究的短时间内，可

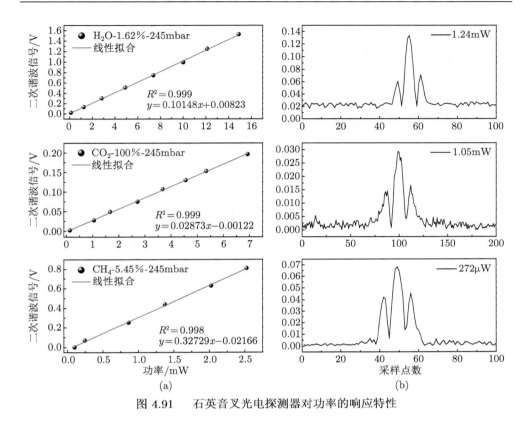

图 4.91　石英音叉光电探测器对功率的响应特性

认为空气中 H_2O 的含量近似不变, 通过考虑和不考虑吸收池之外背景空气吸收效应, 两种情况下获得的 H_2O 二次谐波信号皆具有良好的线性响应, 如图 4.92 所示。至于空气中 CO_2 和 CH_4 的含量相对非常低, 故其背景吸收效应非常微弱, 完全可忽略不作考虑。依据类似的实验流程, 实验测量的 CO_2 和 CH_4 二次谐波信号与其浓度之间的依赖关系分别如图 4.93 和图 4.94 所示。最终, 可得出结论: 基于多频调制技术的实验增强型谐波探测光谱技术与传统的基于半导体探测器的波长调制光谱具有相同的特性, 说明该技术完全可用于混合成分的同时测量。

图 4.95 给出了在波长扫描模式下, H_2O 浓度为 0.011%, CO_2 浓度为 67%, CH_4 浓度为 1.93%, 其余为氮气 (N_2) 成分的混合气体样品实验测量结果, 同时亦给出了各个分子理论模拟的二次谐波信号, 结果显示理论和实验具有很好的匹配度。为了评估该探测系统的测量精度, 最后将三种分子对应的激光器固定在各个分子吸收线中心位置, 即固定波长模式下, 对此样品进行了实时连续测量, 时间分辨率为 1Hz, 部分测量结果如图 4.96(上面板) 所示。采用 Allan-Werle 偏差分析方法对连续测量的数据进行统计分析[269], 获得各个分子测量精度随信号积分

时间的响应曲线如图 4.96 (下面板) 所示。最终, 以 H_2O、CO_2 和 CH_4 三种分子为例, 基于多频调制策略的石英增强型光谱多组分探测系统的灵敏度归纳总结在表 4.16 中, 并与部分文献报道的基于常规单频调制探测方法和锁相解调技术的实验系统进行了对比分析。鉴于不同光谱系统实验条件的差异性, 实验结果绝对灵敏

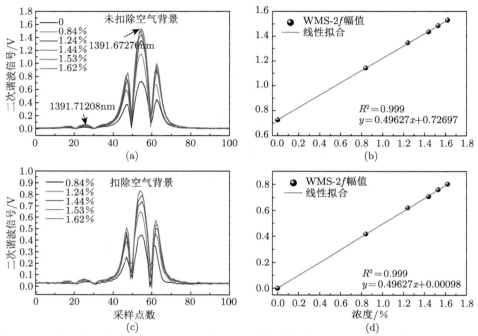

图 4.92 不考虑 (a)(b) 和考虑 (c)(d) 吸收池外背景吸收情况下水分子二次谐波信号与其浓度之间的关系 (彩图请扫封底二维码)

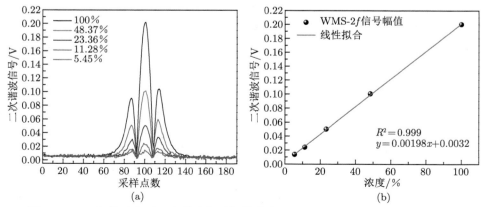

图 4.93 二氧化碳分子二次谐波信号与其浓度之间的关系 (彩图请扫封底二维码)

度和换算成归一化噪声等价吸收系数 (Normalized Noise Equivalent Absorption Coefficient，NNEA) 的形式进行了比较。由表格数据对比可见，本课题组提出的基于多频调制和快速傅里叶解调算法的石英音叉增强型光谱多组分探测技术可完全或超越常规实验系统的灵敏度。

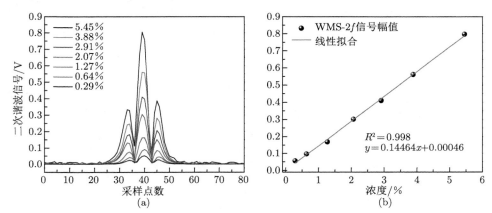

图 4.94　　甲烷分子二次谐波信号与其浓度之间的关系 (彩图请扫封底二维码)

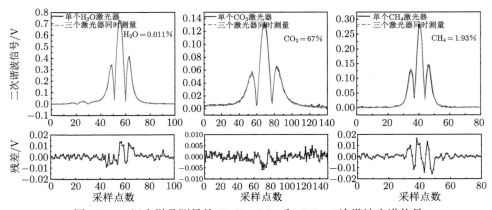

图 4.95　　混合样品测量的 H_2O、CO_2 和 CH_4 二次谐波光谱信号

鉴于石英音叉光电探测器谐振特性对环境压力和激发光功率的依赖性，可通过将其封装在低压或真空环境中，提高其谐振增强因子 Q 值，以及结合光纤功率放大器，提高激发光源的有效光功率，以期实现信号幅值的增加和系统灵敏度的提高。尽管在此报道的仅仅是石英音叉光电探测器在波长调制光谱中的应用，实际上石英音叉的多频共振属性，可将多频调制技术推广到其他光谱技术中，如石英增强型光声光谱。总而言之，相比于传统的时分多路、频分复用、多个探测器组合的探测系统，基于多频调制石英音叉增强型光谱的气体传感技术具有成本低、

易便携性和较高实用性等显著优势，为发展超连续光谱范围高灵敏度、高精度、小型化多组分气体传感器提供一定的参考价值。

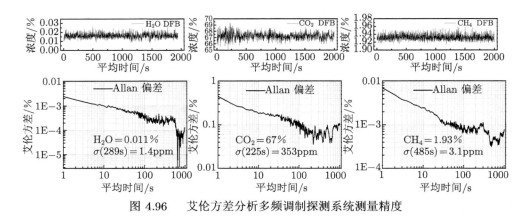

图 4.96   艾伦方差分析多频调制探测系统测量精度

表 4.16   多频调制探测系统灵敏度及相关比较

分子	波长/μm	功率/mW	灵敏度/ppm	归一化噪声等价吸收系数 ($cm^{-1}W/Hz^{1/2}$)	参考文献
H_2S	1.58	38.3	9.1	5.3×10^{-9}	270
CO_2	1.58	37.9	123	4.0×10^{-9}	
CH_4	1.65	16.0	0.5	3.7×10^{-9}	
CH_4	1.653	11	79	—	
H_2O	1.369	—	1.3	—	271
C_2H_2	1.53	12	5.0	—	
C_2H_2	1.532	12	1.0	—	272
CH_4	1.653	11	13.14	—	
H_2O	1.391	14.9	1.4	2.65×10^{-10}	
CO_2	1.574	6.93	353	8.09×10^{-10}	268
H_2S	1.573	6.93	92	—	
CH_4	1.653	2.52	3.1	8.28×10^{-10}	

注："—"代表结果未知，无法查询。

4.11   磁旋转光谱法

针对瞬态分子和激发态分子寿命很短和化学活性强等特性，而衍生出一种比较具有前景的高灵敏度光谱技术，即所谓的磁旋转光谱法 (Magnetic Rotation Spectroscopy，MRS)。基于塞曼效应、斯塔克效应和法拉第效应等物理效应，利用外部磁场对具有顺磁性分子进行选择性的测量。磁旋转光谱法于 20 世纪 80 年代由诺贝尔奖获得者美国 Rice 大学 Curl 教授领导的团队首次报道[273]，该光谱技术利用分子的特定电偶极矩与外部电场之间相互作用，大气中众多分子，例如，氨、硝酸和一氧化氮、甲醛、过氧化氢、氟化氢、氧、OH 自由基等都显示出永久的电偶极矩[274]，这种相互作用可导致磁性样品分子的能级产生分裂和移位，从而实现针对特定分子的选择性探测，可有效避免非顺磁性分子产生的吸收干扰，如典型的大气干扰物水汽。图 4.97 为典型的磁旋转光谱实验装置原理示意图，其主要包括可调谐激光光源、两个偏振镜分别作为起偏器和检偏器、环绕有螺旋线圈的样品吸收池、螺旋线圈驱动器、光电探测器、前置放大器和锁相放大器等实验设备和器件。样品吸收池的外围环绕有一定长度的螺旋线圈，用于产生磁场。螺旋线圈驱动器包括函数发生器和振荡电路，函数发生器产生的正弦波信号通过振荡电路加载到螺旋线圈产生变化的交流磁场，且使得正弦波的频率等于高频振荡电路的共振频率。当入射光束经过起偏器后变成偏振光进入样品池，吸收池内有具有顺磁性的气体分子在纵向磁场的作用下，与顺磁性分子发生磁效应相互作用后其偏振面将发生法拉第旋转。经法拉第旋转的出射光通过检偏器后由光电探测器检测。由于磁场的周期性变化，所以经过检偏器后的光强亦受到相应波形的调制。最后，类似于波长调制光谱技术，通过锁相放大器在调制频率处对光电探测器检测的光信号进行解调，即可得到法拉第磁旋转光谱信号。法拉第磁场强度与螺旋线圈电流之间具有一定线性依赖特性，虽然强的磁场会产生强的法拉第磁旋转光谱信号，强的磁场亦会引入过高的电磁噪声。对于固定样品浓度，样品池内不同压力条件下，顺磁性分子具有不同的分子数，使得法拉第磁旋转光谱信号对样品压力亦具有一定的依赖性。此外，检偏器的角度直接影响透射光透过检偏器的光强度大小，当检偏器的角度很小时，即近似与起偏器垂直的条件下，透过检偏器的光强将会很微弱，从而磁旋转光谱信号较弱；当检偏器的角度较大，虽然透过检偏器的光强增加，但是相应的光学噪声亦增大，因此，实际应用过程中，需要选择最佳的检偏器角度以获得最佳的光谱信噪比。可见，从本质上来说，磁

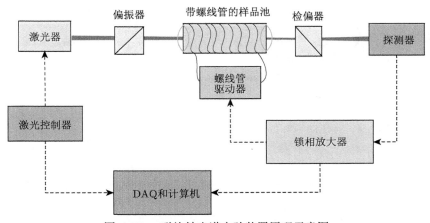

图 4.97　磁旋转光谱实验装置原理示意图

旋转光谱也是属于调制光谱范畴，其光谱信号形状类似于波长调制光谱中的谐波信号，同样属于一种间接的光谱技术，且对调制过程中的相关参数具有显著的依赖性。

近年来，磁旋转光谱的高选择性和零背景特性，使其在大气物理化学和光化学反应及瞬态光谱等方面得到广泛的应用。1984 年，Sasada 利用 1.23 μm 波段的半导体激光器结合斯塔克调制光谱法实验研究了 NH_3 分子 $2\nu_1 + \nu_4$ 带 P 支光谱跃迁 [275]。1995 年，Smith 等报道了用于检测气态 NO_2 局部浓度的调频增强磁旋转光谱仪，并在实验室条件下获得了 20 ppm 的检测限 [276]。两年后，Brecha 等利用 762 nm 波段附近的半导体二极管激光器研究了氧分子的磁旋转光谱 [277]。在 2009 年，Sabana 等利用法拉第调制光谱技术，结合 5.4 μm 附近连续模式分布反馈量子级联激光器，实现了用于同时检测一氧化氮分子及其同位素的高灵敏度、选择性探测 [278]，^{15}NO 的检出限 (1σ) 为 6 ppb $/\sqrt{Hz}$，^{14}NO 的检出限为 62 ppb $/\sqrt{Hz}$。以 100 ppm NO 气体为检测分析对象，在 800 s 最佳平均时间的条件下，获得了同位素比 $(\delta^{15}N)$ 的测量精度 (1σ) 为 0.52‰。紧随其后，Kluczynski 等亦报道了一种类似的基于室温连续波分布反馈量子级联激光器的法拉第调制光谱技术，在 5.33 μm 波段和 1 s 的响应时间内获得了 NO 分子 4.5 ppb 的检测极限 [279]。此外，普林斯顿大学的 Wysocki 教授及其合作者利用不同类型激光光源 (VCSEL 和 QCL) 亦开展了法拉第旋转光谱法痕量气体 (O_2，NO 和 OH 自由基) 高灵敏度检测方面的研究 [280,281]。针对 OH 自由基在大气化学中的重要性，Zhao 等利用 2.8μm 波段分布反馈式半导体激光器和法拉第旋转调制技术 [282,283]，在 25cm 光程的单通池和 100ms 锁相积分时间条件下，获得了散粒噪声极限条件下 OH 自由基测量灵敏度为 8.2×10^8 rad/cm^3。

参 考 文 献

[1] HINKLEY E D. High-resolution infrared spectroscopy with a tunable diode laser[J]. Appl. Phys. Lett., 1970, 15: 351-354.

[2] PHILIPPE L C, HANSON R K. Laser diode wavelength-modulation spectroscopy for simultaneous measurement of temperature, pressure, and velocity in shock-heated oxygen flows[J]. Appl. Opt., 1993, 32: 6090-6103.

[3] ZAHNISER M S, NELSON D D, MCMANUS J B, et al. Measurement of trace gas fluxes using tunable diode laser spectroscopy[J]. Phil. Trans. R. Soc. Lond. A, 1995, 351: 371-382.

[4] CASSIDY D T, REID J. Atmospheric pressure monitoring of trace gases using tunable diode lasers[J]. Appl. Opt., 1982, 21: 1185-1190.

[5] FEHÉR M, MARTIN P A. Tunable diode laser monitoring of atmospheric trace gas constituents[J]. Spectrochim. Acta A, 1995, 51: 1579-1599.

[6] FRIED A, HENRY B, WERT B, et al. Laboratory, ground-based and airborne tunable diode laser systems performance characteristics and applications in atmospheric studies[J]. Appl. Phys. B, 1998, 67: 317-330.

[7] LINNERUD I, KASPERSEN P, JAEGER T. Gas monitoring in the process industry using diode laser spectroscopy[J]. Appl. Phys. B, 1998, 67: 297-305.

[8] LACKNER M. Tunable diode laser absorption spectroscopy (TDLAS) in the process industries-a review[J]. Rev. Chem. Eng., 2007, 23: 65-147.

[9] CURL R F, CAPASSO F, GMACHL C, et al. Quantum cascade lasers in chemical physics[J]. Chem. Phys. Lett., 2010, 487: 1-20.

[10] GRIFFIS T J. Tracing the flow of carbon dioxide and water vapor between the biosphere and atmosphere: a review of optical isotope techniques and their application[J]. Agric. For. Meteorol., 2013, 174-175: 85-109.

[11] MCCURDY M R, BAKHIRKIN Y, WYSOCKI G, et al. Recent advances of laser-spectroscopy based techniques for applications in breath analysis[J]. J. Breath Res., 2007, 1: 014001.

[12] 李萌, 郭金家, 叶旺全, 等. 基于微型多次反射腔的 TDLAS 二氧化碳测量系统 [J]. 光谱学与光谱分析, 2018, 38(3): 697-701.

[13] WITZEL O, KLEIN A, WAGNER S, et al. High-speed tunable diode laser absorption spectroscopy for sampling-free in-cylinder water vapor concentration measurements in an optical IC engine[J]. Appl. Phys. B, 2012, 109: 521-532.

[14] JATANA G S, NAIK S V, SHAVER G M, et al. High-speed diode laser measurements of temperature and water vapor concentration in the intake manifold of a diesel engine[J]. International J of Engine Research, 2014, 15(7): 773-788.

[15] KRANENDONK L A, WALEWSKI J W, KIM T, et al. Wavelength-agile sensor applied for HCCI engine measurements[J]. Proceedings of the Combustion Institute, 2005, 30: 1619-1627.

[16] NORTHERN J H, O'HAGAN S, FLETCHER B, et al. Mid-infrared multi-mode absorption spectroscopy using interband cascade lasers for multi-species sensing[J]. Optics Letters, 2015, 40: 4186-4189.

[17] REIN K D, ROY S, SANDERS S T, et al. Multispecies absorption spectroscopy of detonation events at 100 kHz using a fiber-coupled, time-division-multiplexed quantum-cascade-laser system[J]. Applied Optics, 2016, 55(23): 6256-6262.

[18] LI J S, DURRY G, COUSIN J, et al. Self-broadening coefficients and positions of acetylene around 1.533 μm studied by high-resolution diode laser absorption spectrometry[J]. Journal of Quantitative Spectroscopy and Radiative Transfer, 2010, 111: 2332-2340.

[19] LI J S, DURRY G, COUSIN J, et al. Self-induced pressure shift and temperature dependence measurements of CO_2 at 2.05 micron with a tunable diode laser spectrometer[J]. Spectrochimica Acta Part A, 2012, 85: 74-78.

[20] LI J S, DURRY G, COUSIN J, et al. Tunable diode laser measurement of pressure-induced shift coefficients of CO_2 around 2.05 μm for Lidar application[J]. Journal of

Quantitative Spectroscopy & Radiative Transfer, 2011, 112: 1411-1419.

[21] DURRY G, LI J S, VINOGRADOV I, et al. Near infrared diode laser spectroscopy of C_2H_2, H_2O, CO_2 and their isotopologues and the application to TDLAS, a tunable diode laser spectrometer for the Martian PHOBOS-Grunt space mission[J]. Applied Physics B, 2010, 99: 339-351.

[22] LI J S, JOLY L, COUSIN J, et al. Diode laser spectroscopy of two acetylene iso-topologues ($^{12}C_2H_2$, $^{13}C^{12}CH_2$)in the 1.533 μm region for the PHOBOS-Grunt space mission[J]. Spectrochimica Acta Part A, 2009, 74: 1204-1208.

[23] France's National Centre for Space Research. http://smsc.cnes.fr/PHOBOS/index.htm.

[24] Stanford Research Systems (USA). http:www.thinksrs.com.

[25] Terahertz Technologies Inc (USA). http:www.teratec.us.

[26] KLUCZYNSKI P, GUSTAFSSON J, LINDBERG S M, et al. Wavelength modulation absorption spectrometry-an extensive scrutiny of the generation of signals[J]. Spectrochimica Acta Part B Atomic Spectroscopy, 2001, 56(8): 1277-1354.

[27] O'HAVER T C. Derivative and wavelength modulation spectrometry[J]. Anal. Chem., 1979, 51: 91A-100A.

[28] BJORKLUND G C. Frequency-modulation spectroscopy: a new method for measuring weak absorption and dispersion lineshapes[J]. Opt. Lett., 1980, 5: 15-17.

[29] BJORKLUND G C, LEVENSON M D, LENTH W, et al. Frequency modulation (FM) spectroscopy-theory of lineshapes and signal-to-noise analysis[J]. Appl. Phys. B, 1983, 32: 145-152.

[30] GAO X, FAN H, HUANG T, et al. Natural gas pipeline leak detector based on NIR diode laser absorption spectroscopy[J]. Spectrochimica Acta Part A, 2006, 65: 133-138.

[31] SCHILT S, THÉVENAZ L, ROBERT P. Wavelength modulation spectroscopy: combined frequency and intensity laser modulation[J]. Applied Optics, 2003, 42(33): 6728-6738.

[32] WAHLQUIST H. Modulation broadening of unsaturated lorentzian lines[J]. J. Chem. Phys., 1961, 35: 1708-1710.

[33] ARNDT R. Analytical line shapes for lorentzian signals broadened by modulation[J]. J. Appl. Phys., 1965, 36: 2522-2524.

[34] WILSON G. Modulation broadening of NMR and ESR line shapes[J]. Journal of Applied Physics, 1963, 34(11): 3276-3285.

[35] FADDEYEVA V N, TERENT'EV N M. Tables of the Probability Integral for Complex Argument[M]. London: Pergamon Press, 1961.

[36] HUMLICEK J. An efficient method for evaluation of the complex probability function: the Voigt function and its derivatives[J]. J. Quant. Spectrosc. Radiat. Transfer, 1978, 21: 309-313.

[37] SILVER J A. Frequency-modulation spectroscopy for trace species detection: theory and comparison among experimental methods[J]. Appl. Opt., 1992, 31(6): 707-717.

[38] REID J, LABRIE D. Second-harmonic detection with tunable diode lasers-comparison of experiment and theory[J]. Appl. Phys. B, 1981, 26: 203-210.

[39] CHERNYSHOV A K, CHERNYSHOVA E A. Diode-laser derivative spectroscopy without lock-in amplifier[J]. Physics of Wave Phenomena, 2011, 19(2): 89-92.

[40] LI H, RIEKER G B, LIU X, et al. Extension of wavelength-modulation spectroscopy to large modulation depth for diode laser absorption measurements in high-pressure gases[J]. Applied Optics, 2006, 45(5): 1052-1061.

[41] SUN K, CHAO X, SUR R, et al. Analysis of calibration-free wavelength scanned wavelength modulation spectroscopy for practical gas sensing using tunable diode lasers[J]. Meas. Sci. Technol., 2013, 24: 125203 (12pp).

[42] SEYEDALI H S, ALIREZA K. Apodized $2f/1f$ wavelength modulation spectroscopy method for calibration-free trace detection of carbon monoxide in the near-infrared region: theory and experiment[J]. Appl. Phys. B, 2014, 116: 521-531.

[43] SCHWARM K K, STRAND C L, MILLER V A, et al. Calibration-free breath acetone sensor with interference correction based on wavelength modulation spectroscopy near 8.2 μm[J]. Appl. Phys. B, 2020, 126: 9.

[44] CHEN K, LIU S, MEI L, et al. An auto-correction laser photoacoustic spectrometer based on $2f/1f$ wavelength modulation spectroscopy[J]. Analyst, 2020, 145: 1524-1530.

[45] DENG H, LI M X, HE Y B, et al. Laser heterodyne spectroradiometer assisted by self-calibrated wavelength modulation spectroscopy for atmospheric CO_2 column absorption measurements[J]. Spectrochimical Acta Part A, 2020, 230: 118071.

[46] RIEKER G B, JEFFRIES J B, HANSON R K. Calibration-free wavelength-modulation spectroscopy for measurements of gas temperature and concentration in harsh environments[J]. Appl Opt., 2009, 48(29): 5546-5560.

[47] QU Z, GHORBANI R, VALIEV D, et al. Calibration-free scanned wavelength modulation spectroscopy application to H_2O and temperature sensing in flames[J]. Opt Express, 2015, 23(12): 16492-9.

[48] GUSTAFSSON J, AXNER O. 'Intelligent' triggering methodology for improved detectability of wavelength modulation diode laser absorption spectrometry applied to window-equipped graphite furnaces[J]. Spectrochim Acta Part B, 2003, 58(1): 143-152.

[49] GOLDENSTEIN C S, STRAND C L, SCHULTZ I A, et al. Fitting of calibration-free scanned-wavelength-modulation spectroscopy spectra for determination of gas properties and absorption lineshapes[J]. Appl. Opt., 2014, 53(3): 356-367.

[50] KLUCZYNSKI P, AXNER O. Theoretical description based on fourier analysis of wavelength-modulation spectrometry in terms of analytical and background signals[J]. Appl. Opt., 1999, 38(27): 5803-5815.

[51] KLUCZYNSKI P, LINDBERG A M, AXNER O. Characterization of background signals in wavelength-modulation spectrometry in terms of a fourier based theoretical formalism[J]. Appl. Opt., 2001, 40(6): 770-782.

[52] SUN K, CHAO X, SUR R, et al. Wavelength modulation diode laser absorption spec-

troscopy for high-pressure gas sensing[J]. Appl. Phys. B, 2013, 110: 497-508.

[53] LI J, PARCHATKA U, KÖNIGSTEDT R, et al. Real-time measurements of atmospheric CO using a continuous-wave room temperature quantum cascade laser based spectrometer[J]. Optics Express, 2012, 20: 7590-7601.

[54] LI J, PARCHATKA U, FISCHER H. Development of field-deployable real time QCL spectrometer for simultaneous detection of ambient N_2O and CO[J]. Sensors and Actuators B,2013, 182: 659-667.

[55] LI J, REIFFS A, PARCHATKA U, et al. In situ measurements of atmospheric CO and its correlation with NOx and O_3 at a rural mountain site[J]. Metrology and Measurement Systems, 2015, XXII(1): 631-638.

[56] O'KEEFE A, DEACON D A G. Cavity ringdown optical spectrometer for absorption measurements using pulsed laser sources[J]. Rev. Sci. Instrum., 1988, 59(12): 2544-2551.

[57] MAZURENKA M, ORR-EWING A J, PEVERALL R, et al. Cavity ring-down and cavity enhanced spectroscopy using diode lasers[J]. Annu. Rep. Prog. Chem., Sect. C, 2005, 101: 100-142.

[58] O'KEEFE A, SCHERER J J, PAUL J B, et al. Cavity-Ring down Laser Spectroscopy History, Development, and Applications[M]. Washington DC: American Chemical Society, 1999.

[59] ENGELN R, BERDEN G, PEETERS R, et al. Cavity enhanced absorption and cavity enhanced magnetic rotation spectroscopy[J]. Rev. Sci. Instrum., 1998, 69(11): 3763-3769.

[60] O'KEEFE A. Integrated cavity output analysis of ultra-weak absorption[J]. Chem. Phys. Lett., 1998, 293(5-6): 331-336.

[61] MALARA P, WITINSKI M F, CAPASSO F, et al. Sensitivity enhancement of off-axis ICOS using wavelength modulation[J]. Appl. Phys. B, 2012, 108: 353-359.

[62] MAISONS G, CARBAJO P G, CARRAS M, et al. Optical-feedback cavity-enhanced absorption spectroscopy with a quantum cascade laser[J]. Opt. Lett., 2010, 35(21): 3607-3609.

[63] BERGIN A G V, HANCOCK G, RITCHIE G A D, et al. Linear cavity optical-feedback cavity-enhanced absorption spectroscopy with a quantum cascade laser[J]. Opt. Lett.,2013, 38(14): 2475-2477.

[64] SALTER R, CHU J, HIPPLER M. Cavity-enhanced Raman spectroscopy with optical feedback cw diode lasers for gas phase analysis and spectroscopy[J]. Analyst, 2012, 137: 4669-4676.

[65] HAYDEN J, WESTBERG J, PATRICK C L, et al. Frequency-locked cavity ring-down Faraday rotation spectroscopy[J]. Opt. Lett., 2018, 43: 5046-5049.

[66] GAGLIARDI G, LOOCK H P. Cavity-Enhanced Spectroscopy and Sensing[M]. Berlin: Springer, 2014.

[67] ZHANG L, TIAN G, LI J, et al. Applications of absorption spectroscopy using quantum

cascade lasers[J]. Applied Spectroscopy, 2014, 68(10): 1095-1107.

[68] CUI X, LENGIGNON C, TAO W, et al. Photonic sensing of the atmosphere by absorption spectroscopy[J]. Journal of Quantitative Spectroscopy & Radiative Transfer, 2012, 113(11): 1300-1316.

[69] PAKHOMYCHEVA L A, SVIRIDENKOV E A, SUCHKOV A F, et al. Line structure of generation spectra of lasers with inhomogeneous broadening of the amplification line[J]. JETP Lett., 1970, 12(2): 60-63.

[70] PETERSON N C, KURYLO M J, BRAUN W, et al. Enhancement of absorption spectra by dye-laser quenching[J]. J. Opt. Soc. Am., 1971, 61(6): 746-750.

[71] THRASH R J, WEYSSENHOFF H V, SHIRK J S. Dye laser amplified absorption spectroscopy of flames[J]. J. Chem. Phys., 1971, 55(9): 4659-4660.

[72] BOLLER K J, SCHRÖDER T. Demonstration of broadband intracavity spectroscopy in a pulsed optical parametric oscillator made of β-barium borate[J]. Opt. Soc. Am. B, 1993, 10: 1778-1784.

[73] BAEV V M, ESCHNER J, PAETH E, et al. Intra-cavity spectroscopy with diode lasers[J]. Applied Physics B, 1992, 55(6): 463-477.

[74] BYKOV A D, KAPITANOV V A, NAUMENKO O V, et al. The laser spectroscopy of highly excited vibrational states of $HD^{16}O$[J]. Journal of Molecular Spectroscopy, 1992, 153: 197-207.

[75] BÖHM R, STEPHANI A, BAEV V M, et al. Intracavity absorption spectroscopy with a Nd^{3+}-doped fiber laser[J]. Opt. Lett., 1993, 18(22): 1955-1957.

[76] GILMORE D A, CVIJIN P V, ATKINSON G H. Intracavity absorption spectroscopy with a titanium: sapphire laser[J]. Opt. Commun., 1990, 77: 385-389.

[77] BAEV V M, DUBOV V P, SVIRIDENKOV É A. Enhancement of the sensitivity of intracavity laser spectroscopy by the use of neodymium glass lasers[J]. Sov. J. Quantum Electron., 1985, 15(12): 1648.

[78] SIERKS J, LATZ T, BAEV V M, et al. Proceedings of the 1996 European Quantum Electronics Conference IEEE[C]. 8-13 September, 1996, Hamburg.

[79] MÉLIÈRES M A, CHENEVIER M, STOECKEL F. Intensity measurements and self-broadening coefficients in the γ band of O_2 at 628 nm using intracavity laser-absorption spectroscopy (ICLAS)[J]. Journal of Quantitative Spectroscopy and Radiative Transfer, 1985, 33(4): 337-345.

[80] CAMPARGUE A, ROMANINI D, SADEGHI N. Measurement of density in a discharge by intracavity laser absorption spectroscopy and CW cavity ring-down spectroscopy[J]. Journal of Physics D, 1998, 31: 1168.

[81] GARNACHE A, KACHANOV A A, STOECKEL F, et al. High-sensitivity intracavity laser absorption spectroscopy with vertical-external-cavity surface-emitting semiconductor lasers[J]. Opt. Lett., 1999, 24: 826-828.

[82] BERTSEVA E, KACHANOV A A, CAMPARGUE A. Intracavity laser absorption spectroscopy of N_2O with a vertical external cavity surface emitting laser[J]. Chemical

Physics Letters, 2002, 351: 18-26.

[83]　NAUMENKO O V, MAZZOTTI F, LESHCHISHINA O M, et al. Intracavity laser absorption spectroscopy of D_2O between 11400 and $11900cm^{-1}$[J]. Journal of Molecular Spectroscopy, 2007, 242(1): 1-9.

[84]　RAHINOV I, GOLDMAN A, CHESKIS S. Intracavity laser absorption spectroscopy and cavity ring-down spectroscopy in low-pressure flames[J]. Appl. Phys. B, 2005, 81: 143-149.

[85]　HARREN F J M, BIJNEN F G C, REUSS J. Sensitive intracavity photoacoustic measurement with a CO_2 waveguide laser[J]. Appl. Phys. B, 1990, 50: 137-144.

[86]　于清旭, 王艺, 刘中凡, 等. 双能级跃迁 CO 激光器腔内光声光谱测量 [J]. 大连理工大学学报, 1995, 2: 258-262.

[87]　RÖPER, J, CHEN G, HESS P. Intracavity photoacoustic resonance spectroscopy of C_2H_4[J]. Applied Physics B, 1987, 43: 57-59.

[88]　HIPPLER M, MOHR C, KEEN K A, et al. Cavity-enhanced resonant photoacoustic spectroscopy with optical feedback cw diode lasers: a novel technique for ultratrace gas analysis and high-resolution spectroscopy[J]. J. Chem. Phys., 2010, 133: 044308.

[89]　WOOD R W. The anomalous dispersion of sodium vapour[J]. Proceedings of the Royal Society of London, 1901, 69: 157-171.

[90]　HASSON V, FARMER A J D, NICHOLLS R W. Application of dispersion techniques to molecular band intensity measurements: I. Principles of fringe shift and fringe slope band analysis procedures[J]. J. Phys. B, 1972, 5(1): 7-15 .

[91]　TZANNIS A P, LEE J C, BEAUD P, et al. OH concentration measurements by resonant holographic interferometry and comparison with direct numerical simulations[J]. Flow Turbul. Combus., 2000, 64(3): 183-196.

[92]　SHURGALIN M, PARKINSON W H, YOSHINO K, et al. Precision measurements of sodium-sodium and sodium-noble gas molecular absorption[J]. Meas. Sci. Technol., 2000, 11(6): 730-737.

[93]　ROSCHDESTWENSKY D. Anomale dispersion im natriumdampf[J]. Ann. Phys., 1912, 344(12): 307-345.

[94]　MOSCHELLA J J, HAZELTON R C, KEITZ M D. Resonant, heterodyne laser interferometer for state density measurements in atoms and ions[J]. Rev. Sci. Instrum., 2006, 77(9): 93-108.

[95]　GROSS R, CHODZKO R, TURNER E, et al. Measurements of the anomalous dispersion of HF in absorption[J]. IEEE J. Quantum Electron., 1980, 16(7): 795-798.

[96]　DUVAL A B, MCINTOSH A I. Measurement of oscillator strength by tunable laser interferometry[J]. Journal of Physics D, 1980, 13(9): 1617-1624.

[97]　MARCHETTI S, SIMILI R. Measurement of the refractive index dispersion around an absorbing line[J]. Optics Communications, 2005, 249: 37-41.

[98]　WERLE P. Spectroscopic trace gas analysis using semiconductor diode lasers[J]. Spectrochimica Acta A, 1996, 52(8): 805-822.

[99]   FOLTYNOWICZ A, MA W, AXNER O. Characterization of fiber-laser-based sub-
       Doppler NICE-OHMS for quantitative trace gas detection[J]. Optics Express, 2008,
       16(19): 14689-14702.

[100] WYSOCKI G, WEIDMANN D. Molecular dispersion spectroscopy for chemical sens-
       ing using chirped mid-infrared quantum cascade laser[J]. Opt. Express, 2010, 18(25):
       26123-26140.

[101] NIKODEM M, WEIDMANN D, WYSOCKI G. Chirped laser dispersion spectroscopy
       with harmonic detection of molecular spectra[J]. Applied Physics B, 2012, 109: 477-483.

[102] NIKODEM M, WYSOCKI G. Molecular dispersion spectroscopy-new capabilities in
       laser chemical sensing[J]. Ann. N.Y. Acad. Sci., 2012, 1260: 101-111.

[103] NIKODEM M, WYSOCKI G. Chirped laser dispersion spectroscopy for remote open-
       path trace-gas sensing[J]. Sensors, 2012, 12: 16466-16481.

[104] TOLL J S. Causality and the dispersion relation: logical foundations[J]. Physical Review
       Journals Archive, 1956, 104: 1760.

[105] NIKODEM M, WEIDMANN D, SMITH C, et al. Signal-to-noise ratio in chirped laser
       dispersion spectroscopy[J]. Optics Express, 2012, 20(1): 644-653.

[106] CARLSON A B, CRILLY P B. Communication Systems: An Introduction to Signal
       and Noise in Electrical Communication[C]. McGraw-Hill Higher Education, 2010.

[107] MA L, WANG Z, CHEONG K P, et al. Mid-infrared heterodyne phase-sensitive disper-
       sion spectroscopy in flame measurements[J]. Proceedings of the Combustion Institute,
       2019, 37: 1329-1336.

[108] ABBAS M A, DIJK L V, JAHROMI K E, et al. Broadband time-resolved absorption
       and dispersion spectroscopy of methane and ethane in a plasma using a mid-infrared
       dual-comb spectrometer[J]. Sensors, 2020, 20(23): 6831.

[109] BELL A G. On the production and reproduction of sound by light[J]. Am. J. Sci., 1880,
       20: 305-324.

[110] VIENGEROV M L. New method of gas analysis based on Tyndall Roentgen opto-
       acoustic effect[J]. Dokl. Akad. Nauk SSSR, 1938, 19: 687-688.

[111] KERR E L, ATWOOD J G. The laser illuminated absorptivity spectrophone: a method
       for measurement of weak absorptivity in gases laser wavelength[J]. Appl. Opt., 1968,7(5):
       915-922.

[112] HARREN F J M, REUSS J, WOLTERING E J, et al. Photoacoustic measurements
       of agriculturally interesting gases and detection of C_2H_4 below the ppb level[J]. Appl.
       Spectrosc., 1990, 44(8): 1360-1368.

[113] BERNEGGER S, SIGRIST M W. CO-laser photoacoustic spectroscopy of gases and
       vapours for trace gas analysis[J]. Infrared Phys. Technol., 1990, 30: 375-429.

[114] MIKLOS A, HESS P. Modulated and pulsed photoacoustics in trace gas analysis[J].
       Anal. Chem., 2000, 72(1): 30A-37A.

[115] BOZOKI Z, SNEIDER J, GINGL Z, et al. A high sensitivity, near infrared tunable diode
       laser based photoacoustic water vapour detection system for automated operation[J].

Meas. Sci. Technol., 1999, 10: 999-1003.

[116] YU C S, KUNG A H. Grazing-incidence periodically poled LiNbO$_3$ optical parametric oscillator[J]. J. Opt. Soc. Am. B-Opt. Phys., 1999, 16: 2233-2238.

[117] PALDUS B A, SPENCE T G, ZARE R N, et al. Photoacoustic spectroscopy using quantum-cascade lasers[J]. Opt. Lett., 1999, 24(3): 178-180.

[118] BARBIERI S, PELLAUX J P, STUDEMANN E, et al. Gas detection with quantum cascade lasers: An adapted photoacoustic sensor based on Helmholtz resonance[J]. Rev. Sci. Instrum., 2002, 73(6): 2458-2461.

[119] KOSTEREV A A, TITTEL F K. Chemical sensors based on quantum cascade lasers[J]. IEEE J. Quantum Electron., 2002, 38(6): 582-591.

[120] TAM A C. Ultra Sensitive Laser Spectroscopy[M]. New York: Academic press, 1983.

[121] ROOTH R A, VERHAGE A J L, WOUTERS W. Photoacoustic measurement of ammonia in the atmosphere: influence of water vapor and carbon dioxide[J]. Appl. Opt., 1990, 29(25): 3643-3653.

[122] HAMMERICH M, OLAFSSON A, HENNINGSEN J. Photoacoustic study of kinetic cooling[J]. Chem. Phys., 1992, 163: 173-178.

[123] TRUSLER J P M. Physical Acoustics and Metrology of Fluids[M]. Bristol: Series in Measurement Science and Technology, 1991.

[124] JACKSON W B, AMER N M, BOCCARA A C, et al. Photother-mal deflection spectroscopy and detection[J]. Appl. Opt., 1981, 20(8): 1333-1344.

[125] TAM A C. Applications of photoacoustic sensing techniques[J]. Rev. Mod. Phys., 1986, 58(2): 381-431.

[126] ROSENCWAIG A. Photoacoustics and Photoacoustic Spectroscopy[M]. New York: Wiley and sons, 1980.

[127] MIKLOS A, HESS P, BOZOKI Z. Application of acoustic resonators in photoacoustic trace gas analysis and metrology[J]. Rev. Sci. Instrum., 2001, 72(4): 1937-1955.

[128] KAMM R D. Detection of weakly absorbing gases using a resonant optoacoustic method[J]. J. Appl. Phys., 1976, 47(8): 3550-3558.

[129] MEHL J B, MOLDOVER M R. Precision acoustic measurements with a spherical resonator: Ar and C$_2$H$_4$[J]. J. Chem. Phys., 1981, 74(7): 4062-4077.

[130] KARBACH A, HESS P. High precision acoustic spectroscopy by laser excitation of resonator modes[J]. J. Chem. Phys., 1985, 83(3): 1075-1084.

[131] MIKLOS A, LÄORINCZ A. Windowless resonant acoustic chamber for laser photoacoustic applications[J]. Appl. Phys. B ,1989, 48: 213-218.

[132] DEWEY C F. Design of Optoacoustic Systems//Pao Y-A. Optoacoustic Spectroscopy and Detection[M]. New York: Academic Press, 1977.

[133] CALASSO I G, FUNTOV V, SIGRIST M W. Analysis of isotopic CO$_2$ mixtures by laser photoacoustic spectroscopy[J]. Appl. Opt., 1997, 36(15): 3212-3216.

[134] HENNINGSEN J, MELANDER N. Sensitive measurement of adsorption dynamics with nonresonant gas phase photoacoustics[J]. Appl. Opt., 1997, 36(27): 7037-7045.

[201] LEE S S, RIED R P, WHITE R M. Piezoelectric cantilever microphone and microspeaker[J]. Journal of Microelectromechanical Systems, 1996, 5(4): 238-242.

[202] LIU K, CAO Y, WANG G, et al. A novel photoacoustic spectroscopy gas sensor using a low cost polyvinylidene fluoride film[J]. Sensors and Actuators B: Chemical, 2018, 277: 571-575.

[203] CHEN K, YU Z, YU Q, et al. Fast demodulated white-light interferometry-based fiber-optic Fabry–Perot cantilever microphone[J]. Optics letters, 2018, 43(14): 3417-3420.

[204] KUUSELA T, KAUPPINEN J. Photoacoustic gas analysis using interferometric cantilever microphone[J]. Applied Spectroscopy Reviews, 2007, 42(5): 443-474.

[205] PELTOLA J, VAINIO M, HIETA T, et al. High sensitivity trace gas detection by cantilever-enhanced photoacoustic spectroscopy using a mid-infrared continuous-wave optical parametric oscillator[J]. Optics Express, 2013, 21(8): 10240-10250.

[206] LEDERMANN N, BABOROWSKI J, SEIFERT A, et al. Piezoelectric cantilever microphone for photoacoustic gas detector[J]. Integrated Ferroelectrics, 2001, 35: 177-184.

[207] LAURILA T, CATTANEO H, PÖYHÖNEN T, et al. Diode laser-based photoacoustic spectroscopy with interferometrically-enhanced cantilever detection[J]. Optics Express, 2005, 13(7): 2453-2458.

[208] LAURILA T, CATTANEO H, PÖYHÖNEN T, et al. Cantilever-based photoacoustic detection of carbon dioxide using a fiber-amplified diode laser[J]. Applied Physics B, 2006, 83(2): 285-288.

[209] KOSKINEN V, FONSEN J, ROTH K, et al. Cantilever enhanced photoacoustic detection of carbon dioxide using a tunable diode laser source[J]. Applied Physics B, 2007, 86(3): 451-454.

[210] CATTANEO H, LAURILA T, HERNBERG R. Photoacoustic detection of oxygen using cantilever enhanced technique[J]. Applied Physics B, 2006, 85(2): 337-341.

[211] UOTILA J. Comparison of infrared sources for a differential photoacoustic gas detection system[J]. Infrared Physics & Technology, 2007, 51(2): 122-130.

[212] UOTILA J, KAUPPINEN J. Fourier transform infrared measurement of solid-, liquid-, and gas-phase samples with a single photoacoustic cell[J]. Applied spectroscopy, 2008, 62(6): 655-660.

[213] KUUSELA T, PEURA J, MATVEEV B A, et al. Photoacoustic gas detection using a cantilever microphone and III–V mid-IR LEDs[J]. Vibrational spectroscopy, 2009, 51(2): 289-293.

[214] HIRSCHMANN C B, KOIVIKKO N S, RAITTILA J, et al. FT-IR-cPAS-new photoacoustic measurement technique for analysis of hot gases: a case study on VOCs[J]. Sensors, 2011, 11(5): 5270-5289.

[215] SIEVILÄ P, CHEKUROV N, RAITTILA J, et al. Sensitivity-improved silicon cantilever microphone for acousto-optical detection[J]. Sensors and Actuators A, 2013, 190: 90-95.

[216] HIRSCHMANN C B, SINISALO S, UOTILA J, et al. Trace gas detection of benzene, toluene, p-, m-and o-xylene with a compact measurement system using cantilever

enhanced photoacoustic spectroscopy and optical parametric oscillator[J]. Vibrational Spectroscopy, 2013, 68: 170-176.

[217] LENDL B, MOSER H. Cantilever-enhanced photoacoustic detection of hydrogen sulfide (H_2S) using NIR telecom laser sources near 1.6 μm[J]. Applied Physics B, 2016, 122(4): 83.

[218] COUTU R A, MEDVEDEV I R, PETKIE D T. Improved sensitivity MEMS cantilever sensor for terahertz photoacoustic spectroscopy[J]. Sensors, 2016, 16(2): 251.

[219] 张晓星, 李新, 刘恒, 等. 基于悬臂梁增强型光声光谱的 SF_6 特征分解组分 H_2S 定量检测 [J]. 电工技术学报, 2016, 31(15): 187-196.

[220] JIA Z, LYU X, ZHANG W, et al. Continuous low-power ammonia monitoring using long short-term memory neural networks[C]. Proceedings of the 16th ACM Conference on Embedded Networked Sensor Systems, 2018: 224-236.

[221] SUCHÁNEK J, DOSTÁL M, VLASÁKOVÁ T, et al. First application of multilayer graphene cantilever for laser photoacoustic detection[J]. Measurement, 2017, 101: 9-14.

[222] YANG T, CHEN W, WANG P. A review of all-optical photoacoustic spectroscopy as a gas sensing method[J]. Applied Spectroscopy Reviews, 2021, 56(2): 143-170.

[223] BONN B, BOURTSOUKIDIS E, SUN T S, et al. The link between atmospheric radicals and newly formed particles at a spruce forest site in Germany[J]. Atmospheric Chemistry and Physics, 2014, 14(19): 10823-10843.

[224] LI J, REIFFS A, PARCHATKA U, et al. In situ measurements of atmospheric CO and its correlation with NOx and O_3 at a rural mountain site[J]. Metrology and Measurement Systems, 2015, 22(1): 25-38.

[225] OWEN K, ES-SEBBAR E, FAROOQ A. Measurements of NH_3 linestrengths and collisional broadening coefficients in N_2, O_2, CO_2, and H_2O near 1103.46 cm^{-1}[J]. Journal of Quantitative Spectroscopy and Radiative Transfer, 2013, 121: 56-68.

[226] VESS E M, WALLACE C J, CAMPBELL H M, et al. Measurement of H_2O broadening of O_2 A-band transitions and implications for atmospheric remote sensing[J]. The Journal of Physical Chemistry A, 2012, 116(16): 4069-4073.

[227] LAMOUROUX J, TRAN H, LARAIA A L, et al. Updated database plus software for line-mixing in CO_2 infrared spectra and their test using laboratory spectra in the 1.5-2.3 μm region[J]. Journal of Quantitative Spectroscopy and Radiative Transfer, 2010, 111(15): 2321-2331.

[228] 臧昆鹏, 方双喜, 周凌晞, 等. 水汽对光腔衰荡光谱系统 (CRDS) 法测定 CH_4 的影响 [J]. 环境化学, 2012, 31(11): 1816-1820.

[229] CHEN H, KARION A, RELLA C W, et al. Accurate measurements of carbon monoxide in humid air using the cavity ring-down spectroscopy (CRDS) technique[J]. Atmospheric Measurement Techniques, 2013, 6(4): 1031-1040.

[230] LI J, DENG H, SUN J, et al. Simultaneous atmospheric CO, N_2O and H_2O detection using a single quantum cascade laser sensor based on dual-spectroscopy techniques[J]. Sensors and Actuators B: Chemical, 2016, 231: 723-732.

[231] YANG C, DENG H, QIAN Y, et al. Absorption lines measurements of carbon disulfide at 4.6 µm with quantum cascade laser absorption spectroscopy[J]. Spectrochimica Acta Part A, 2020, 225: 117478.

[232] WACLAWEK J P, MOSER H, LENDL B. Compact quantum cascade laser based quartz-enhanced photoacoustic spectroscopy sensor system for detection of carbon disulfide[J]. Optics Express, 2016, 24(6): 6559-6571.

[233] RAWLINS W T, HENSLEY J M, SONNENFROH D M, et al. Quantum cascade laser sensor for SO_2 and SO_3 for application to combustor exhaust streams[J]. Applied Optics, 2005, 44(31): 6635-6643.

[234] CHEN X, GUO D, CHOA F S, et al. Quantum cascade laser based standoff photoacoustic detection of explosives using ultra-sensitive microphone and sound reflector[C]. Quantum Sensing and Nanophotonic Devices X. International Society for Optics and Photonics, 2013, 8631: 86312H.

[235] LI J S, CHEN W, FISCHER H. Quantum cascade laser spectrometry techniques: a new trend in atmospheric chemistry[J]. Applied Spectroscopy Reviews, 2013, 48(7): 523-559.

[236] GENNER A, MARTÍN-MATEOS P, MOSER H, et al. Extending the linear concentration range of a multi-gas-analyzer[C]. Quantum Sensing and Nano Electronics and Photonics XVI. International Society for Optics and Photonics, 2019, 10926: 109262P.

[237] GENNER A, MARTÍN-MATEOS P, MOSER H, et al. A quantum cascade laser-based multi-gas sensor for ambient air monitoring[J]. Sensors, 2020, 20(7): 1850.

[238] MUKHERJEE A, PRASANNA M, LANE M, et al. Optically multiplexed multi-gas detection using quantum cascade laser photoacoustic spectroscopy[J]. Applied Optics, 2008, 47(27): 4884-4887.

[239] CHEN X, YANG C G, HU M, et al. Highly-sensitive NO, NO_2, and NH_3 measurements with an open-multipass cell based on mid-infrared wavelength modulation spectroscopy[J]. Chinese Physics B, 2018, 27(4): 040701.

[240] 许康. 基于多光谱融合的氨气和一氧化氮浓度测量方法研究 [D]. 南京: 东南大学, 2016.

[241] LIU N, XU L, ZHOU S, et al. Simultaneous detection of multiple atmospheric components using an NIR and MIR laser hybrid gas sensing system[J]. ACS Sensors, 2020, 5(11): 3607-3616.

[242] LI J S, YU B, FISCHER H, et al. Quantum cascade laser based photoacoustic detection of explosives[J]. Review of Scientific Instruments, 2015, 86(3): 031501.

[243] 陈文略, 王子羊. 三次样条插值在工程拟合中的应用 [J]. 华中师范大学学报, 2004, 38(4): 418-422.

[244] 郑国萍, 赵立强, 俞百印, 等. 多元线性回归模型参数估计的递推算法及误差分析 [J]. 大学数学, 2007, 23(3): 78-82.

[245] ROLLER C, FRIED A, WALEGA J, et al. Advances in hardware, system diagnostics software, and acquisition procedures for high performance airborne tunable diode laser measurements of formaldehyde[J]. Applied Physics B, 2006, 82(2): 247-264.

[246] MARQUARDT D W. An algorithm for least-squares estimation of nonlinear param-

eters[J]. Journal of the Society for Industrial and Applied Mathematics, 1963, 11(2): 431-441.

[247] SUN J, DING J, LIU N, et al. Detection of multiple chemicals based on external cavity quantum cascade laser spectroscopy[J]. Spectrochimica Acta Part A: Molecular and Biomolecular Spectroscopy, 2018, 191: 532-538.

[248] SUN J, DENG H, LIU N, et al. Mid-infrared gas absorption sensor based on a broadband external cavity quantum cascade laser[J]. Review of Scientific Instruments, 2016, 87(12): 123101.

[249] 丁俊雅, 何天博, 王洪亮, 等. 基于外腔式量子级联激光光谱的挥发性气体检测方法 [J]. 光学学报, 2018, 38(4): 0430002.

[250] 陆思华, 白郁华, 张广山, 等. 机动车排放及汽油中 VOCs 成分谱特征的研究 [J]. 北京大学学报 (自然科学版), 2003, 39(4): 507-511.

[251] 胡华北, 王青. 气相色谱柱切换–反吹技术分析汽油中醚醇类含氧化合物 [J]. 光谱实验室, 2008, 25(3): 421-424.

[252] LIU N, ZHOU S, ZHANG L, et al. Standoff detection of VOCs using external cavity quantum cascade laser spectroscopy[J]. Laser Physics Letters, 2018, 15(8): 085701.

[253] LI J, LIU N, DING J, et al. Piezoelectric effect-based detector for spectroscopic application[J]. Optics and lasers in Engineering, 2019, 115: 141-148.

[254] KOSTEREV A A, BAKHIRKIN Y A, CURL R F, et al. Quartz-enhanced photoacoustic spectroscopy[J]. Optics Letters, 2002, 27(21): 1902-1904.

[255] HE Y, MA Y, TONG Y, et al. Ultra-high sensitive light-induced thermoelastic spectroscopy sensor with a high Q-factor quartz tuning fork and a multipass cell[J]. Optics letters, 2019, 44(8): 1904-1907.

[256] RUSSO S D, ZIFARELLI A, PATIMISCO P, et al. Light-induced thermo-elastic effect in quartz tuning forks exploited as a photodetector in gas absorption spectroscopy[J]. Optics Express, 2020, 28(13): 19074-19084.

[257] LEAHY-HOPPA M R, FITCH M J, OSIANDER R. Terahertz spectroscopy techniques for explosives detection[J]. Analytical and Bioanalytical Chemistry, 2009, 395(2): 247-257.

[258] PFEIFER M, RUF A, FISCHER P. Indirect absorption spectroscopy using quantum cascade lasers: mid-infrared refractometry and photothermal spectroscopy[J]. Optics Express, 2013, 21(22): 25643-25654.

[259] BRUMFIELD B E, TAUBMAN M S, SUTER J D, et al. Characterization of a swept external cavity quantum cascade laser for rapid broadband spectroscopy and sensing[J]. Optics Express, 2015, 23(20): 25553-25569.

[260] SUTER J D, BERNACKI B, PHILLIPS M C. Spectral and angular dependence of mid-infrared diffuse scattering from explosives residues for standoff detection using external cavity quantum cascade lasers[J]. Applied Physics B, 2012, 108(4): 965-974.

[261] MUKHERJEE A, VON DER PORTEN S, PATEL C K N. Standoff detection of explosive substances at distances of up to 150 m[J]. Applied optics, 2010, 49(11): 2072-2078.

[262] FARAHI R H, PASSIAN A, TETARD L, et al. Pump–probe photothermal spectroscopy using quantum cascade lasers[J]. Journal of Physics D: Applied Physics, 2012, 45(12): 125101.

[263] SHARMA R C, KUMAR D, BHARDWAJ N, et al. Portable detection system for standoff sensing of explosives and hazardous materials[J]. Optics Communications, 2013, 309: 44-49.

[264] PHILLIPS M C, BRUMFIELD B E. ECQCL developments for rapid standoff chemical sensing[C]. Micro-and Nanotechnology Sensors, Systems, and Applications IX. International Society for Optics and Photonics, 2017, 10194: 101942T.

[265] MARCUS L S, HOLTHOFF E L, PELLEGRINO P M. Standoff photoacoustic spectroscopy of explosives[J]. Applied Spectroscopy, 2017, 71(5): 833-838.

[266] WEN P, AMIN M, HERZOG W D, et al. Key challenges and prospects for optical standoff trace detection of explosives[J]. TrAC Trends in Analytical Chemistry, 2018, 100: 136-144.

[267] LI J, YU Z, DU Z, et al. Standoff chemical detection using laser absorption spectroscopy: a review[J]. Remote Sensing, 2020, 12(17): 2771.

[268] XU L, ZHOU S, LIU N, et al. Multigas sensing technique based on quartz crystal tuning fork-enhanced laser spectroscopy[J]. Analytical Chemistry, 2020, 92(20): 14153-14163.

[269] WERLE P O, MÜCKE R, SLEMR F. The limits of signal averaging in atmospheric trace-gas monitoring by tunable diode-laser absorption spectroscopy (TDLAS)[J]. Applied Physics B, 1993, 57(2): 131-139.

[270] KOSTEREV A A, DONG L, THOMAZY D, et al. QEPAS for chemical analysis of multi-component gas mixtures[J]. Appl. Phys. B, 2010, 101: 649-659.

[271] ZHANG Q, CHANG J, CONG Z, et al. QEPAS Sensor for simultaneous measurements of H_2O, CH_4, and C_2H_2 using different QTFs[J]. IEEE Photonics Journal, 2018, 10: 1-8.

[272] WANG Z L, CHANG J, TIAN C, et al. Two-component gas quartz-enhanced photoacoustic spectroscopy sensor based on time-division multiplexing of distributed-feedback laser driver current[J]. Applied Optics, 2019, 58: 8479-8485.

[273] LITFIN G, POLLOCK C R, CURL R F, et al. Sensitivity enhancement of laser-absorption spectroscopy by magnetic rotation effect[J]. J. Chem. Phys., 1980, 72: 6602-6605.

[274] WERLE P, LECHNER S. Stark-modulation-enhanced FM-spectroscopy[J]. Spectrochim. Acta A, 1999, 55: 1941-1955.

[275] SASADA H. Stark-modulation spectroscopy of NH_3 with a 1.23-μm semiconductor laser[J]. Opt. Lett.,1984,9: 448-450.

[276] SMITH J M, BLOCH J C, FIELD R W, et al. Trace detection of NO_2 by frequency-modulation-enhanced magnetic rotation spectroscopy[J]. J. Opt. Soc. Am. B, 1995,12: 964-969.

[277] BRECHA R J, PEDROTTI L M, KRAUSE D. Magnetic rotation spectroscopy of molec-

ular oxygen with a diode laser[J]. J. Opt. Soc. Am. B, 1997, 14: 1921-1930.

[278]　SABANA H, FRITSCH T, ONANA M B, et al. Simultaneous detection of [14]NO and [15]NO using Faraday modulation spectroscopy[J]. Appl. Phys. B, 2009, 96: 535-544.

[279]　KLUCZYNSKI P, LUNDQVIST S, WESTBERG J, et al. Faraday rotation spectrometer with sub-second response time for detection of nitric oxide using a cw DFB quantum cascade laser at 5.33 μm[J]. Appl. Phys. B, 2011, 103: 451-459.

[280]　SO S G, JENG E, WYSOCKI G. VCSEL based Faraday rotation spectroscopy with a modulated and static magnetic field for trace molecular oxygen detection[J]. Appl. Phys. B, 2011, 102: 279-291.

[281]　WANG Y, NIKODEM M, WYSOCKI G. Cryogen-free heterodyne-enhanced midinfrared Faraday rotation spectrometer[J]. Opt. Express, 2013, 21: 740-755.

[282]　ZHAO W, WYSOCKI G, CHEN W, et al. High sensitivity Faraday rotation spectrometer for hydroxyl radical detection at 2.8 μm[J]. Appl. Phys. B, 2012, 109: 511-519.

[283]　ZHAO W, WYSOCKI G, CHEN W, et al. Sensitive and selective detection of OH free radical using Faraday rotation spectroscopy at 2.8 μm [J]. Optics Express, 2011, 19(3): 2493-2501.

第 5 章　数字信号处理技术

　　激光光谱仪器或实验系统整体性能的优劣情况,除了系统硬件之外,仪器配套的信号处理、系统控制和通信软件亦具有重要作用,尤其是仪器系统输出结果所需要的信号处理过方法和算法软件。相比较光谱系统集成所必需的硬件而言,上位机通信和信号处理分析软件具有成本低、可扩展性高等优势。为此,本章首先对光谱系统常见噪声源及其特性进行了概述,然后围绕这些噪声的消除和相关抑制方法、策略和技术进行了详细的介绍。

　　光谱信号的质量通常以"信噪比"来衡量,英文名称叫作 SNR 或 S/N (Signal-to-Noise Ratio)。实验中获取的光谱信号不可避免地受各种噪声的干扰,如电子学噪声和光学噪声等。由于各种技术噪声的限制,理论上要实现散粒噪声极限 (Shot-Noise Limit) 级灵敏度,具有极高的挑战性。典型的光谱系统中各种噪声主要分为:探测器噪声 (Detector Noise)、由于激光场振幅波动产生的噪声和干涉引起的光学噪声。

1. 探测器噪声

　　探测器中主要存在三种噪声源：Johnson 噪声 (或热噪声)、探测器散粒噪声及 $1/f$ 噪声。

　　Johnson 噪声是电阻器本身内部电荷载流子的热波动引起的噪声。热噪声电流可表达为

$$i_{\mathrm{T}} = \left(\frac{4KT\Delta f}{R} \right)^{\frac{1}{2}} \tag{5-1}$$

式中, K 为 Boltzmann 常数, T 是温度, Δf 是探测带宽, R 是探测系统阻抗。Johnson 噪声具有白频谱特性,可通过冷却探测器而降低。

　　散粒噪声是由于辐射场的量子波动引起的噪声。此噪声引起探测器内探测电流的波动,可表达为

$$i_{\mathrm{S}} = \left(2e \cdot \frac{eP_0\eta}{h\nu} \cdot \Delta f \right)^{\frac{1}{2}} \tag{5-2}$$

式中, e 为电子电荷, η 是探测器的量子效率, P_0 是入射功率, $h\nu$ 是光子能量。散粒噪声亦具有白噪声特性,与调制频率无关,但正比于激光功率的平方根。对于光功率在 mW 量级,探测器的输出噪声电压取决于散粒噪声,而不是 Johnson

噪声。通常仪器设备还具有其他机制的噪声。许多情况下，这种额外的噪声都具 $1/f$ 特性，但是还没有可靠的理论分析依据。$1/f$ 噪声电流的经验表达式为 [1]

$$i_{1/f} = \left(\frac{k \cdot \Delta f}{f^a} \right)^{\frac{1}{2}} \left(\frac{eP^b \eta}{h\nu} \right) \tag{5-3}$$

式中，k 为比例因子，a、b 为接近于 1 的常数。$1/f$ 噪声取决于制造过程，尤其是电子的接触和外表。此噪声在频率低于 1 kHz 区域占主导作用，更高频率区低于散粒噪声和 Johnson 噪声水平。$1/f$ 噪声电流的 RMS (Root Mean Square) 与光电流 (即光强) 具有近似的线性依赖性。由于三种探测器的噪声依赖于探测带宽 Δf，因而减小探测带宽即可减小噪声。实际中很容易通过在高频区探测使探测器 $1/f$ 噪声降低到散粒噪声水平。

2. 激光器过量噪声

实际中，测量的灵敏度通常受激光功率波动所引起的过量噪声限制。这种波动由外部效应引起，如电流、温度的不稳定，机械振动，光学反馈，以及各种内部的噪声源，如光子、载流子密度波动和隔离噪声。外部噪声源的降低可通过使用电池供电或更高稳定性的电流源，以及结合适当的布局、Ar 膜和光学隔离器等。内部噪声很大程度上取决于制造工艺、设计和运行条件，如温度和电流。有关铅盐激光器和 DFB、DBR 激光器振幅噪声特性的研究表明大多数情况下激光器的过量噪声呈现出 $1/f$ 特性，截止频率在 1~100MHz。激光器过量噪声 (Laser Excess Noise) 引起的探测器中电流的 RMS 可表达为

$$i_{\mathrm{ex}} = \left(\frac{\Delta f}{f^a} \right)^{\frac{1}{2}} \left(\frac{eP_{\mathrm{ex}} \eta}{h\nu} \right) \tag{5-4}$$

式中，a 定义为激光器过量噪声的频率依赖，范围在 0.8~1.5 之间；P_{ex} 定义为激光器功率在 1Hz 频率和 1Hz 探测带宽下的幅度波动，近似正比例于激光功率，且依赖于激光器内部噪声和特别测量系统的外部效应。就探测器噪声来说，激光器过量噪声与探测带宽有关，可通过适当的技术得到降低。

3. 残余振幅调制

半导体激光器发射波长不仅依赖于注入电流，而且激光功率亦依赖于注入电流，该效应通称为"残余振幅调制效应"，这种残余振幅调制 (Residual Amplitude Modulation，RAM) 通常是高灵敏度吸收光谱测量的主要限制因素。原则上，利用双光束可减小 RAM 效应，即激光束被分成参考光和探测光，而探测两束光的探测器是相同的。关键是放大器之类的电子学器件要具有相同的量子效率、增益

和频率响应。从而，所有电子学元器件的选择务必谨慎，避免探测器和电子元件的制造差异，如阻抗、运放和电容等。

4. 标准具效应 (Interference Fringes)

光路中的每一个传输单元，如分束器、透镜、吸收池窗片或激光准直器本身，都会产生 Fabry-Perot 条纹。这些光学条纹通常具有与吸收线线宽等价的自由光谱范围 (Free Spectral Range，FSR)。这些干涉条纹显现出周期性的振荡，幅度足以淹没微弱的吸收信号。干涉条纹来自光路中平行表面间的来回反射，而传输取决于激光波长。如果共振结构出现在光路中，波长的每次扫描导致振幅的变化。两个干涉条纹的 FSR 可表达成

$$\text{FSR} = \frac{c}{2nl} \tag{5-5}$$

其中，c 为光速，n 为空气折射率系数，l 为两个光学面间的距离。距离 l 典型值范围在 1m 到 5mm，分别对应的共振为 150MHz 和 30GHz。

实际中有很多种减小标准具效应的可能性，例如：如果干涉条纹间的自由光谱范围与吸收特征峰相差较大，即可通过对光谱信号进行滤波处理，以消除标准具引起的干涉条纹噪声。然而，当两者相近时，只能通过特别的光路设计才能消除。无论哪种可能性，应该避免透射光学设备，或使用镀高反膜的光学器件。值得一提的是只有探测器的 $1/f$ 噪声和激光器过量噪声依赖于探测频率，而目前所讨论的所有噪声源都依赖于探测带宽。因此，通过提高探测频率和减小探测带宽可实现更高灵敏度探测。

多年来，针对光谱噪声的抑制问题，基于硬件或软件的数字信号处理技术已被公认为一种有效的手段。相比较而言，基于软件的实时或离线信号处理方法，具有成本低、易于集成等优势。针对各种噪声的特点，目前已发展出一系列的数字滤波技术。

5.1　多次信号平均法

实践证明多次信号平均法 (Multi-Signal Averaging) 是一种应用普遍、实现过程简单的抑制噪声方法，尤其适用于白噪声 (White Noise)，通常信号采集过程中，光谱信噪比 (SNR) 与信号平均次数的平方根满足正比例依赖关系：

$$\text{SNR}_n = \sqrt{n} \cdot \text{SNR}_1 \tag{5-6}$$

鉴于许多噪声源 (散粒噪声、Johnson 噪声、激光过剩噪声) 与仪器探测带宽的平方根呈比例减小，近似满足以下关系式 [2]：

$$\Delta\nu_{\text{eff}} = \frac{\Delta\nu}{n} \tag{5-7}$$

式中，n 为信号平均次数。理论上，探测极限满足平方根关系，受实验系统或仪器自身稳定性的影响，实际过程中真实效果总是无法达到理论预期值。显然，该方法比较耗费时间，实际应用中受测量数据时间分辨率要求和硬件成本等因素的限制，平均次数 (或时间) 不可能无限递增。

理论上，早期概率论与数理统计学中，人们常用方差 (又称经典方差) 来衡量随机变量或一组数据的离散程度。然而，在使用经典方差分析原子频标的频率稳定性时，经典方差会随着时间的增加而发散。为此，Allan 于 1966 年提出了一种时域分析技术 (即双样本方差)，并成功将其用于石英振荡器频率稳定性研究 [3]，随后此方法通常称为艾伦–方差 (Allan-Deviation) 或艾伦–变量 (Allan-Variance)。1993 年，德国光谱学家 Werle，首次将 Allan 方差引入到激光光谱学，以频率调制型 TDLAS 二氧化氮 (NO_2) 光谱仪器为例，结合零空气 (Zero Air) 背景扣除法，通过 Allan 方差分析给出了最佳的信号平均时间 [4]。随后，Allan 方差在国际上被广泛地应用于激光光谱系统灵敏度评估。艾伦–变量用于衡量激光光谱系统灵敏度与信号最佳积分时间 (或平均次数) 的关系，其数学表达式定义如下：

$$\sigma^2(\tau) = \frac{1}{2(N-1)} \sum_{i=1}^{N-1} \left(\overline{y}_{i+1} - \overline{y}_i \right)^2 \tag{5-8}$$

式中，τ 为积分时间，N 为连续测量的组数，$\overline{y}_i$ 为第 i 组的平均值。对于 White 噪声 Allan 变量具有 $\tau^{-1/2}$ 变化特征。图 5.1(a) 为实验测得的 CO_2 分子在 $6353.5 \sim 6354.2 \ cm^{-1}$ 范围内 500 次和 5000 次光声光谱平均结果，显然随着平均

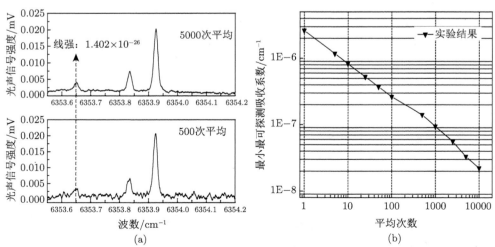

图 5.1   (a) 实验测得的 1950 Pa 压力下不同平均次数时 CO_2 分子光声光谱；(b) 最小可探测的吸收系数与信号平均次数的关系

次数的增加，光谱 SNR 就越高。为了更好地体现平均次数与灵敏度的关系，图 5.1(b) 给出了最小可探测的吸收系数与信号平均次数的关系。显然，随着平均次数的增加，SNR 在逐步提高，即最小可探测的吸收系数就越小，探测灵敏度就越高。近年来，为了缅怀 Werle 先生在激光吸收光谱领域的杰出贡献，全球激光光谱传感技术研究者们将 Allan 方差命名为"Allan-Werle 方差"。

5.2 傅里叶变换

傅里叶变换最初于 1807 年由法国数学家和物理学家 Jean Baptiste Joseph Fourier (1768~1830) 提出，用于解决热传递过程温度分布问题。随着该算法的快速发展，傅里叶变换在物理学、电子学、数学、概率论、统计学、密码学、声学、光学、海洋学、结构动力学等领域都有着广泛的应用。在不同的研究领域，傅里叶变换具有各种不同的变体形式，如连续傅里叶变换和离散傅里叶变换。

傅里叶变换作为数字信号处理领域一种重要的算法，其原理的意义是：任何连续测量的时序或信号，都可以表示为不同频率的正弦或余弦函数的无限叠加。基于该原理建立的傅里叶变换算法就是利用直接测量到的原始信号，以累加方式来计算该信号中不同正弦波信号的频率、振幅和相位信息。假设 $f(t)$ 是以 t 为自变量的周期函数，傅里叶变换的数学表达式为

$$F(\omega) = \mathcal{F}[f(t)] = \int_{-\infty}^{\infty} f(t) \mathrm{e}^{-\mathrm{i}wt} \mathrm{d}t \tag{5-9}$$

傅里叶变换既可以完成从时域到频域的转换，又可以完成从频域到时域的转换，但不能同时具有时域和频域信息。傅里叶逆变换的数学表达式为

$$f(t) = \mathcal{F}^{-1}[F(\omega)] = \frac{1}{2\pi} \int_{-\infty}^{\infty} F(\omega) \mathrm{e}^{\mathrm{i}wt} \mathrm{d}\omega \tag{5-10}$$

显然，傅里叶变换最大的优势是将原来难以处理的时域信号转换成频域信号，通过分析原始信号具有的频谱特性，实现对其精准滤波处理。如 Wu 等将傅里叶滤波算法与分子吸收线型模拟相结合，用于 2.73 μm 附近 H_2O 同位素比值 (D/H, $^{18}O/^{16}O$ 和 $^{17}O/^{16}O$) 分析，实现了拟合精度 3.7 倍的提高 [5]。

鉴于傅里叶变换在频谱信号分析方面的优势，及光声光谱对调制频率的依赖性，作者于 2016 年提出将快速傅里叶算法用于石英音叉光电探测器的信号解调分析 [6]。类似于基于半导体材料的光电探测器，石英音叉探测器的工作原理是基于石英音叉的压电效应和谐振效应，当入射光的调制频率 (调制的连续光) 或脉冲重复频率 (脉冲光) 与音叉本征频率相匹配时，光与音叉相互作用过程激发起音叉共振 (光能转换成机械能)，由于石英材料自身的压电效应，机械振动过程产生压

电电流 (机械能转换成电能), 再利用阻抗匹配的前置放大电路对微弱电流信号进行放大, 最终转换为电压信号输出。石英音叉探测器输出的时域电压信号不可避免地受到各种噪声的干扰, 利用其时间频率具有与入射光调制频率一致性, 通过快速傅里叶变换算法将其转换到频域, 可实现消除时域各种噪声的影响, 很大程度上提高了探测灵敏度, 图 5.2 为基于快速傅里叶变换的石英音叉探测器信号解调算法过程。目前, 该技术已被广泛推广及应用到大气分子光谱和挥发性有机物定量分析与遥感探测研究 [7−11]。

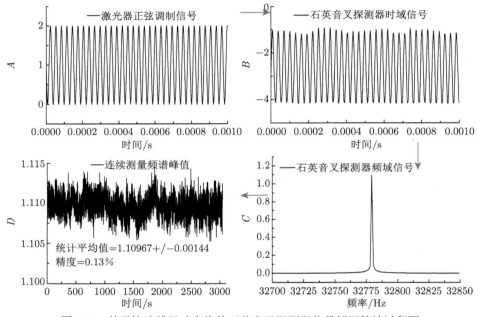

图 5.2　基于快速傅里叶变换的石英音叉探测器信号解调算法过程图

傅里叶变换作为一种经典的信号处理算法, 在传统的平稳信号分析处理中发挥了极其重要的作用。然而对于频率随着时间变化的非平稳信号 (即时变信号), 存在局限性。假如有一个如下所示的符合余弦函数:

$$f(t) = \cos(2\pi \cdot 10t) + \cos(2\pi \cdot 25t) + \cos(2\pi \cdot 50t) + \cos(2\pi \cdot 100t) \qquad (5\text{-}11)$$

其中, 各项余弦函数的频率分别为 10 Hz, 25 Hz, 50 Hz 和 100 Hz。通过编写程序绘制的图形结果如图 5.3 所示, 其中 (a) 是频率始终不变的平稳信号, (b) 和 (c) 是频率随着时间改变的非平稳信号, 皆包含着与 (a) 相同的四个频率成分。通过快速傅里叶变换 (Fast Fourier Transform, FFT) 后, 对应频域信号分别为 (d), (e) 和 (f)。结果可见这三个时域上有巨大差异的信号, 频谱 (幅值谱) 却非常一致。尤其是两个非平稳信号 (b) 和 (c), 它们包含的四个相同频率的信号成分完全一样，只是出现的先后顺序不同。因此，我们从频谱上根本无法将其区分开。

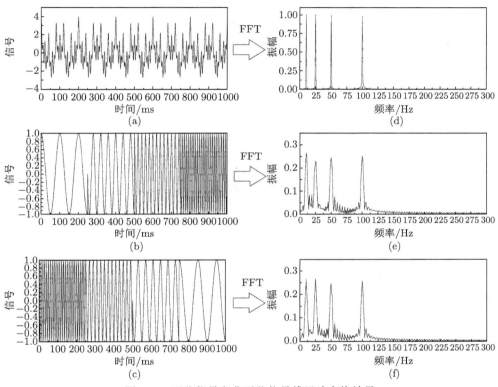

图 5.3 平稳信号和非平稳信号傅里叶变换结果

针对傅里叶变换在时间和频率分辨率方面的局限性，发展起来了一种新的数学变换，即短时傅里叶变换 (Short-Time Fourier Transform，STFT 或 Short-Term Fourier Transform)，用以确定时变信号其局部区域正弦波的频率与相位。其思想是通过选择一个时频局部化的"窗函数"，假设分析窗函数 $g(t)$ 在一个短时间间隔 Δt 内是平稳的，移动窗函数，使 $f(t)g(t)$ 在不同的有限时间宽度内成为平稳信号或近似平稳信号。理论上，短时傅里叶变换窗函数受到 Heisenberg 不确定准则的限制，仍然无法使得时间分辨率与频率分辨率不能同时达到最优化。当窗太窄，窗内的信号太短，会导致频率分析不够精准，频率分辨率差；当窗太宽，时域上又不够精细，时间分辨率低。

5.3 卡尔曼滤波

20 世纪 60 年代初，卡尔曼 (R. E. Kalman) 和布西 (R. S. Bucy) 发表了

一篇重要的论文《线性滤波和预测理论的新成果》，提出了一种新的线性滤波和预测理由论，被称为卡尔曼滤波[12]。简单地说卡尔曼滤波 (Kalman Filtering) 是一种利用线性系统状态方程，通过系统输入输出观测数据，对系统状态进行最优估计的算法[13−15]。卡尔曼滤波算法作为一种高效率的递归滤波器，它能够从一系列的不完全包含噪声和测量中，估计动态系统的状态。该算法采用状态空间描述法，能处理多维和非平稳的随机过程，给出依据探测结果的递推最优估计值，从而保证测量结果的可靠性，其主要计算过程如图 5.4 所示。

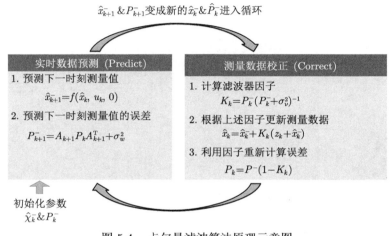

$\hat{x}_{k+1}^- \& P_{k+1}^-$ 变成新的 $\hat{x}_k^- \& \hat{P}_k^-$ 进入循环

实时数据预测 (Predict)
1. 预测下一时刻测量值
$$\hat{x}_{k+1}^- = f(\hat{x}_k, u_k, 0)$$
2. 预测下一时刻测量值的误差
$$P_{k+1}^- = A_{k+1} P_k A_{k+1}^T + \sigma_w^2$$

测量数据校正 (Correct)
1. 计算滤波器因子
$$K_k = P_k^-(P_k^- + \sigma_v^2)^{-1}$$
2. 根据上述因子更新测量数据
$$\hat{x}_k = \hat{x}_k^- + K_k(z_k + \hat{x}_k^-)$$
3. 利用因子重新计算误差
$$P_k = P^-(1 - K_k)$$

初始化参数
$$\hat{\chi}_k^- \& P_k^-$$

图 5.4　卡尔曼滤波算法原理示意图

光谱学领域，卡尔曼滤波最初用于差分吸收雷达时间系列数据分析[16]。鉴于气体浓度波动的影响，1994 年 Riris 等首次提出将递归时间系列卡尔曼滤波技术用于 TDLAS 光谱技术中的气体浓度估算[17]，实现了 SNR 提高 10.5 倍。该技术被证明可易于与任何实验系统相结合，相比于传统的信号平均方法和低通滤波技术，依据信号和噪声特性具有动态滤波带宽特性。多年来，卡尔曼滤波算法在时间系列浓度信号方面的突出优势，使其被广泛地融合于各种激光光谱技术并用于痕量气体及同位素成分分析[18−21]。鉴于传统线性卡尔曼滤波的不足，通过算法研究者们的不断改进，发展和衍生了非线性卡尔曼算法，及其与其他算法相结合的融合算法，从而实现了其功能和应用领域的扩展。

5.4　小波变换

从傅里叶变换的表达式可见信号为单变量 (频率 ω) 函数，仅适用于平稳信号，对于频率随时间变化的非平稳信号，具有无法给出某一具体时刻本质特征的

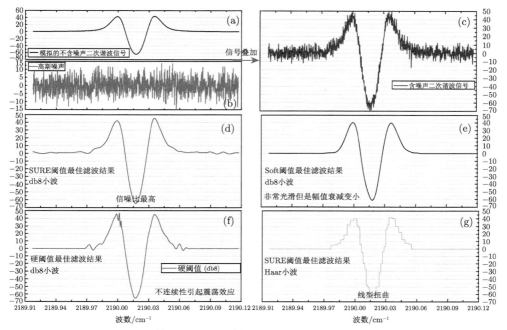

图 5.8　模拟的二次谐波信号及不同阈值策略滤波结果

波去噪结果虽然亦具有较好的 SNR，但因 Haar 小波自身特性，滤波后信号明显出现畸形效应。如以上所述，小波阈值去噪作为一种高级的滤波技术，涉及多个滤波参数，只有最优化各个参数的选择，才能获得最佳的处理效果。本节以 Python Toolbox 中自带的小波库函数为例，其中包含的小波基有 7 大族小波函数，分别为：haar_family，db_family，sym_family，coif_family，bior_family，rbio_family，dmey_family，合计 77 种基函数，统计结果如表 5.1 所示，对各个小波基函数的滤波效果进行了详细的对比实验。总体上，db 家族和 sym 家族小波去噪具有较好的效果，图 5.9 展示了以 db 家族和 sym 家族小波基函数的滤波 SNR 与分解阶数之间的对应关系。由表 5.1 给出的统计结果可见，绝大多数小波基呈现出随着分解阶数增加，滤波后信号的 SNR 递增，总体上对应的最佳分解阶数分布在 4~6 之间。

当前，除了小波变换之外，还有其他滤波算法被应用于光谱信号处理分析，如维纳滤波 (Wiener Filtering)、移动平均法 (Moving Average)、卡尔曼滤波 (Kalman Filtering) 等。卡尔曼滤波是一种利用线性系统状态方程，通过系统输入输出观测数据，对系统状态进行最优估计的算法。维纳滤波是一种基于最小均方误差准则、对平稳过程的最优估计器。移动平均是一个比较传统的分析方法，按顺序取一定数量的数据并算得其全部算术平均值，得到的数据称之为移动平均值。

表 5.1   基于 db 家族和 sym 家族小波基函数的滤波去噪统计结果

小波阶数	最大信噪比/dB		最近分解阶数	
	db 家族小波	sym 家族小波	db 家族小波	sym 家族小波
1	9.38	—	4	—
2	11.54	11.54	4	4
3	12.08	12.08	4	4
4	12.42	12.14	5	5
5	12.41	12.36	5	5
6	12.83	12.70	5	5
7	12.88	13.03	5	6
8	13.51	12.84	5	5
9	12.81	12.77	5	5
10	13.07	12.92	5	5
11	13.05	12.75	5	9
12	13.39	12.51	5	5
13	12.93	13.02	5	5
14	13.10	12.47	5	5
15	13.13	12.91	5	5
16	13.45	12.64	5	5
17	12.97	12.57	5	5
18	12.97	12.84	5	6
19	13.19	12.86	5	5
20	13.49	12.74	5	5

基于以上理论模拟结果，本节将小波去噪算法应用到真实的实验光谱信号，并与维纳滤波、移动平均法、卡尔曼滤波进行了对比分析。图 5.10 为量子级联激光光谱仪测量的 CO 分子 (浓度为 3.69 ppb) 在 2190.01 cm^{-1} 处 (R(12) 跃迁线) 的二次谐波光谱信号，并给了相应的理论模拟信号。小波去噪滤波中采用的是 db8 小波函数，分解阶数为 5，阈值策略为 SURE 阈值法。由此图可见，原始信号在采样点数为 88 处出现了振荡效应，小波和维纳滤波几乎不受影响，而移动平均法和卡尔曼滤波无法避免这种随机振荡效应的影响。

除了原始的光谱信号之外，激光光谱技术最终输出的时间系列浓度信号，同样受到光学干涉噪声、激光频率和功率 drift 等效应的影响，通过数字滤波技术实时处理时间系列浓度值，既保证了测量结果的时间分辨率，又可提高浓度值的测量精度。如上所述数字滤波技术在光谱信号应用中，可能会产生滤波不当的信号扭曲效应或信号畸形效应。对于时间系列的浓度信号，尤其是大的突变情况，滤波器通常会产生滤波滞后 (Filter Lag) 效应，图 5.11 和图 5.12 给出的不同条件下的对比结果。结果图中插表给出的统计结果分别代表实测浓度值 (Mean) 和测量精度 (std)。对比四种不同滤波技术，可见传统的移动平均方法引起的滤波滞后效应最明显，无法满足大动态范围的突变信号处理要求，总体上小波去噪获得了较好实时滤波效果和较高的测量精度。

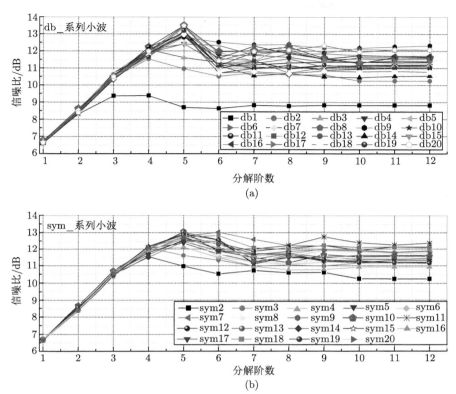

(a)

(b)

图 5.9 基于 db 家族和 sym 家族小波基函数的滤波后 SNR 与分解阶数之间的对应关系
(彩图请扫封底二维码)

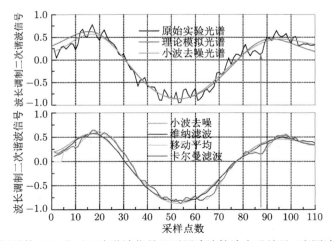

图 5.10 实验测量的 CO 分子二次谐波信号及不同滤波算法去噪结果 (彩图请扫封底二维码)

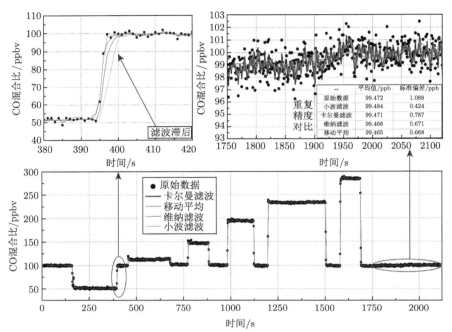

图 5.11 大动态范围的时间系列浓度信号及各种滤波技术处理结果 (彩图请扫封底二维码)

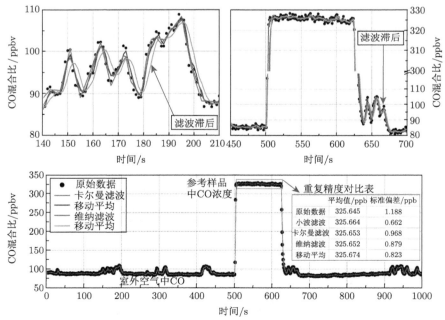

图 5.12 实际测量的时间系列浓度信号及各种滤波技术处理结果 (彩图请扫封底二维码)

此外，小波变换作为一种强有力的信号处理技术，不仅适用于无基线背景的二次谐波信号，同时可用于带有各种基线背景的直接吸收信号[25]。如图 5.13 和图 5.14

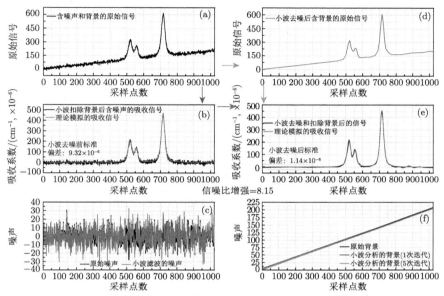

图 5.13 小波变换在直接吸收光谱中线性背景扣除和去噪处理分析

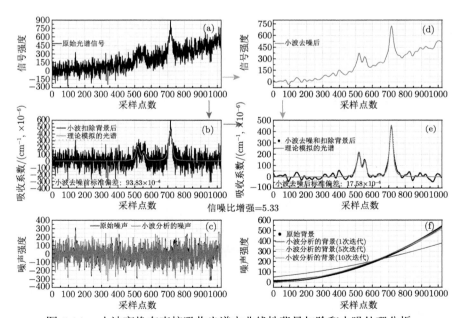

图 5.14 小波变换在直接吸收光谱中非线性背景扣除和去噪处理分析

所示，基线分别为线性和非线性背景的 TDLAS 直接吸收光谱信号，及小波变换处理结果。显然，信号处理过程中，背景基线扣除和去噪过程的先后顺序完全可逆。实际应用中，因各种技术噪声的特性不同及小波阈值去噪法涉及滤波参数较多，可通过采用最佳"小波基函数组"方式实现最优化信号滤波处理。

5.5　S-G 滤波

数字滤波技术在实时信号处理分析中具有重要的意义，但是滤波算法的稳定性、高效性、灵活性是体现其应用价值的重要指标。典型地，如 Savitzky-Golay 滤波平滑算法 (简称为 S-G 滤波)，该算法最初由 Savitzky 和 Golay 于 1964 年提出 [26]，之后被广泛地运用于数据信号平滑降噪，是一种在时域内基于局域多项式最小二乘法拟合的滤波方法 [27,28]。这种滤波器最大的特点在于在滤除噪声的同时可以确保信号的形状、宽度不变。S-G 滤波算法只包含两个滤波参数：窗宽和多项式阶数。S-G 平滑滤波过程类似于传统的移动平均算法，不同点在于该算法利用最小二乘拟合卷积过程代替简单的求平均值法。图 5.15 给出了 S-G 平滑滤波算法的过程示意图，总体上，S-G 平滑滤波过程主要包含以下几个步骤：

(1) 选择适当的数据间隔，即窗大小；

(2) 利用低阶多项式函数拟合选择的数据间隔；

(3) 利用拟合出的多项式系数计算数据间隔中心位置处的平滑数据；

(4) 以此类推，向右平移 1 个采样点，重复计算平滑后的数据。

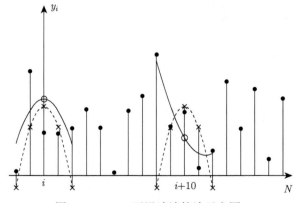

图 5.15　S-G 平滑滤波算法示意图

"●"代表原始输入样本序列，实线代表局域多项式拟合五个输入样本，"×"代表有效脉冲响应采样，虚线代表中心位置在 i 处多项式近似，"○"代表最小二乘平滑后的样本。假设滤波窗口的宽度为 $n = 2m + 1$，多项式拟合阶数为 $k - 1$

时，各数据点拟合多项式为

$$X = (-m, -m+1, \cdots, -1, 0, 1, \cdots, m-1, m)$$

$$y = a_0 + a_1 x + a_2 x^2 + \cdots + a_{k-1} x^{k-1} \tag{5-23}$$

总计有 n 个方程构成了 k 元线性方程组。理论上，要使方程组有解，要求 $n > k$。以矩阵形式可表示为

$$
\begin{pmatrix} y_{-m} \\ y_{-m-1} \\ \vdots \\ y_m \end{pmatrix} = \begin{pmatrix} 1 & -m & \cdots & (-m)^{k-1} \\ 1 & -m+1 & \cdots & (-m+1)^{k-1} \\ \vdots & \vdots & & \vdots \\ 1 & m & \cdots & m^{k-1} \end{pmatrix} \begin{pmatrix} a_0 \\ a_1 \\ \vdots \\ a_{k-1} \end{pmatrix} + \begin{pmatrix} e_{-m} \\ e_{-m+1} \\ \vdots \\ e_m \end{pmatrix}
\tag{5-24}
$$

可简化为

$$Y_{(2m+1) \times 1} = X_{(2m+1) \times k} \cdot A_{K \times 1} + E_{(2m+1) \times 1} \tag{5-25}$$

那么多项式拟合系数 A 的最小二乘解 $\hat{A}$ 为

$$\hat{A} = (X^{\mathrm{T}} \cdot X)^{-1} \cdot X^{\mathrm{T}} \cdot Y \tag{5-26}$$

Y 的模型预测值或滤波值 $\hat{Y}$ 为

$$\hat{Y} = X \cdot A = X \cdot (X^{\mathrm{T}} \cdot X)^{-1} \cdot X^{\mathrm{T}} \cdot Y = B \cdot Y \tag{5-27}$$

其中系数 B 为

$$B = X \cdot (X^{\mathrm{T}} \cdot X)^{-1} \cdot X^{\mathrm{T}} \tag{5-28}$$

数字信号处理中，通常以 SNR 来衡量滤波去噪效果，本节给出以下 SNR 的定义：

$$\mathrm{SNR(dB)} = 10 \log_{10} \left(\frac{\mathrm{std}(S_{\mathrm{noise-free}})}{\mathrm{std}(S_{\mathrm{noise-free}} - S_{\mathrm{SG-denoised}})} \right) \tag{5-29}$$

式中，std 为标准偏差 (Standard Deviation)，$S_{\mathrm{noise-free}}$ 和 $S_{\mathrm{SG-denoised}}$ 分别为理想的无噪声信号和 S-G 滤波后的信号。传统的 S-G 滤波算法仅涉及两个滤波参数：窗大小和多项式阶数，如图 5.16 所示，给出了模拟的吸收光谱及不同滤波参数下的去噪结果。

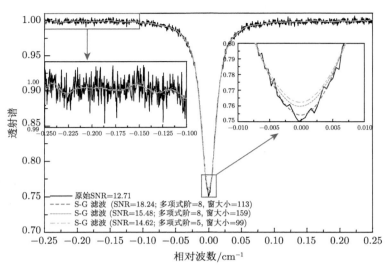

图 5.16　模拟的透射光谱及不同参数时 S-G 滤波对比结果

　　鉴于 S-G 滤波中窗大小的选择范围受到采样点数 (Sample Points，SP) 的限制，以下展示了详细的相关参数依赖性研究。首先选择 SP = 1024 时，模拟出不同 SNR 的光谱信号，S-G 平滑滤波处理 SNR 增强因子和最佳的窗大小与多项式阶数之间的依赖关系曲线，如图 5.17 所示。由此结果可见，最佳的多项式阶数在 2

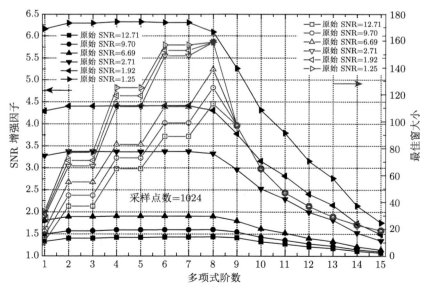

图 5.17　采样点数 SP=1024 时，不同原始信噪比情况下 S-G 滤波信噪比增强因子和最佳窗
大小对多项式阶数的依赖性

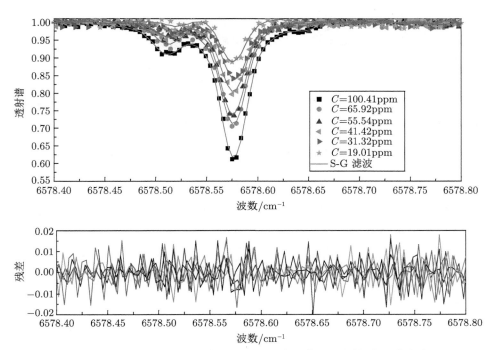

图 5.23 实验测量的不同浓度下 C_2H_2 吸收光谱及相应的 S-G 滤波结果

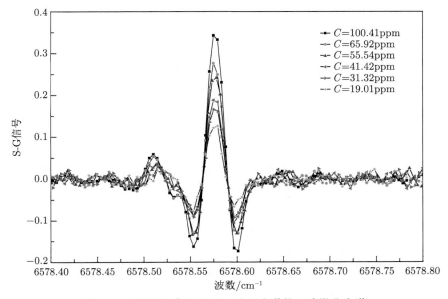

图 5.24 不同浓度下 C_2H_2 分子光谱的二阶微分光谱

　　理论上，微分光谱是满足一定条件下谐波信号的近似。因此，图 5.24 展示的二阶微分光谱与波长调制光谱技术二次谐波信号相似。基于二次谐波检测气体浓度的原理，图 5.25 给出了对应图 5.24 中二阶微分光谱信号幅值与 C_2H_2 分子浓度之间的响应曲线，同时给出了对应的直接吸收光谱吸收深度和二阶微分光谱 SNR。利用线性回归拟合算法分别进行拟合得到吸收深度和二阶微分信号幅值与浓度之间的关系式为

$$y_{\text{absorption depth}} = 0.00334 \times C_{C_2H_2} + 0.06505 \quad (R^2 = 0.97958) \tag{5-30}$$

$$y_{\text{S-G2}f\,\text{signal}} = 0.00262 \times C_{C_2H_2} + 0.08607 \quad (R^2 = 0.95832) \tag{5-31}$$

以上实验结果满足很好的线性关系，说明与理论预期具有很好的一致性。由以上结果体现 S-G 滤波算法不仅能实现平滑滤波降低吸收光谱的噪声，同时可替代高灵敏度的波长调制光谱技术实现高分辨率、高灵敏度痕量气体浓度探测。

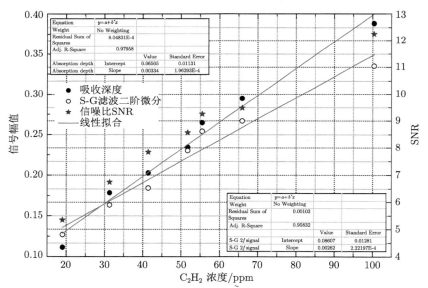

图 5.25　C_2H_2 分子二阶微分光谱信号幅值和 SNR 与其浓度之间的关系图

　　近二十年来，随着中红外半导体激光器不断革新，尤其是带间级联激光器 (ICL) 和量子级联激光器 (QCL) 技术参数和运行条件不断提升，基于中红外半导体激光器的 TDLAS 技术灵敏度得到质的飞跃，将传统的 TDLAS 检测灵敏度从 ppm-ppb 量级提升到 ppb-ppt 量级。图 5.26 为本实验室建立的基于室温 (RT) 工作的分布反馈式 (DFB) 量子级联激光器和 Herriott 型长程吸收池的中红外 TDLAS 实验系统。该激光光谱系统以 4.56 μm 热释电制冷型 RT-QCL 作

为激发光源, 对应 CO 和 N_2O 分子在 2187 cm^{-1} 附近强吸收光谱区域, 作为大气光谱窗范围之一, 可有效避免其他分子强吸收干扰, 同时可选择一条弱水汽吸收谱线, 实现 CO、H_2O 和 N_2O 三种分子的同时测量。通过结合最大光程为76 m 的离散型 Herriott 长程多通池 (AMAC-76, Aerodyne Research Inc.), 该系统检测灵敏度可达 sub-ppb 量级。在信号平均时间约为 0.9 s, 考虑到信号实时处理和保存所需的时间, 最终在时间分辨率为 1 s 的条件下测量的大气中三种分子吸收光谱信号如图 5.27 所示。显然, 受压力加宽效应的影响, 1 个大气压下相邻 N_2O 和 H_2O 两个分子的吸收光谱信号存在一定的重叠现象, 从而给分子浓度

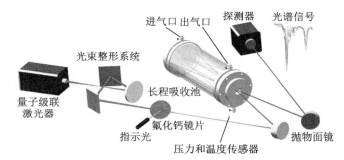

图 5.26 基于中红外量子级联激光器的 TDLAS 光谱实验装置示意图

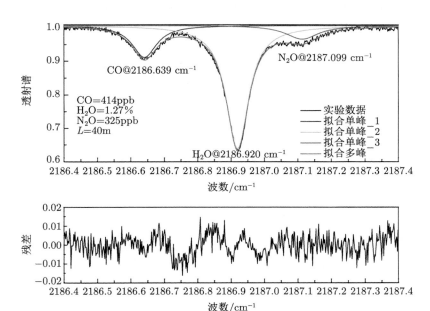

图 5.27 实测空气中 CO、H_2O 和 N_2O 分子吸收光谱及多峰拟合结果 (水汽波数单位修改)

(彩图请扫封底二维码)

的反演带来一定的影响。为此，信号处理过程中通过采用了基于非线性最小二乘算法的列文伯格–马夸尔特 (Levenberg–Marquardt Algorithm) 算法的多峰拟合技术将三种分子各自的吸收光谱很好地分离出来，典型的拟合结果如图 5.27 所示。最后，结合以上激光吸收光谱的理论公式、已知的物理常数 (样品温度、压力和吸收光程) 及相关的分子光谱参数，反演出室内空气中 CO、N_2O 和 H_2O 浓度分别为 414 ppb、325 ppb 和 1.27%。从图 5.27 拟合的残差 (实验值–理论值) 可见，吸收光谱信号中仍然包含着来自系统的各种微弱噪声。

为此，利用自行建立的基于 S-G 滤波算法的数字信号处理技术，对实验的数据进行双重处理[29]。首先，通过 S-G 平滑滤波对原始光谱信号进行降噪处理，提高光谱信噪比；再利用微分算法对去噪后的光谱信号进行二次微分运算，以提高光谱分辨率。整个信号滤波处理过程中，耗时可忽略不计。通过综合对比，最终选择对原始信号进行二次微分处理。以图 5.27 中的原始数据为例，实验中对应平滑滤波去噪处理过程的滤波窗宽和多项式阶数分别为 45 和 5；而二次微分处理过程选择的滤波窗宽和多项式阶数分别为 75 和 5，最终获得的二次微分信号及与原始信号对比结果如图 5.28 所示。以该图中 H_2O 吸收谱线为例，S-G 滤波处理前后的光谱信噪比分别为 73 和 289，从而实现信噪比提高幅度近 4 倍。相比于传统的基于数字锁相的二次谐波探测方法，通过采用基于 S-G 滤波的二次微分探测方法具有更好的灵活性，无需依赖额外的硬件设备，且基本不影响系统的时间分辨率，可广泛地用于大气痕量气体的高灵敏度、高精度测量研究。

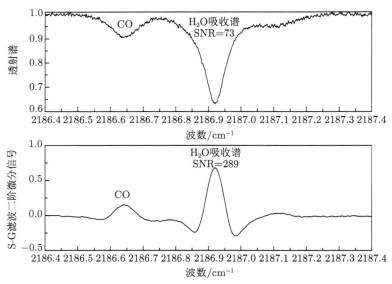

图 5.28   实验的原始吸收光谱和 S-G 滤波后的二次微分信号

5.6 神经网络算法

　　人工智能作为一门综合各领域交叉的学科,其中一个重要分支:神经网络在各个学科领域中发挥着重要的推进作用。人工神经网络 (Artificial Neural Networks, ANN) 最初出现于 20 世纪 40 年代,直到 1986 年,以 Rumelhart 和 McClelland 为首的科学家提出了一种监督式的学习算法,又称为误差反向传播算法,简称 BP (Back Propagation) 神经网络。BP 神经网络算法主要由非线性变化单元组成,具有很强的非线性映射能力,在理论上可以逼近任意函数,灵活性大,在优化、信号处理与模式识别、智能控制、故障诊断等众多领域都已得到广泛的应用。

　　针对原始 Kalman 滤波算法仅适用于线性滤波系统,为了使该算法具有更大的普适性,本课题组提出了一种综合运用基于 BP 神经网络算法的自适应 Kalman 滤波算法 [30]。图 5.29 为 BP 神经网络 Kalman 滤波算法的流程示意图,通过利

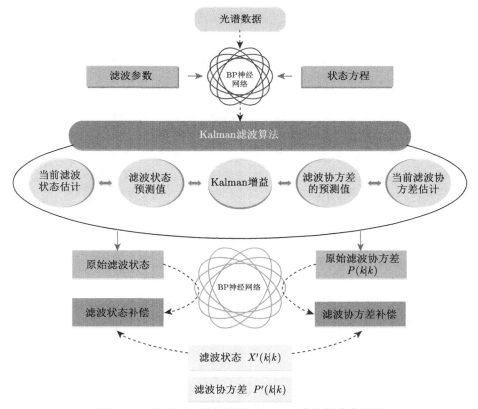

图 5.29　基于 BP 神经网络 Kalman 滤波算法流程图

用 BP 神经网络对滤波系统进行辨识与数据校正，获得准确的系统状态方程与滤波结果，使得滤波系统模型具有自适应性能，实现"自我调节"与"跟踪反馈"功能，最终实现光谱信号的最优化信噪分离。

为了检验该算法的可靠性，我们将其应用到人体口腔气成分诊断中 CO 分子吸收光谱处理分析，如图 5.30 为自行建立的实验装置示意图。图 5.31 给出了实验测量的某志愿者口腔气中包含的 CO 气体吸收光谱信号，及利于基于 BP 神经网络算法双最佳化的自适应 Kalman 滤波 (DO-AKF) 后的结果。滤波结果显示，相比于原始未去噪的光谱信号，SNR 提高了 23 倍。为了进一步评估该算法对测量浓度精度的影响，将该算法应用到口腔气中 CO 浓度的连续测量，实验结果如图 5.32 所示，数据显示未经过该滤波算法处理的平均结果为 457.45 ppb ± 18.20 ppb；而通过使用自行建立的 BP 神经网络算法双最佳化的自适应 Kalman 滤波之后，分析结果为 457.27 ppb ± 0.86 ppb，测量精度提高约 21 倍，而且通过 Allan 方差分析，在最佳的积分时间 181 s 的平均时间下，测量精度可提高到亚于 ppb 量级 (即 0.81 ppb)。实验结果显示，基于 BP 神经网络算法的自适应 Kalman 滤波算法在激光吸收光谱信号滤噪和测量精度提高方面具有很好的效果。

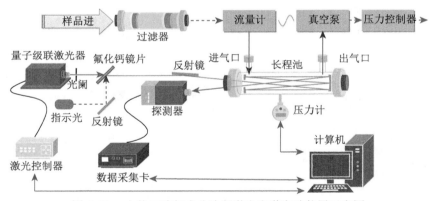

图 5.30　人体口腔气成分诊断激光光谱实验装置示意图

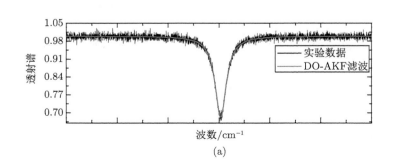

(a)

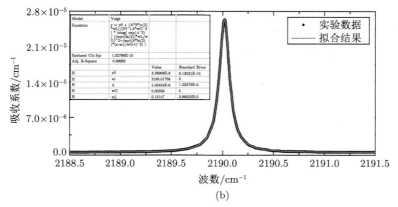

(b)

图 5.31 实验测量的某志愿者口腔气中 CO 气体吸收光谱图

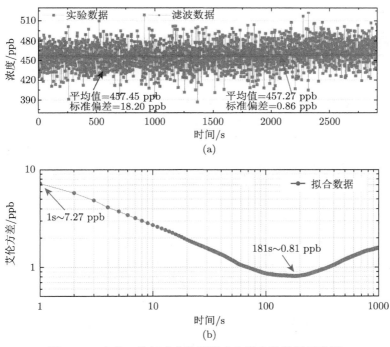

图 5.32 人体口腔气成分诊断激光光谱实验装置示意图

5.7 背景扣除法

探测器直接输出的原始激光吸收光谱通常是包含吸收线型、激光光源发射背景轮廓和各类噪声的叠加信号[31]。激光光源发射背景轮廓亦称之为基线 (Base-

line), 其分布特性取决于激光光源自身性质。利用吸收光谱反演相关物理量信息
之前，通常需要进行光谱基线扣除预处理，可通过以下两种方式实现：无吸收背
景光谱扣除法和非线性拟合方法。前者利用无样品的空腔 (或不含待检测物的样
品) 信号作为背景光谱，要求激光光源具有较高的稳定性和重复性，以减少光谱
匹配度的影响，使得操作过程复杂化；后者通过低阶多项式拟合无吸收轮廓的信
号部分以获取原始基线背景，实践证明后者具有很好的实用性，但需要精确选取
吸收谱线的数量、位置信息及匹配的数学模型，尤其是选取吸收轮廓范围不当时，
背景基线归一化过程必将引起吸收轮廓扭曲或不对称等问题，从而导致拟合结果
误差偏大。最小二乘拟合函数定义为

$$f(x_i) = \sum_{k=0}^{n} \beta_k x_i^j \tag{5-32}$$

其中，β 为多项式系数，x_i 为测量数据点数 x 中第 i 个数据点，通过以下公式的
最优解计算获得

$$\chi^2 = \sum_{i=0}^{N} \left(f(x_i) - y_i\right)^2 \tag{5-33}$$

式中，y_i 为对应 x_i 处的实验测量值，N 为总的测量点数。

　　激光光谱系统中光学器件表面形成的标准具效应而引起的光学干涉噪声一直
是限制光谱传感器检测灵敏度的一个重要关键性技术问题。Etalon 效应随温度变
化的漂移特性，使其很难通过技术手段被完全消除 [32]。针对此关键技术问题，作
者以大气痕量气体甲醛 (H_2CO) 分子为检测对象，建立了一套基于量子级联激光
器和零空气背景扣除法的大气甲醛高灵敏度、高精度测量系统 [33]，实验装置系统
原理示意图如图 5.33 所示。实验系统选择的激光光源为中红外量子级联激光器
@5.68 μm (Alpes LLH-100)，在其波长调谐范围包含着多条 H_2CO 分子强吸收谱
线。依据 HITRAN 光谱数据模拟，最终选择了波数位置在 1759.729 cm^{-1} 处的
最佳跃迁谱线，通过降低气体采样压力，在 50mbar 的采样压力下，完全可实现
甲醛分子的高分辨率光谱测量，如图 5.34 所示。

　　零空气和甲醛气体通过气体发生装置产生 [34]，实验中 135.7 ppbv 甲醛源样
品与零空气进行稀释以获取不同低浓度的样品，为减小甲醛的吸附效应影响 [35]，
采用 1/4 英寸的聚四氟乙烯 (PFA) 气体采样管将混合样品以 1.2 slm (standard
litres/min) 流速引入量子级联激光光谱系统。如图 5.35 给出的是 H_2CO 浓度为
25.68ppbv 条件下的实验测量结果图。可见，受长程光学吸收池内 Etalon 噪声的
影响，原始的 H_2CO 波长调制二次谐波 (WMS-2f) 信号几乎不可分辨 (上面板)，
但是通过零空气产生的背景光谱信号进行背景扣除后，二次谐波信号变得非常明

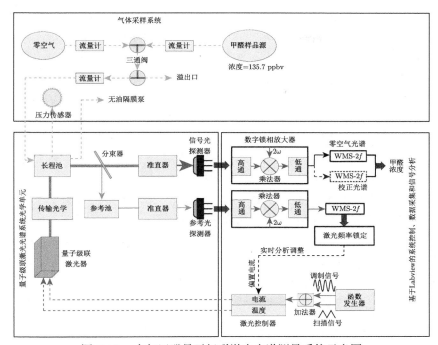

图 5.33 大气甲醛量子级联激光光谱测量系统示意图

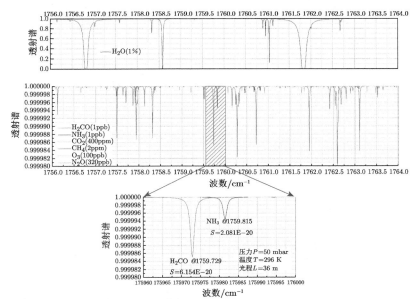

图 5.34 基于 HITRAN 光谱数据库模拟的 H_2CO 吸收光谱，及其他典型大气干扰分子的吸收光谱

显,再结合小波去噪 (Wavelet Denoising) 算法处理之后 [36],光谱噪声从 3.79 (基线非吸收区域统计标准偏差) 提高到 0.96,即信噪比 SNR 提高约 4 倍。

如上所述,尽管零背景扣除法对背景噪声抑制,尤其是光学干涉引起的 Etalon 噪声,具有良好的降噪效果,但是运用该方法时,需要注意背景信号采用的时间间隔。频繁地测量零空气背景信号,必将降低待分析样品信号的获取时间,例如,在实际外场观测时,将减少大气观测有效数据量和时间分辨率。间隔时间过长,Etalon 噪声受温度漂移效应的影响,无法得到有效扣除背景噪声的效果。为此,针对不同的光谱仪器系统,有效的交替采样周期需要通过系统实验评估,最佳化采样时间和采样间隔时间的选择,如图 5.36 所示,为实验仪器系统在 1Hz 光谱数据时间分辨率条件下,连续交替测量 ~34 ppbv 甲醛和零空气样品的结果。利用艾伦偏差 (Allan Deviation) 分析方法对 1h 时间内连续甲醛测量精度分析,其结果如图 5.37 所示,其中线条描述的结果为理论计算的白噪声变化趋势,结果显示通过零背景扣除背景干涉噪声之后,系统噪声主要以白噪声为主。针对白噪声,多次信号平均方法能很好地对其进行抑制,随着平均时间的增加,噪声呈线性递减,而测量精度呈线性递增,在最佳的平均时间下 (约 85s),本实验系统对甲醛分子的测量精度可达到 sub-ppb 的水平。

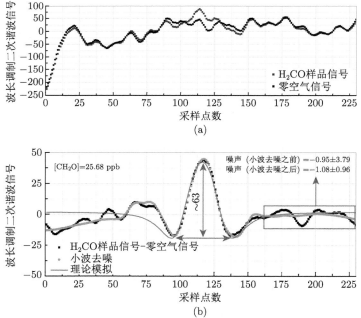

图 5.35 实验测量的浓度为 25.68 ppbv H_2CO 样品和零空气 WMS-$2f$ 信号 (a),及背景扣除和小波去噪前后结果图 (b)

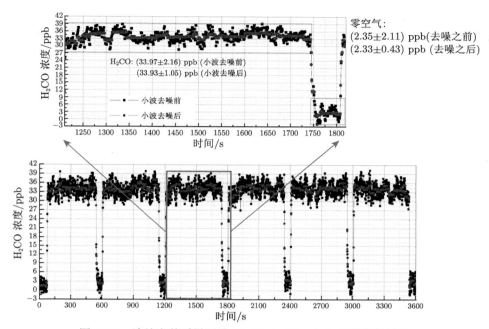

图 5.36　连续交替采样测量 H_2CO (~34 ppbv) 和零空气样品

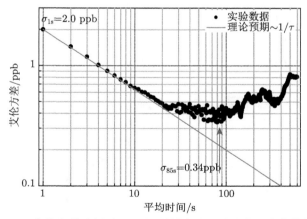

图 5.37　艾伦方差分析 H_2CO 测量精度和理论上白噪声变化趋势

5.8　平　衡　探　测

　　激光光谱系统中激光器强度噪声、探测器噪声等电子学噪声,以及来自光学反馈和光学干涉条纹的光学噪声是限制系统检测灵敏度的关键技术噪声。理论上,高灵敏的 WMS 技术通过将检测频带移到激光过量 $(1/f)$ 噪声不占主导的高频带,从而实现对弱光吸收率条件下的散粒噪声极限 (Shot-Noise-Limit，近似为 10^{-7} 量级) 探测灵敏度 [37]。实际应用中 WMS 通常只能获得 10^{-5} 量级的检测限。限制吸收光谱技术最佳检测灵敏度的主要因素是源过量 $(1/f)$ 噪声和偶然性形成的光学干涉条纹 (即标准具效应)。

由于散射或杂散光反射，少量光沿着与主光束不同的路径传输到达光电探测器。由于激光辐射是相干的，发生光干涉效应，从而在吸收光谱中呈现出规则间隔的干涉条纹。条纹间距通常与气体线宽度相似。可通过优化光学设计，如可通过优化光学设计最大程度减小透镜在光轴上散射、采用布儒斯特角 (Brewster Angle) 安置光学窗片的策略，以及采用主动抑制技术以减小标准具效应。此外，众多光谱学者研究报道了各种激光调制技术应用于区分吸收线轮廓和光学干涉条纹 [38,39]，但有时候可实现干涉条纹的抑制效果非常有限，尤其是当条纹间距和吸收线宽相当时。总体上，以上所述方法的具体实现因激光器调谐特性的不同而有所不同，因而存在不同程度的应用受限。早在 1985 年，Webster 通过设计一款布儒斯特扰流板 (Brewster-Plate Spoiler) 方法 [40] 放入干涉条纹产生的光路中，在基于单通池和 7.65 μm 半导体激光的 TDLAS 系统中实现了 30 倍干涉条纹振幅抑制效果。实践证明长程多通池光学系统中极易形成标准具效应，Herriott 型多通池形成的干涉条纹幅度在 $1 \times 10^{-4} \sim 3 \times 10^{-3}$ 量级之间，典型值为 5×10^{-4}，White 型多通池的干涉条纹幅度通常 $> 10^{-3}$ [41]。Silver 和 Stanton 报道了一种将压电换能器 (PZT) 连接到长程池一端反射镜上 [42]，压电陶瓷在 23Hz 的低频电压驱动下使得反射镜产生约 40μm 的平移距离，此方法对光学失调特别不敏感，且无需复杂的光学光路调整过程。时至今日，这种简单有效的方法始终被延续应用到商业化的多通池系统中 [43]。

此外，TDLAS 技术中波长调制二次谐波 WMS-2f 探测方法易受光强 I_0 变化的影响，典型地，注入电流扫描时激光输出功率的变化、光学失调、振动、透射光束的模糊或散射及光学元件的污染等过程引起激光功率的变化，都将影响测量浓度的准确性 [44,45]。实际应用中，激光器波长的漂移将会直接影响光谱质量，进而影响测量结果的可靠性，尤其是在外场开放式测量显得尤为重要 [46]。

实践证明平衡探测是一种可有效抑制实验系统内部噪声的方法。平衡探测器需要使用两个相配的光电探测器和超低噪声、超低失真、高速的跨阻抗放大器，才能满足低光学输入功率应用要求。实际应用中，信号输入端和光电探测器的有源区之间产生不同程度的光程差，使得平衡探测很难达到理想效果。为此，需要采用自动平衡探测方式，通过同时调节两个光电探测器的光学增益，补偿两个光学输入信号间的功率差异，实现有效抑制共模噪声，实现微弱信号的高精度、高灵敏度检测。

图 5.38 为典型的基于平衡探测原理的 WMS-TDLAS 激光光谱系统结构示

意图。光纤输出的半导体激光器通过一分二光纤分束器分成两路：信号光和参考光。信号光通过光纤端面集成的自聚焦准直器准直后耦合进气体样品池，透射后入射到信号光探测器；参考光直接耦合进入无窗的参考光探测器。两路信号同步输入到自动平衡接收器[47,48]，依据输入信号特性平衡电路自动放大和调整比例系数，实现本底噪声的抑制，可实现半导体激光器强度噪声 18dB 的抑制比。为了避免残余反射引起的标准具效应，所有光纤器件之间通过角度打磨的 FC/APC 型连接器耦合，且光学吸收池的两端设计成布儒斯特角式光学窗 (Brewster-Angled Optical Windows)。现代光纤技术的快速发展使得光纤传输损耗低至 0.2 dB/km，且可以通过使用保偏光纤 (Polarization-Maintaining，PM) 保证非常好的偏振稳定性。此外，光纤光学线缆的使用使得光谱测量系统在结构设计方面具有更好的灵活性，尤其是在工业处理监测和环境传感领域方面的应用。作为改进型，可在参考光路中添加一个参考气体池，在采用结合参考光束和自动平衡探测器的检测方法中，通过在参考光路添加含有待检测气体的吸收池，即可同步获得高信噪比的吸收光谱信号[49,50]。鉴于分子吸收轮廓的对称性，可利用参考信号用于激光器波长飘逸补偿和频率锁定，实现高精度实时测量。利用该平衡探测方案，理论上可实

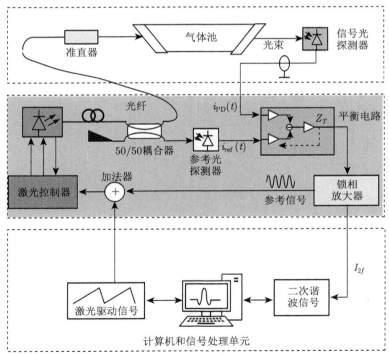

图 5.38 基于平衡探测原理的 WMS-TDLAS 激光光谱系统结构示意图

现吸收深度为 1×10^{-7} 或更低量级的探测灵敏度。最后，值得提出的是基于平衡探测策略衍生出了一种新的光谱检测方法：相关光谱法 (Correlation Spectroscopy)。相关光谱法利用光谱吸收信号与样品浓度之间的线性响应关系，可解决某些激光光谱技术在气体浓度检测中需要校正的问题，典型地，如波长调制光谱技术。图 5.39 为相关光谱法信号处理方法示意图，通过将待测样品信号光谱与参考光谱信号进行多维最小二乘拟合，计算出的比率系数乘以参考池中已知气体样品浓度值，即为未知样品池中气体浓度值。相比于传统的单点峰值比值法，多维最小二乘拟合法能有效降低光强波动和噪声干扰造成的信号不稳定性引起的测量误差。

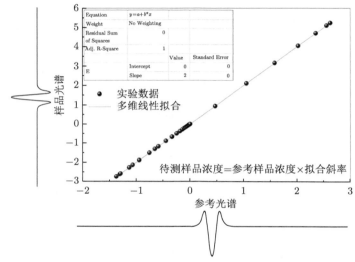

图 5.39　多维线性回归算法拟合 WMS-2f 光谱信号示意图

参 考 文 献

[1] SCHIFF H I, MACKAY G I, BECHARA I. Air Monitoring by Spectroscopic Techniques[M]. New York: John Wiley & Sons,1994.

[2] DEWEY JR C F. Design of Optoacoustic Systems//Pao Y-H. Optoacoustic Spectroscopy and Detection[M]. New York: Academic Press, 1977.

[3] BARNES J A, ALLAN D W. Statistics of atomic frequency standards[J]. Proc. IEEE, 1966,54: 221-230.

[4] WERLE P, MIICKE R, SLEMR F. The limits of signal averaging in atmospheric trace-gas monitoring by tunable diode-laser absorption spectroscopy (TDLAS)[J]. Appl. Phys. B, 1993, 57: 131-139.

[5] WU T, CHEN W, FERTEIN E, et al. Measurement of the D/H, $^{18}O/^{16}O$, and $^{17}O/^{16}O$ isotope ratios in water by laser absorption spectroscopy at 2.73 μm[J]. Sensors, 2014, 14:

9027-9045.

[6] SUN J, DENG H, LIU N W, et al. Mid-infrared gas absorption sensor based on a broadband external cavity quantum cascade laser[J]. Review of Scientific Instruments, 2016, 87: 123101.

[7] DING J Y, HE T B, ZHOU S, et al. Quartz tuning fork-based photodetector for mid-infrared laser spectroscopy[J]. Applied Physics B, 2018, 124: 78.

[8] SUN J, DING J Y, LIU N W, et al. Detection of multiple chemicals based on external cavity quantum cascade laser spectroscopy[J]. Spectrochimica Acta Part A: Molecular and Biomolecular Spectroscopy, 2018, 191: 532-538.

[9] LIU N, ZHOU S, ZHANG L, et al. Standoff detection of VOCs using external cavity quantum cascade laser spectroscopy[J]. Laser Physics Letters, 2018, 15: 085701.

[10] LI J, LIU N, DING J, et al. Piezoelectric effect-based detector for spectroscopic application[J]. Optics and Lasers in Engineering, 2019, 115: 141-148.

[11] ZHOU S, LIU N, ZHANG L, et al. Realization of a infrared detector free of bandwidth limit based on quartz crystal tuning fork[J]. Optics and Laser Technology, 2019, 113: 261-265.

[12] KALMAN R E. A new approach to linear filtering and prediction problems[J]. Transaction of the ASME-Journal of Basic Engineering, 1960, 82: 35-45.

[13] SORENSON H W. Least-squares estimation: from Gauss to Kalman[J]. IEEE Spectrum, 1970, 7: 63-68.

[14] WELCH G, BISHOP G. An Introduction to the Kalman Filter[C]. UNC-Chapel Hill, TR 95-041, July 24, 2006.

[15] BROWN R G, HWANG P Y C. Introduction to Random Signals and Applied Kalman Filtering[M]. 2nd ed. New York: John Wiley & Sons Inc., 1992.

[16] WARREN R E. Adaptive Kalman-Bucy filter for differential absorption lidar time series data[J]. Appl. Opt., 1989, 28: 4755-4760.

[17] RIRIS H, CARLISLE C B, WARREN R E. Kalman filtering of tunable diode laser spectrometer absorbance measurements[J]. Appl. Opt., 1994, 33: 5506-5508.

[18] LELEUX D P, CLAPS R, CHEN W, et al. Applications of Kalman filtering to real-time trace gas concentration measurements[J]. Appl. Phys. B, 2002, 74: 85-93.

[19] WU T, CHEN W D, KERSTEL E, et al. Kalman filtering real-time measurements of H_2O isotopologue ratios by laser absorption spectroscopy at 2.73 µm[J]. Opt. Lett., 2010, 35 (5): 634-636.

[20] CHEN J, HANGAUER A, STRZODA R, et al. Laser spectroscopic oxygen sensor using diffuse reflector based optical cell and advanced signal processing[J]. Appl. Phys. B, 2010, 100: 417-425.

[21] WU T, CHEN W D, FERTEIN E, et al. Measurement of the D/H, $^{18}O/^{16}O$, and $^{17}O/^{16}O$ isotope ratios in water by laser absorption spectroscopy at 2.73 µm[J]. Sensors, 2014, 14: 9027-9045.

[22] DONOHO D L, JOHNSTONE I M. Adapting to unknown smoothness via wavelet

shrinkage[J]. J. American Statist. Ass., 1995, 90: 1200-1224.

[23] ZHANG X P, DESAI M D. Adaptive denoising based on SURE risk[J]. IEEE Signal Process Lett., 1998, 5: 265-267.

[24] LI J S, PARCHATKA U, FISCHER H. Applications of wavelet transform to quantum cascade laser spectrometer for atmospheric trace gas measurements[J]. Applied Physics B-Lasers and Optics, 2012, 108: 951-963.

[25] LI J S, YU B L, FISCHER H. Wavelet transform based on the optimal wavelet pairs for TDLAS signal processing[J]. Applied Spectroscopy, 2015, 69(4): 9-12.

[26] SAVITZKY A, GOLAY M J E. Smoothing and differentiation of data by simplified least squares procedures[J]. Analytical Chemistry, 1964,36:1627-1639.

[27] ENKE C G, NIERNAN T A. Signal-to-noise ratio enhancement by least-squares polynomial smoothing[J]. Analytical Chemistry, 1976, 48: 705A-712A.

[28] STEINIER J, TERMONIA Y, DELTOUR J. Smoothing and differentiation of data by simplified least square procedure[J]. Analytical Chemistry, 1972, 44: 1906-1909.

[29] ZHOU C, ZHANG L, LI J S. Detection of atmospheric multi-component based on a single quantum cascade laser[J]. Acta Physica Sinica, 2017, 66: 094203.

[30] ZHOU S, SHEN C, ZHANG L, et al. Dual-optimized adaptive Kalman filtering algorithm based on BP neural network and variance compensation for laser absorption spectroscopy[J]. Optics Express, 2019, 27(22): 31874-31888.

[31] SPAINK A, LUB T T, OTJES R P. Baseline correction method for second-harmonic detection with tunable diode lasers[J]. Analytica Chimica Acta, 1986, 183: 141-154.

[32] WERLE P W, MAZZINGHI P, D'AMATO F, et al. Signal processing and calibration procedures for in situ diode-laser absorption spectroscopy[J]. Spectrochimica Acta Part A: Molecular and Biomolecular Spectroscopy, 2004, 60: 1685-1705.

[33] LI J S, PARCHATKA U, FISCHER H. A formaldehyde trace gas sensor based on a thermoelectrically cooled CW-DFB quantum cascade laser[J]. Analytical Methods, 2014, 6: 5483-5488.

[34] HARRIS G W, MACKAY G I, IGUCHI T, et al. Measurements of formaldehyde in the troposphere by tunable diode laser absorption spectroscopy[J]. J. Atmos. Chem., 1989, 8:119-137.

[35] WERT P, FRIED A, HENRY B, et al. Evaluation of inlets used for the airborne measurement of formaldehyde[J]. J. Geophys. Res., 2002, 107: 4163.

[36] Li J S, PARCHATKA U, FISCHER H. Applications of wavelet transform to quantum cascade laser spectrometer for atmospheric trace gas measurements[J]. Applied Physics B, 2012, 108: 951-963.

[37] BOMSE D S, STANTON A C, SILVER J A. Frequency modulation spectroscopy for trace species detection: experimental comparison of methods[J]. Appl. Opt., 1992, 31: 718-731.

[38] REID J, EL-SHERBINY M, GARSIDE B K, et al. Sensitivity limits of a tunable diode laser spectrometer, with application to the detection of NO_2 at the 100-ppt level[J].

Appl. Opt., 1980, 19: 3349.

[39] CASSIDY D T, REID J. Harmonic detection with tunable diode lasers-two-tone modulation[J]. Appl. Phys. B, 1982, 29: 279.

[40] WEBSTER C R. Brewster-plate spoiler: a novel method for reducing the amplitude of interference fringes that limit tunable-laser absorption[J]. J. Opt. Soc. Am. B, 1985, 2: 1464.

[41] SILVER J A, STANTON A C. Optical interference fringe reduction in laser absorption experiments[J]. Appl. Opt., 1988, 27: 1914-1916.

[42] Aerodyne Research Inc. https://www.aerodyne.com.

[43] SILVER J A, HOVDE D C. A comparison of near-infrared diode laser techniques for airborne hygrometry[J]. Journal of Atmospheric and Oceanic Technology, 1998, 15(1): 29-35.

[44] ENGELBRECHT R. A compact NIR fiber-optic diode laser spectrometer for CO and CO_2: analysis of observed $2f$ wavelength modulation spectroscopy line shapes[J]. Spectrochimica Acta Part A, 2004, 60: 3291-3298.

[45] BARRASS S, GÉRARD Y, HOLDSWORTH R J, et al. Near-infrared tunable diode laser spectrometer for the remote sensing of vehicle emissions[J]. Spectrochimica Acta Part A, 2004, 60: 3353-3360.

[46] ZHU X, CASSIDY D T. Electronic subtracter for trace-gas detection with InGaAsP diode lasers[J]. Applied Optics, 1995, 34(36): 8303-8308.

[47] CHANG C Y, SHY J T. Optimal power split ratio for autobalanced photodetection[J]. Appl. Opt., 2014, 53(3): 347-350.

[48] OH D B, HOVDE D C.Wavelength-modulation detection of acetylene with a near-infrared external-cavity diode laser[J]. Appl. Opt., 1995, 34(30): 7002-7005.

[49] CASSIDY D T, REID J. Atmospheric pressure monitoring of trace gases using tunable diode lasers[J]. Appl. Opt., 1982, 21(7): 1185-1190.

[50] CAI T D, GAO G Z, WANG M R. Simultaneous detection of atmospheric CH_4 and CO using a single tunable multi-mode diode laser at 2.33 μm[J]. Opt. Express, 2016, 24(2): 859-873.

第 6 章　激光光谱分析技术的应用

激光光谱作为一种光学的分析技术，通过研究光与物质相互作用的不同形式，并从中反演出一系列的物理量信息，如光、电、磁、声和热等。光谱分析法相比于传统的化学分析法，具有响应时间短、选择性好、非破坏性和无污染性等显著优势。为此，基于光谱分析技术的光电传感器具有体积小、重量轻、检测速度快、适装性好等优点，可广泛地应用于环境监测、工农业生产、医疗诊断、国家和国防公共安全、太空探索和基础物理等学科领域。本书将围绕近年来国际上新近发展起来的新型激光光谱方法和技术，结合国际上最新研究热点和前言课题，以及作者领导的课题组所涉及的研究内容，重点介绍新型激光光谱技术在分子光谱、大气环境监测、工业处理控制、燃烧诊断、生物医学呼吸气标志物分析、同位素分析、海洋科学领域深海探测和土壤生态领域地气交换方面的最新研究进展。

6.1　分 子 光 谱

分子吸收谱线参数，包括谱线的位置、线强、压力展宽和位移系数等，是激光吸收光谱测量浓度、温度、压力、速度和质量通量等物理量时所必需的基本参数。这些参数的可靠性直接影响最终测量结果的精确度。为此，全球众多科研工作者们开展着不同分子的光谱参数理论和实验研究，并建立一系列光谱数据库供光谱学者们共享。以全球光谱学者普遍依赖的 HITRAN 光谱数据库为例，其提供的数据只是特定条件下的参数，例如线强是利用 Herman-Wallis 系数理论计算的结果，参考温度为 296 K；空气展宽系数为干燥空气条件下诱导的展宽系数。实际应用中，高精度测量结果的需求和光谱参数对环境参数的依赖性，使得光谱参数的修正具有重要的必要性。

近年来，水汽效应 (稀释效应和加宽效应) 对光谱仪器的影响越来越受到重视。大气中水汽具有一定的时间和空间变化性，其浓度从平流层中几 ppm 量级到对流层的百分之几的体积比，典型值为 0.17 ppm∼4.5‰。光谱仪器测量结果如果以湿空气中气体分子的混合比作为报道结果和对比依据 (定义为分子实际摩尔数与湿空气摩尔数)，水汽的浓度变化必将直接影响大气其他气体成分的混合比测量，此影响称之为“稀释效应”(Dilution Effect)。为了避免此效应的影响，确保仪器输出结果之间的对比可信度，气体分子的混合比要求统一以干燥摩尔数的形式报道。国际上，世界气象组织 (World Meteorological Organization，WMO) 规

定 CO_2 分子在大气环境 $\sim$400 ppm 的条件下, 测量准确度要高于 0.1 ppm 的精度要求 [1]。为此, 待分析样品中水汽的混合比需要降低到 250 ppm 以下, 或在 250 ppm 精度以内同时测量水汽进行修正稀释效应。水汽对大气甲烷的稀释效应要显著低于二氧化碳, WMO 规定 CH_4 分子在大气环境 $\sim$2 ppm 条件下, 测量准确度为 2ppb, 相应水汽含量要求要低于 1000 ppm。尤其是商业化的光谱仪, 使用过程需要使用者根据实际需要和应用环境, 对仪器系统上位机软件进行二次开发或校正。无论是自制实验室仪器还是商业化成品仪器, 水汽效应的校正首先需要通过水汽影响实验获取相关校正公式, 可通过建立如图 6.1 所示的实验装置, 进行仪器系统测试和标定。

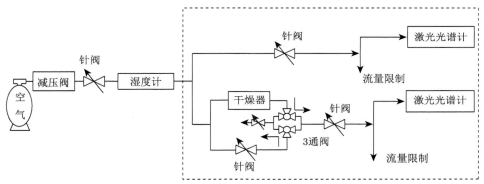

图 6.1 水汽效应实验装置示意图

在国际上, 如德国马普生物地球化学研究所 Chen 等以大气 CO_2 和 CH_4 分子为研究对象, 采用 Picarro 公司 CRDS 光谱仪器 (型号: G1301-m) 开展了水汽稀释效应和压力加宽效应对测量痕量气体浓度的影响研究, 并获得了如下二阶方程经验校正公式 [2]:

$$C_{wet}/C_{dry} = 1 + a \times C_{H_2O} + b \times C_{H_2O}^2 \tag{6-1}$$

相关校正系数如表 6.1 所总结。

表 6.1 水汽稀释效应和压力加宽效应引起的二氧化碳和甲烷分子校正系数

分子	参数 a	参数 b
CO_2	-0.01200 ± 0.00009	$(-2.674\pm0.18)\times10^{-4}$
CH_4	-0.00982 ± 0.00006	$(-2.393\pm0.1)\times10^{-4}$

此外, 商业化标准气体样品作为仪器的参考校正源, 直接影响着仪器的最终测量结果。通常标准参考气体样品通过高纯干燥 N_2 和待分析目标分子按一定比

例精确混合人工配置而成，并存储在高压钢瓶中。这种人工配置的标准气与实际空气中背景气的成分相差较大，必然导致分子谱线加宽参数的变化 (典型地，当浓度 >~100 ppm)，进而直接影响到最终测量浓度的精确性。水汽效应影响的校正关系式因光谱仪器类型不同而异，甚至因所选择的分子吸收谱线不同而亦存在差异性。如 Richardson 等使用上述同类型的商业化 CRDS 光谱分析仪[3]，而选择了一条不同位置的 H_2O 吸收谱线反演水汽含量，结果发现两者存在 1.02133 倍偏差，即使使用同一仪器而选择不同的 H_2O 和 HDO 吸收谱线反演水汽含量，亦存在一定的差异性，实验总结出如下经验关系式：

$$C_{H_2O} = -0.029C_{HDO}^2 + 1.0C_{HDO} + 0.028 \tag{6-2}$$

鉴于大气 CO 和 N_2O 气体分子对全球气候影响的重要性，本课题组开展了中红外 4.57 μm 波段附近 H_2O 加宽系数对 CO 和 N_2O 吸收谱线的影响研究[4]。以 2186.639 cm^{-1} 处 CO 分子 R(11) 跃迁谱线和 2187.099 cm^{-1} 处 N_2O 分子 P(38e) 跃迁谱线作为研究对象，实验装置如图 6.2 所示，实验中首先将少许高纯 CO 和 N_2O 气体样品充入吸收池内，再利用水汽饱和蒸汽压法产生不同压力的 H_2O 样品，并将其充入吸收池内与低压 CO 和 N_2O 气体样品相混合，如图 6.3

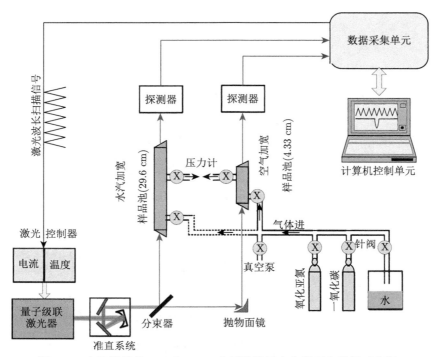

图 6.2　水汽诱导的 CO 和 N_2O 分子谱线展宽实验研究装置示意图

和图 6.4 为不同压力下的 H_2O 诱导 N_2O 和 CO 展宽光谱, 及基于 Voigt 线型拟合的压力展宽系数与 H_2O 压力之间的响应曲线, 线性拟合获得 H_2O 诱导的 CO 和 N_2O 展宽系数分别为 0.1007 cm^{-1}/atm 和 0.1327 cm^{-1}/atm, 而 HITRAN 数据库中给出的对应空气展宽系数分别为 0.0573 cm^{-1}/atm 和 0.0676 cm^{-1}/atm, 由此实验结果可计算出 H_2O 诱导的展宽系数分别为相应空气展宽系数的 1.8 倍和 1.9 倍。

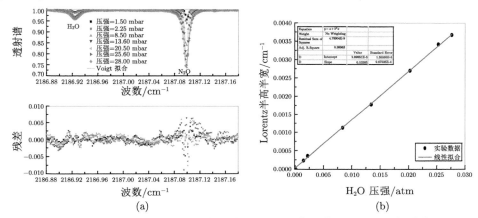

图 6.3　实验测量的不同 H_2O 压力下诱导 N_2O 吸收光谱 (a) 及其加宽系数 (b)

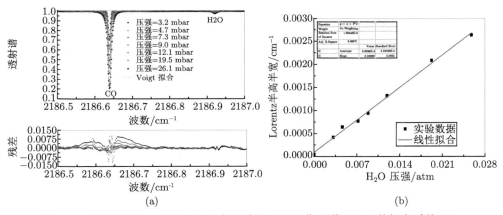

图 6.4　实验测量的不同 H_2O 压力下诱导 CO 吸收光谱 (a) 及其加宽系数 (b)

最后, 基于获得的实验参数, 模拟研究了 H_2O 浓度在 1%~5% 范围之间, H_2O 展宽效应对波长调制二次谐波信号的影响, 如图 6.5 所示, 以二次谐波信号中心处峰值来计算, 结果显示反演浓度结果误差可达百分比量级, 如图 6.6 所示。从而说明高精度测量大气气体分子浓度时, 尤其是高湿环境下外场观测研究, 考虑 H_2O 展宽效应的影响具有非常重要的必要性。

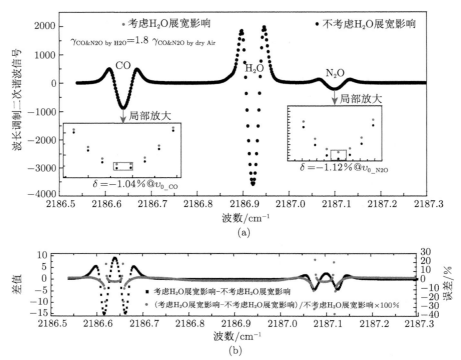

(a)

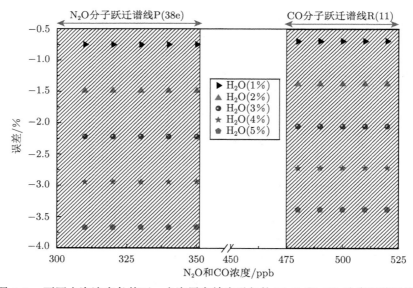

(b)

图 6.5　水汽展宽效应对模拟的 CO、H_2O 和 N_2O 二次谐波信号影响

图 6.6　不同水汽浓度条件下，水汽展宽效应引起的 N_2O 和 CO 浓度反演误差

此外,鉴于甲烷 (CH$_4$) 分子作为一种典型的温室气体,本课题组亦开展了 H$_2$O 效应对近红外 CH$_4$(@1.653 μm) 光谱展宽效应的影响研究 [5]。本实验以 CH$_4$ 分子在 6046.9 cm^{-1} 附件 2v_3 带中的 R$_3$ 跃迁谱线为研究对象,通过自行集成的近红外吸收光谱系统,如图 6.7 所示,结合以上所述的水汽校正实验装置,开展了详细的水汽效应实验研究。

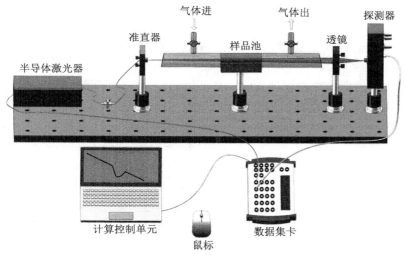

图 6.7　近红外甲烷吸收光谱实验装置图

实验中首先将 2.5mbar 的高纯 CH$_4$ 样品冲入 20.3cm 单通吸收池内,再分别记录的不同 H$_2$O 压力 (22~31mbar) 加宽下的吸收光谱,如图 6.8 所示。

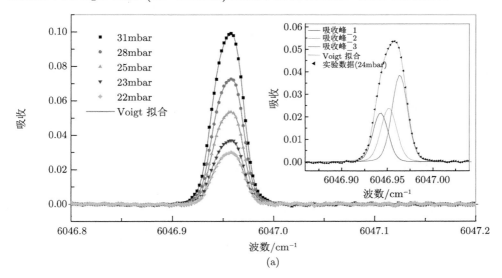

(a)

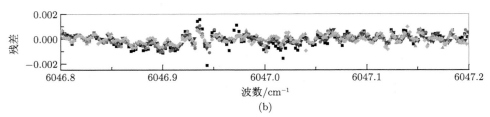

(b)

图 6.8 不同 H_2O 压力条件下 CH_4 吸收光谱图

由以上实验测量光谱图 6.8 可见，甲烷分子 R_3 跃迁谱线实际上为一条三重兼并态，谱线线强在 10^{-21}cm/mol. 量级，三条谱线间距约为 0.01cm^{-1}，即使在 Doppler 加宽限制的条件下也无法区分。为此，本实验中通过采用自行建立的多光谱拟合算法模型对实验数据进行分析处理，以便获取每条谱线的谱线参数，如图 6.9 所示，为不同 H_2O 压力诱导的 CH_4 分子 R_3 跃迁谱线的 Lorentz 线宽。为了证明本实验数据的可靠性，我们亦开展了详细的线强、自加宽和空气加宽实验研究，实验测量的 CH_4 分子 R_3 跃迁谱线线强、空气加宽系数、自加宽系数和 H_2O 诱导的加宽系数，及 HITRAN 数据库给出的此条谱线参数，如表 6.2 所总结。实验结果显示，类似于以上所述的 CO 和 N_2O 谱线加宽实验结果，H_2O 诱导的 CH_4 分子 R_3 跃迁谱线的加宽系数约为 HITRAN 数据库给出的干燥空气展宽系数的 1.3 倍。

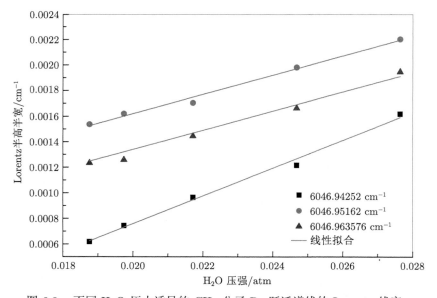

图 6.9 不同 H_2O 压力诱导的 CH_4 分子 R_3 跃迁谱线的 Lorentz 线宽

表 6.2 实验测量的甲烷 R_3 跃迁谱线参数及与 HITRAN 数据库比较

谱线位置 /cm⁻¹	线强 /(×10⁻²¹, cm/mol.)				空气加宽系数 /(cm⁻¹/atm)				自加宽系数 /(cm⁻¹/atm)				水汽加宽系数 /(cm⁻¹/atm)	
HITRAN	This work	HITRAN	Error /%	%Unc.	This work	HITRAN	Error /%	%Unc.	This work	HITRAN	Error /%	%Unc.	This work	%Unc.
6046.963576	1.4508	1.455	−0.289	2.983	0.0667	0.066	1.061	0.187	0.0795	0.079	0.633	0.406	0.0747	0.926
6046.95162	0.92502	0.9277	−0.289	1.902	0.0678	0.066	2.727	0.367	0.0818	0.079	3.544	0.552	0.0753	0.409
6046.94252	0.78543	0.7877	−0.288	1.615	0.0630	0.066	−4.545	0.144	0.0796	0.079	0.759	0.417	0.1088	0.498

注: HITRAN 代表数据参考数据, This work 代表作者实验测量值, Error 代表作者测量值与 HITRAN 数据之间的误差, Unc. 为多次测量值统计获得的标准偏差。

针对 H_2O 分子诱导的其他分子在不同波段的谱线展宽现象亦有为数不多的研究。如 Wallace 等研究发现 H_2O 在 1.57μm 波段附近诱导的 CO_2 展宽系数近似为干燥空气诱导的展宽系数的 1.8 倍 [6]，Sung 等研究发现 4.3μm 波段 H_2O 诱导的 CO_2 展宽系数皆为 2 倍以上 [7]。Owen 等研究了 1103.46 cm^{-1} 附近 6 条 NH_3 系数谱线，结果显示 H_2O 诱导的 NH_3 展宽系数皆比相应的空气展宽系数要高 3~4 倍 [8]。Schilt 研究发现 1.51 μm 波段 H_2O 诱导的 NH_3 展宽系数明显比 N_2 展宽系数要高，6612.7 cm^{-1} 和 6596.4 cm^{-1} 处 2 条吸收线的展宽参数分别为 1.21 倍和 1.97 倍 [9]。此外，对于 O_2 分子，Vess 等研究发现 13100 cm^{-1} 附近氧分子 A 带的 6 条强吸收谱线，H_2O 展宽系数与空气展宽系数比值为 1.5~2 倍 [10]，高精确度测量 H_2O 诱导的 O_2 展宽效应已延伸到亚毫米波段 [11,12]。国际上最新有关该效应对甲烷分子的影响研究，近红外和中红外总计 76 条 CH_4 振转吸收谱线统计结果显示，平均展宽系数要高 34% [13]。

鉴于水汽在地球大气中的特殊性，重点介绍了其在分子光谱学中谱线加宽的响应。随着光谱技术的发展，及不同应用环境的特殊性和数据精确度的高要求，如人体口腔气诊断、其他行星中大气研究等，不同分子对待研究特征分子的谱线加宽效应的影响必将会受到越来越多的关注。

6.2　大气环境监测

全球环境和气候变化是目前世界各国都十分关注的问题，更是各国生态学、生物地球化学和环境科学界研究的热点和前沿课题。我国大气污染成因复杂，大气复合污染来自多种污染源排放的气态和颗粒态一次污染物，以及经系列的物理、化学过程形成的二次细颗粒物和臭氧等二次污染物。各类污染物与天气、气候系统相互作用和影响，形成高浓度的污染，并在大范围的区域间相互输送与反应。大气复合污染应对机制研究是我国社会、经济发展的重大战略需求，治理大气复合污染的创新思想来源于对大气物理、化学过程的深入认识，揭示大气复合污染的成因、发展应对机制具有重要的挑战性，需要多学科交叉、联合攻关。大气污染源的深度解析是科学治理大气污染的关键依据，研发具有自主知识产权的各类污染物原位监测技术和仪器设备，具有极为重要的意义。

从学科角度，大气污染物和痕量成分探测技术可分为光学和非光学的方法，主要包括：质谱、气相色谱/离子色谱、化学/电化学技术、光谱技术。质谱和色谱技术具有灵敏度和精确度高的优点，但是样品预处理和分析过程耗时长，无法满足实时在线测量；化学方法通常带来二次污染的负效应，电化学技术灵敏度和准确度高、测量范围宽，但是选择性差，且对应用环境具有一定的限制；激光光谱技术具有非破坏性，无需样品预处理，无二次污染，时间响应快，选择性好，依据不同的光谱原理可实现各种灵敏度，甚至可达到质谱相媲美的灵敏度。

从经济发展角度，工业和农业是国民经济的重要命脉，亦是大气污染的主要来源，尤其是钢铁、火电、平板玻璃、水泥等行业是大气污染的重点来源。通过研发大气污染物 (含有毒有害气体) 和光化学污染关键成分 (臭氧、挥发性有机物) 等大气固定源多污染物高效协同监测技术和新型传感器设备，形成科学、精准识别大气污染物源和汇数据库，为工业生产制造过程中节能减排和农业生产过程肥料的科学使用，提供监测数据指导和参考。

环境监测需要全方位的数据，近年来，环境监测技术由定点监测、区域监测逐步向全方位和大尺度监测相结合的方向发展，大气监测平台依据承载平台的不同可分为固定平台和移动平台，具体可分为在线现场监测、地基平台监测、高塔监测、走航式监测或遥测 (包括车载、热气球、舰载、机载 (飞机或无人机)、星载) 等各种形式的监测平台，如图 6.10 所示。此外，环境监测手段需要向物理、化学、光学、电子、人工智能等多学科综合应用的高技术领域发展。通过解决采样预处理、环境干扰和自动定标等关键技术，重点突破多组分气体交叉干扰的高灵敏探测技术；研发多组分气体定量反演算法和实用化仪器分析软件，实现环境监测数据的快速共享，如图 6.11 所示。

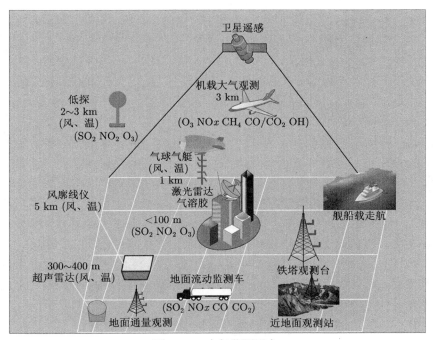

图 6.10　大气监测平台

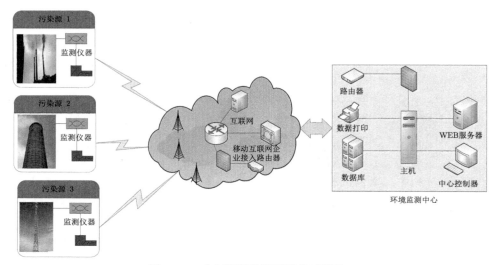

图 6.11   大气环境监测无线传感网络

鉴于我国大气环境污染形成的复杂性,我国环境监测领域的研究任重道远,仍存在很多重要科学问题和关键技术亟待攻关。如:大气 OH 自由基化学活性高 (对大气氧化性的贡献在 90% 以上)、寿命短 (近似 0.01~1s)、且浓度极低 ($10^6/cm^3$ 量级),自由基的精确测量仍是大气化学领域一项极具挑战性的任务。目前国际上主要有三种技术成功实现大气 OH 自由的探测 [14,15],即气体扩张激光诱导荧光 (Fluorescence Assay by Gas Expansion,FAGE)、激光差分吸收光谱 (Differential Optical Absorption Spectroscopy,DOAS) 和化学电离质谱 (Chemical Ionisation Mass Spectrometry,CIMS)。

FAGE 技术可直接探测 OH 自由基,但系统复杂,存在 O_3 干扰和散射背景等。DOAS 首次由德国海德堡大学 Platt 和 Perner 报道用于大气痕量气体探测 [16],该技术有效吸收光程 (km 量级) 长,无需校正,具有直接探测 OH 的潜在优势,但只能在开放模式监测,同样受到光谱吸收干扰的影响,不易通过机载等可移动平台实现原位监测。基于激光吸收光谱的大气 OH 自由基探测技术存在巨大的挑战性。CIMS 技术是一种间接测量技术,首先需要将 OH 转换成 H_2SO_4。此外,与 OH 自由基类似,HO_2 自由基在大气化学过程中具有同样的重要性,两者可相互转化,互为源和汇。图 6.12 给出了大气 OH 和 HO_2 自由基的形成和主要化学过程 [17,18]。

此外,早在 20 世纪 80 年代初 Litfin 和 Pfeiffer 分别开展了磁旋转激光吸收光谱测量 OH 自由光谱的研究 [19,20]。多年来随着激光技术和相关产业的飞跃发展,2011 年 Zhao 等报道了基于 2.8 μm 波段 DFB 半导体激光器的磁旋转激光吸收光谱探测 OH 自由，在 25 cm 有效光程和 100 ms 锁相时间常数的条件下，获得了 $8.2 \times 10^8/\mathrm{cm}^3(1\sigma)$ OH 自由基探测灵敏度[21]。通过在增加吸收光程等方面的改进，该仪器有望实现现场大气 OH 自由基的测量。

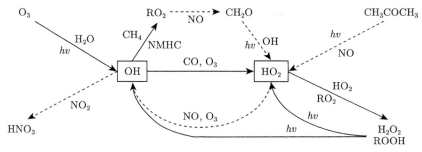

图 6.12　大气 OH 和 HO_2 自由基的形成和消耗化学过程

6.3　工业处理控制

可调节半导体激光吸收光谱技术 (Tunable Diode Laser Absorption Spectroscopy，TDLAS) 在工业处理过程控制中 (如有毒有害、可燃性气体排放，温湿度监控等) 之所以具有极高的吸引力，主要是因其非接触式和非破坏性诊断特性，尤其是在光学元器件易受污染的恶劣环境，即使光学元件恶化引起探测光强度漂移，亦不会导致检测结果发生偏差。因而，直接吸收光谱比高灵敏度波长调制技术在过程控制领域更受青睐。国际上，光学在线诊断技术已被美国环保署 (USEPA) 和欧洲环境保护署 (EEPA) 认可，并作为气体检测的技术标准之一[22,23]。

工业生产排放物和机动车尾气是地球大气污染的主要来源，主要包括粉尘、气体的硫化物 (SO_2、SO_3、H_2SO_4、H_2S 等)、氮化物 (NO、NO_2、NH_3 等)、碳氢化合物 (CH_4、C_2H_4 等) 和卤素化合物 (HF、HCl 等)，这些污染物主要来自各行业 (火电、化工、钢铁和矿业等) 中燃料的燃烧过程，如表 6.3 所示。2017 年 4 月 26 日国务院 170 次常务会议审议决定由生态环境部牵头、联合多部门开展大气重污染成因与治理集中攻关。多年来，我国已先后制定了多项国家大气污染物排放标准体系，如 GB13271-2014《锅炉大气污染物排放标准》、GB9078-1996《工业炉窑大气污染物排放标准》、GB13223-1996《火电厂大气污染物排放标准》、GB16171-1996《炼焦炉大气污染物排放标准》、GB4915-1996《水泥厂大气污染物排放标准》、GB14554-93《恶臭污染物排放标准》、GB14761.1~14761.7-93《汽车大气污染物排放标准》、GB14621-93《摩托车排气污染物排放标准》等其他大气污染物排放标准。

工业处理过程中污染物中含有大量的水汽，水汽吸收干扰给污染物检测带来一定的技术难度。典型的几种烟道污染物光谱吸收特性如图 6.13 所示。水汽红外吸收主要位于 5~7 μm 之间，通过选择 SO₂@3.96 μm, NO@3.4 μm, CO@4.67 μm, CO₂@4.26 μm 的吸收峰，可很好地减小水汽的干扰。此外，烟道废气中水汽的存在产生化学反应，形成一些二次气溶胶 ((NH₄)₂SO₃, (NH₄)₂NO₃, NH₄HNO₃)，即所谓的"光化学烟雾"，涉及化学反应过程如下 [24]：

$$
\begin{aligned}
2NH_3(g) + SO_2(g) + H_2O(g) &\longleftrightarrow (NH_4)_2SO_3(s) \\
NH_3(g) + SO_2(g) + H_2O(g) &\longleftrightarrow NH_4HSO_3(s) \\
2NH_3(g) + NO_2(g) + H_2O(g) &\longleftrightarrow (NH_4)_2NO_3(s) \\
NH_3(g) + NO_2(g) + H_2O(g) &\longleftrightarrow NH_4HNO_3(s)
\end{aligned}
\tag{6-3}
$$

表 6.3　典型的工业及其关联的污染物成分

铝冶炼厂	氟化氢	金属精炼厂	一氧化氮、氯化氢
半导体厂	氟化氢、氯化氢	炼油厂	氟化氢、氯化氢、硫化氢、氨气
特种气	水汽、氟化氢、氯化氢	焚化炉	氟化氢、氯化氢、一氧化碳、二氧化碳、氧气
地热	硫化氢	燃烧厂	一氧化碳、二氧化碳、水汽、氧气、一氧化氮
发电厂	氨气、一氧化氮、氧气	天然气厂	甲烷、硫化氢
垃圾堆放厂	甲烷、氟化氢、氯化氢	石油化工厂	二氧化硫、硫化氢、氮氧化物、挥发性有机物等
造纸厂	硫化氢、一氧化碳、二氧化碳	水泥厂	氟化氢、氯化氢
玻璃厂	氟化氢	化肥厂	氨气
卷烟厂	一氧化碳、二氧化碳	炼钢厂	一氧化碳、二氧化碳、二氧化硫、氟化氢
瓷砖制造厂	氟化氢、氯化氢	水果存储厂	氧气、二氧化碳、乙烯

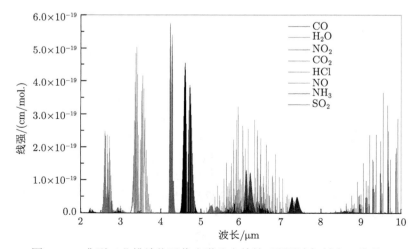

图 6.13　典型工业排放物吸收光谱分布特性 (彩图请扫封底二维码)

氮氧化物 (NO_x) 是大气污染物 PM2.5 和臭氧的重要前体物，亦是造成严重灰霾天气或臭氧污染天气的重要原因之一。因而，做好 NO_x 排放控制是契合我国"打好污染防治攻坚战"的重大战略需求。氮氧化物来源包括机动车尾气、燃煤电厂、工业源 (如钢铁、焦化、水泥、玻璃和陶瓷等行业) 排放等，且工业源排放物是大气氮氧化物的主要来源。虽然近年来机动车尾气和燃煤电厂氮氧化物排放已得到较好控制，但是工业源 NO_x 排放仍未得到有效控制。工业源 NO_x 排放是导致大气中 PM2.5 和 O_3 浓度居高不下，对气候、环境和人类健康造成巨大危害的重要原因之一。因此，有效控制工业源 NO_x 排放是大气污染防治的一项重要任务，从而成为契合"打好污染防治攻坚战"这一国家重大战略需求的关键。工业生产过程中通常利用氨气 (NH_3) 选择性催化还原 NO_x (Selective Catalytic Reduction of NO_x with N_{H3}, NH3-SCR)，该方法是一种利用脱销催化剂 (如 V_2O_5-WO_3/TiO_2) 将 NO_x 转化为 N_2 和 H_2O 的技术。NH3-SCR 因具有环境友好、转化效率高等特点被广泛应用。值得注意的是，在工业烟气中，大量的 SO_3 及 SO_2 可与 NH_3 和 H_2O 反应生成硫酸氢氨 (ABS)。在低于 ABS 露点的工业烟温下，ABS 黏性较大，覆盖于催化剂表面后容易导致催化剂失活、NH3-SCR 技术失效。因此，燃烧过程在提供能源的同时也向大气中排放了大量的废弃物质，通过燃烧产物的测量，对改进燃料的燃烧效率、减少污染物排放具有十分重要的应用价值。

随着全球变暖的现象日趋严重，控制温室气体的排放刻不容缓。近些年，含氟温室气体已逐步受到人们的广泛重视，其中以六氟化硫 (SF_6)，四氟化碳 (CF_4)，以及新温室气体三氟甲基五氟化硫 (SF_5CF_3) 为典型代表的强温室气体更是备受关注 [25−31]。SF_6 气体因其具有优良的灭弧性能和绝缘性能以及良好的化学稳定性，已取代油，成为新一代超高压电气设备绝缘介质材料，在微电子技术领域，用作电脑芯片、液晶屏等大型集成电路制造中的等离子刻蚀及清洗剂；以及有色金属的炼和铸造工艺中的脱气和纯化。四氟化碳 (CF_4) 因其具有廉价性与较高的碳氟比，在半导体工业和冶铝工业、材料改性、刻蚀等领域具有广泛的应用。由于 CF_4 结构稳定，其在大气中的寿命多达 50000 年，而且其全球变暖潜能值 (GWP) 是二氧化碳的 7597 倍。目前，CF_4 的分解技术主要有热分解、催化氧化分解、等离子体分解等几种应用技术。等离子体分解技术是近几十年来的一种新兴技术，已成为一种分解和转化 CF_4 非常有效的技术手段。为此，开展研究等离子体放电中的物理化学反应过程对优化等离子体源结构和改善等离子体加工工艺过程具有重要的参考意义。

图 6.14 是本实验室建立的基于宽调谐外腔式量子级联激光光谱测量 CF_4 分解产物的实验装置示意图。激光光源在室温工作下波长可调谐范围为 1130∼ 1430 cm^{-1}，实验中首先通过检测商业化的标准样品气体获取标准参考光谱。图 6.15 为不同混合比下的 CF_4 和 SiF_4 吸收光谱图。原始微波驻波等离子体进样气体成分为 $CF_4 = 20$ ml/min, $O_2 = 400$ ml/min, Ar $= 4000$ ml/min。当

进样 1 min 之后，分解产物通过集气袋采样收集，再注入到外腔式量子级联激光吸收光谱系统中的 50 cm 样品吸收池内进行光谱分析。实验多次测量的空气背景光谱和气体收集的 CF_4 分解产物吸收光谱如图 6.16 所示。利用多维线性拟合算法对集气袋样品信号光谱和标准参考光谱 ($CF_4 = 0.134\%$) 进行对比拟合分析，可计算出待分析样品中 CF_4 浓度为 2.104 ppm。由原始注入等离子体进样成分流速比可计算出原始 CF_4 体积比为 0.4525%，因而最终可计算出 CF_4 分解率约

图 6.14   外腔式量子级联激光吸收光谱测量 CF_4 分解产物的实验装置示意图

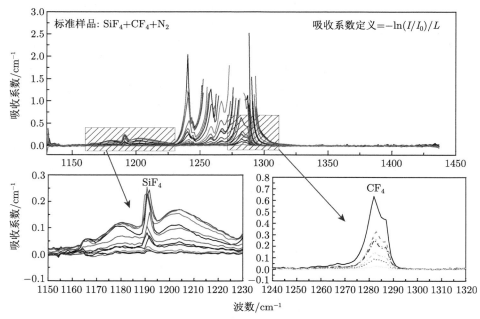

图 6.15   标准样品 CF_4 和 SiF_4 吸收光谱图

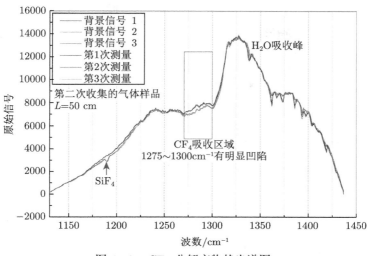

图 6.16　CF$_4$ 分解产物的光谱图

为 99.9535%。此外，由待分析样品吸收光谱可见，CF$_4$ 分解产物中存在 SiF$_4$ 成分，这主要是 SiO$_2$ 分解产生的 Si 与 F 结合的产物。此外，在氧气存在的情况下，CF$_4$ 分解产生的 CF$_x$ 会形成 COF$_x$ 并最终转化为 CO 和 CO$_2$ 等气体。

此外，航天航空工业领域，随着航空发动机的发展，先进发动机燃烧技术所具有的强旋流等特征使得传统的接触式温度测量无法满足精确捕捉其湍流流场温度变化的需求。可调谐半导体激光吸收光谱技术因其非侵入式、高灵敏度和快速响应的特点，可以实现温度和燃烧成分及其产物 (如碳氧化物、碳氢 (HC) 化合物、氮氧化物 (NO$_x$、NO$_y$)、硫氧化物 (SO$_x$) 等) 浓度的同时测量，成为航空发动机诊断的一种新型手段。

6.4　燃烧成分诊断

随着我国航天航空科技的快速发展，发动机燃烧过程参数 (如温度、压强、流速、组分随时间和空间的分布) 可有效反映发动机性能，高效的燃烧流场诊断，可为改进发动机设计提供重要参考依据。此外，在炼钢生产和发电厂行业中，通过对烟气中燃烧产物的连续在线监测，不仅可以实时控制锅炉燃烧，提高燃烧效率，而且可以降低 SO$_2$ 和 NO$_x$ 等污染气体的排放，实现节能减排，从而具有重要的经济价值和社会意义。多年来，通过光谱学研究，研究者们不仅可以解析原子、分子的能级及其几何结构特性，而且可以获取物质的浓度、压力、温度、速度或通量等物理量信息 [32~34]。此外，激光光谱技术的非接触式、非破坏性、快速的响应特性和无需复杂的样品预处理过程，使得其成为一种高效的燃烧诊断手段 [35,36]。

典型的激光光谱技术及其特性如表 6.4 所归纳总结 [37]。

表 6.4 几种典型的激光光谱技术特性比较

光谱技术	测量的物理量	可测量的维度	激光光源
激光吸收光谱	温度 成分浓度 压力 速度	路径–平均 一维/二维 (断层扫描)	半导体激光器 CO_2/CO_2 气体激光器 差频 DFG 激光器 光参量振荡器 OPO
激光诱导荧光	温度 成分浓度 压力 速度	逐点 路径–平均 二维/三维诊断	Nd:YAG 激光器 氩离子激光器 染料激光器 CO_2 激光器 准分子激光器
激光诱导 击穿光谱	温度 成分浓度	逐点	Nd:YAG 激光器 红宝石激光器 CO_2 laser CO_2 激光器 准分子激光器
光声光谱	成分浓度 气溶胶	局域 (光声池 内部) 长距离 (Standoff 探测)	半导体激光器 CO_2 激光器 HeNe 激光器
拉曼散射光谱	温度 成分浓度 压力 速度	逐点 二维	Nd:YAG 激光器 染料激光器 皮秒/飞秒激光器

由激光光谱核心思想：朗伯–比尔定律，和分子吸收线型满足归一化条件，可推导出分子积分吸收面积的数学表达式为

$$A = S \cdot N \cdot L \tag{6-4}$$

依据此式即可实现燃烧成分中气体分子浓度的测量。此外，分子光谱基本理论可知，分子吸收谱线线强是一个与温度有关的函数，即温度 T 对应的 $S(T)$ 可表示成参考温度 $T_{ref} = 296$ K 下线强度 S_{ref} 的函数：

$$S(T) = S_0 \frac{Q_{int}(T_{ref})}{Q_{int}(T)} \frac{T_{ref}}{T} \frac{\left[1 - \exp\left(\dfrac{hc\tilde{v}_{nm}}{kT}\right)\right]}{\left[1 - \exp\left(\dfrac{hc\tilde{v}_{nm}}{kT_{ref}}\right)\right]} \exp\left[-\frac{hcE_n}{k}\left(\frac{1}{T} - \frac{1}{T_{ref}}\right)\right] \tag{6-5}$$

那么，对于相同分子的两条不同吸收谱线的线强之比为

$$\frac{S_1(T)}{S_2(T)} = \frac{S_1(T_{ref})}{S_2(T_{ref})} \exp\left[-\frac{hc(E_1 - E_2)}{k}\left(\frac{1}{T} - \frac{1}{T_{ref}}\right)\right] \tag{6-6}$$

综合以上两个公式，可获得不同吸收谱线积分吸收面积的比值为

$$R = \frac{A_1}{A_2} = \frac{S_1(T)}{S_2(T)} = \frac{S_1(T_{\text{ref}})}{S_2(T_{\text{ref}})} \exp\left[-\frac{hc(E_1 - E_2)}{k}\left(\frac{1}{T} - \frac{1}{T_{\text{ref}}}\right)\right] \tag{6-7}$$

式子 hc/k 为常数，可推导出实验条件下的温度 T 为

$$T = \frac{\dfrac{hc}{k}(E_2 - E_1)}{\ln\left(\dfrac{A_1}{A_2}\right) + \ln\left(\dfrac{S_2(T_{\text{ref}})}{S_1(T_{\text{ref}})}\right) + \dfrac{hc}{k}\dfrac{(E_2 - E_1)}{T_{\text{ref}}}} \tag{6-8}$$

由上式可知，实验中通过测量两条已知吸收谱线的积分吸收面积 A_1 和 A_2，即可实现样品气体的温度测量。通过对自变量温度 T 求微分，可获得温度灵敏度的表达式为

$$\left|\frac{\partial R/R}{\partial T/T}\right| = \frac{hc}{k}\frac{\Delta E}{T} \tag{6-9}$$

此式说明，温度测量的灵敏度与拟选择两条吸收谱线的低跃迁能级态的能量差 ΔE 呈正比例关系，所选择的谱线能级差越大，温度灵敏度就越高。针对两条吸收谱线对测量温度的探测方法中，温度测量的误差很大程度取决于所选择的分子吸收谱线线强参数的误差[38]，为此众多光谱学研究者们开展了大量高温谱线参数的精确实验测量研究[39]。

　　燃烧诊断中，不仅需要获取燃烧成分和温度信息，还需结合流场速度等信息才能实现流场断层精准诊断[40]。激光吸收光谱用于流程速度测量主要基于多普勒效应原理，吸收谱线的多普勒频移量为吸收气体在静止和流动两种状态下的频率偏移量。实验中可采用单个或多个激光光束入射流场，典型地，采用两束激光以不同的角度穿过流场的传播方向为例，如图 6.17 所示，为激光光谱测量流场速度分布的示意图。

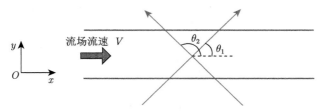

图 6.17　激光光谱测量流场速度分布的示意图

　　通过速度矢量分解法，光在传播方向上吸收介质的速度分量 V' 可表示为

$$V' = V\sin(\theta_1 - \theta_2)/2 \tag{6-10}$$

单个吸收谱线产生的多普勒频移为 $\Delta v'$

$$\frac{\Delta v'}{v_0} = \frac{V'}{c} \tag{6-11}$$

而实际测量到的谱线频移 Δv 是单个谱线多普勒频移量 $\Delta v'$ 的 2 倍

$$\Delta v = 2\Delta v' \tag{6-12}$$

综上所述，最终可计算出流场速度 V 的表达式为

$$V = \frac{\Delta v \cdot c}{v_0 \cdot \sin(\theta_1 - \theta_2)} \tag{6-13}$$

近年来，基于激光吸收光谱技术的两条线温度度量法 (Two-Line Thermometry) 在燃烧诊断科学中发挥着越来越重要的作用，尤其是在高温、高压、高速、有毒有害等苛刻环境中，激光吸收光谱技术的非接触式、高分辨、高灵敏度体现出巨大的潜在优势。目前，国内外研究者将激光吸收光谱技术与计算机断层诊断技术 (CT) 相结合进而形成了一种新型的流场二维诊断技术，即"激光吸收光谱断层诊断技术"。通过在实验光谱系统设计、数据处理技术、二维重建算法 (如傅里叶中心切片定理 (Fourier Slice Theorem)、变换法、迭代法和超光谱法等) 等方面广泛和深入的研究，已实现了燃煤锅炉、航空发动机、超燃冲压发动机等内流场中实时气体参数信息测量，及温度场和速度场的 2D 和 3D 重构 [41−47]，相关研究进展体现了激光吸收光谱断层诊断技术在燃烧流场和推进流场参数测量方面具有广阔的应用前景。

6.5　呼吸气诊断

现代的呼吸气分析源于 1971 年 Pauling 等的发现 [48]：正常人的呼吸气中存在数以百计的挥发性有机化合物 (Volatile Organic Compound，VOC)，其含量为十亿分之几 (Parts Per Billion，ppb) 或更低。这一发现与其他早期呼吸研究 [49]，重新激发了人们通过人类呼吸分析开展非侵入式疾病诊断和代谢状态监测的浓厚研究兴趣。呼吸气分析可以分成两类：用药后呼吸代谢物成分分析和特殊生理状态而产生的呼吸化合物分析。正常人的呼吸气中有上千种呼吸化合物，如图 6.18 所示，包含一些浓度较高的大气分子，如 H_2O，CO_2，N_2 和 O_2，以及浓度在 ppm (Parts Per Million，ppm) 或 ppb 量级的 VOC 分子 (大约 400 多种)，如丙酮，异戊二烯，丙醇等 [50,51]。迄今为止，已确认了一些 VOC 分子作为特定疾病或代谢紊乱的生物标志物。例如，烷烃存在于肺癌患者呼吸气中，甲醛存在于乳腺癌患

者体内，呼吸气体中异戊二烯的存在与血液中的胆固醇含量密切相关，I 型糖尿病患者的呼吸气中含有过量的丙酮。这些发现表明呼吸气体分析对疾病诊断和代谢状态监测起着重要的作用。然而，由于这些呼吸气含量极低、成分复杂且多样，所以呼吸分析需要高灵敏度和高选择性的仪器才能精准识别特定生物标志物成分及精确测量其浓度。

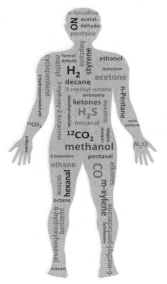

图 6.18 人体呼吸气主要成分示意图

当前用于呼吸气体分析的一项主流技术是气象色谱–质谱联合法 (Gas Chromatography-Mass Spectrometry，GC-MS)。该方法的常规监测灵敏度可达 ppb 或 ppt (Part Per Trillion) 量级，并且可同时选择性地分析多种化合物，但是 GC-MS 分析技术存在样品收集和预浓缩过程处理的复杂性，且价格昂贵 [52−54]。尽管已有大量研究致力于 GC-MS 分析法中样品预处理和设备小型化的改进，但是基于 MS 技术的现代呼吸分析仍然仅限于实验研究，无法胜任普通大众可负担得起的、实时的、点护理 (Point-of-Care，POC) 临床仪器。除了常规的 GC-MS 方法外，一种较新的技术质子转移反应质谱 (Proton Transfer Reaction Mass Spectrometry，PTR-MS) 已用于呼吸分析 [55,56]。无真空离子迁移谱 (Vacuum-Free Ion Mobility Spectroscopy，IMS) 结合多毛细管色谱柱技术已用于鉴定人体呼吸中的代谢物和细菌 [57,58]。虽然 IMS 技术的灵敏度略低于 GC-MS 和 PTR-MS 技术，但在开发手持式呼吸检测仪方面具有潜在的优势。相比之下，选择性离子流管质谱法 (Selected Ion Flow Tube Mass Spectrometry，SIFT-MS) 属于 MS 法的类别，在临床呼吸分析中表现出色，并在实际诊所的人类呼吸分析应用中，已经实现在各种生理条件下对许多呼吸化合物的在线呼吸分析 [59−62]。此外，电学式传感器 (Electrical Sensors) 亦被用于呼吸气诊断研究，该传感器价格相对便宜且尺寸较小，但其检测选择性低，且需要频繁校准 [63,64] 等。

近年来，随着高灵敏度、高选择性激光光谱技术的发展和激光光源的不断革新促进了呼吸分析从传统的 MS 手段、耗时的实验室研究，发展到基于激光光谱技术的实时分析、临床测试阶段 [65,66]。激光光谱检测技术检测灵敏度与传统的 MS 法灵敏度相近，并已实现许多呼吸生物标记的高灵敏度 (ppm 到 ppt 量级) 探测。数篇出色的综述详细讨论了 MS 法分析技术、先进激光光谱技术和激光光源在呼吸诊断领域中临床呼吸分析的现状、趋势和挑战 [66−70]。迄今为止，临床研究结果显示已确认人类呼吸气中存在 1000 多种化合物，其浓度范围在 ppb 到 ppt 量级不等。目前，已确定的 35 种生物标志物及其对应的生理症状如表 6.5 所列。

表 6.5　已确定的 35 种生物标志物及其对应的生理症状 [71]

生物标识物	代谢紊乱和疾病
丙酮 ($OC(CH_3)_2$)	肺癌、糖尿病、膳食脂肪减少、充血性心力衰竭
乙醛 (CH_3CHO)	酒精中毒、肝脏相关疾病、肺癌
氨气 (NH_3)	肾脏疾病、哮喘
丁烷 (C_4H_{10})	肺癌的肿瘤标记物
一氧化碳 (CO)	氧化压力、呼吸道感染、贫血
二硫化碳 (CS_2)	精神分裂症、冠心病、动脉疾病
二氧化碳 (CO_2)(^{13}C-同位素)	氧化压力
羰基硫化物 (OCS)	肝脏相关疾病
乙烷 (C_2H_6)	儿童维生素 E 缺乏症
乙醇 (C_2H_5OH)	脂质过氧化、氧化压力
乙烯 (C_2H_4)	肠道细菌产量
氢气 (H_2)	脂质过氧化、紫外线辐射皮肤损伤
H/D 同位素	婴儿消化不良
过氧化氢 (H_2O_2)	肠胃不适
氰化氢 (HCN)	结肠发酵
8-差向前列腺素	体液
异戊二烯	哮喘
甲烷 (CH_4)	铜绿假单胞菌感染儿童囊性纤维化
甲硫醇 (CH_3SH)	氧化压力
甲醇 (CH_3OH)	血胆固醇
甲基胺	肠道问题、结肠发酵
丁酸甲酯 (CH_3NO_3)	口臭
一氧化氮 (NO)	神经系统紊乱
硝基酪氨酸 ($C_9H_{10}N_2O_5$)	体内蛋白质代谢
氧气 (O_2)	1 型糖尿病的高血糖
戊烷 (C_5H_{12})	哮喘、支气管扩张
	高血压、鼻炎
吡啶 (C_5H_5N)	肺疾病
硫化物	哮喘
烃类 (甲苯 ($C_6H_5CH_3$))	呼吸

续表

生物标识物	代谢紊乱和疾病
苯 (C_6H_6)、庚烷 (C_7H_{16})	膜脂过氧化作用、肝脏疾病、精神分裂症、乳腺癌
癸烷 ($C_{10}H_{22}$)	类风湿性关节炎
苯乙烯 (C_8H_8)	牙周病
辛烷 (C_8H_{18})	肝脏疾病和恶臭、肺癌
正十二烷 ($C_{12}H_{26}$)	脂质过氧化、肺癌、氧化压力
	气道炎症

注：虽然"生物标志物"这个术语贯穿全文，除了 NO 是唯一一个被美国食品和药物管理局批准作为哮喘慢性气道炎症的生物标志物外，严格来说此表中列出的其他呼吸化合物应称为"潜在"生物标志物。

迄今为止，高灵敏度激光光谱技术已被广泛应用于实际人类呼吸中几乎所有生物标志物的定性识别和定量分析。涉及的激光光谱技术包括：可调谐二极管激光吸收光谱 (TDLAS)[72,73]，腔衰荡光谱 (CRDS)[74-77]，集成腔输出光谱 (ICOS)[78-81]，腔增强吸收光谱 (CEAS)[82]，腔泄漏吸收光谱 (CALOS)[83-87]，光声光谱 (PAS)[88]，石英增强光声光谱 (QEPAS)[89]，以及光学频率梳腔增强吸收光谱 (OFC-CEAS)[90,91]。表 6.6 归纳了现有 14 种主要生物标志物对应的指纹光谱、所用的激光光谱技术及达到的检测限。

表 6.6 现有 14 种主要生物标志物对应的指纹光谱、所用的激光光谱技术及达到的检测限

生物标志物	光谱范围	激光光谱技术	检测灵敏度
乙醛	5.79	TDLAS	80 ppb(5 s)
丙酮 ($OC(CH_3)_2$)	0.266	CRDS	0.2 ppm
氨 (NH_3)	9-10.7	PAS	100 ppm(3 s)
氨 (NH_3)	11.0	TDLAS	17 ppm(10 s)
氨 (NH_3)	10.0	TDLAS	50 ppb(20 s)
氨 (NH_3)	10.0	TDLAS	3 ppb(10 s) 4 ppb(5 s)
氨 (NH_3)	10.3	TDLAS	5 ppb(30 s)
氨 (NH_3)	1.5	OFC-CEAS	4 ppm
二氧化碳 (CO_2) C-同位素 $[CO_2 \& ^{13}CO_2/^{12}CO_2]$	4.23	PAS	7 ppb
二氧化碳 (CO_2)	1.6	CRDS	3 ppm
二氧化碳 (CO_2)	1.59	TDLAS/WM	100 ppm
二氧化碳 (CO_2)	4.9	TDLAS	0.5ppm(50μs~1ms)
二氧化碳 (CO_2)	4.8	TDLAS	5.1ppm
二氧化碳 (CO_2)	4.9	CALOS	(3.778±0.004)%
二氧化碳 (CO_2)	5.2	ICOS	—
C-同位素 $^{13}CO_2/^{12}CO_2$	1.6	CRDS	0.2%(精度)
C-同位 $^{13}CO_2/^{12}CO_2$	1.6	OFC-CEAS	4.1%(精度)
一氧化碳 (CO)	1.6	OFC-CEAS	900 ppb
一氧化碳 (CO)	4.6	TDLAS	0.5 ppm
一氧化碳 (CO)	4.88	TDLAS	—
氧硫化碳 (OCS)	4.86	TDLAS	1.2 ppb
氧硫化碳 (OCS)	4.86	QCLAS	30 ppb

续表

生物标志物	光谱范围	激光光谱技术	检测灵敏度
氧硫化碳 (OCS)	4.9	CALOS	438 ppt
同位素 (D_2O/H_2O)	3.50~3.65	TDLAS	(55.2±1.8)%
乙烷 (C_2H_6)	3.4	OA-ICOS	0.12 ppb
乙烷 (C_2H_6)	3.4	TDLAS	0.1 ppb
乙烷 (C_2H_6)	3.3	CALOS	270 ppt
乙烷 (C_2H_6)	3.0	CALOS	100 ppt
乙烷 (C_2H_6)	2.6~4.0	CALOS	500 ppt(<800ms)
乙烷 (C_2H_6)	3.4	TDLAS	0~12 ppb
乙烷 (C_2H_6)	3.3	PAS	—
乙烷 (C_2H_6)	3.4	TDLAS/WM	70 ppt
乙烯 (C_2H_4)	10.5	PAS	—
乙烯 (C_2H_4)	9.2~10.8	PAS	—
甲醛 (CH_2O)	3.53	ICOS	150 ppb
甲醛 (CH_2O)	3.53	TDLAS	320 ppt
甲醛 (CH_2O)	3.53	CALOS	2 ppb
甲醛 (CH_2O)	3.53	PAS	3 ppb
甲醛 (CH_2O)	3.53	QEPAS	0.6 ppm(10 s)
甲醛 (CH_2O)	3.53	TDLAS	77 ppt(1min)
甲醛 (CH_2O)	3.53	TDLAS	1.2 ppm
甲烷 (CH_4)	3.53	TDLAS	0.5 pm(50μs~1ms)
甲胺 (CH_3NH_2)	1.51~1.53	CRDS	2.3 ppm
二甲胺 ($(CH3)_2NH_3$)	1.51~1.53	CRDS	10 ppm
一氧化氮 (NO)	5.2	ICOS	1 ppb(4 s)
一氧化氮 (NO)	5.2	TDLAS	2 ppb
一氧化氮 (NO)	5.2	TDLAS	3 ppb(200 s)
一氧化氮 (NO)	5.2	CEAS	16 ppb
一氧化氮 (NO)	5.2	CRDS	0.7 ppb
一氧化氮 (NO)	5.2	TDLAS	1.5 ppb(4 s)
一氧化氮 (NO)	5.2	TDLAS	2 ppb
一氧化氮 (NO)	5.2	ICOS	400 ppt(<1 s)
一氧化氮同位素 ($^{14}NO/^{15}NO$)	5.0	CALOS	7 ppt(70 s)

　　呼吸气中化合物的形成归因于人体体内代谢过程中发生的生物化学反应。例如,通常在体内的丙酮主要是由乙酰乙酸的自发脱羧作用产生,少量是由乙酰乙酸的酶促转化而产生。然而一些生物标记物的详细形成机理以及它们与特定疾病的关系尚不十分清楚,因为生物标志物与疾病之间的关系通常具有多重关联性。在某些情况下,呼吸气中一种生物标记与一种或多种疾病或代谢紊乱相关;而在其他情况下,一种特定的疾病或代谢紊乱的症状可能与多种化学标识物存在关联性。例如,一氧化氮 (NO) 可作为哮喘、支气管扩张和鼻炎患者的生物标志物[92-95];乙烷可作为儿童维生素 E 缺乏和脂质过氧化患者的呼吸标志物[96-98],同时亦可作为哮喘的生物标志物[99]。此外,研究发现过氧化氢 (H_2O_2) 和氨气 (NH_3) 也是哮喘患者呼吸气中典型的生物标志物[100,101]。类似地,可通过分析呼吸中的乙

烯和戊烷来诊断脂质过氧化[102,103]。然而，戊烷与二硫化碳 (CS$_2$) 可同时作为精神分裂症患者的生物标志物[104]。这种临床复杂性要求呼吸分析手段不仅要灵敏度高，而且要具有高选择性，才能获取准确的信息。

当前用于呼吸气诊断的主流技术主要分为三大类: GC-MS 或其他基于 MS 技术、激光吸收光谱技术和电学式传感器。通常这些技术的检出限分布在 ppm-ppt 范围内。综合比较而言，每种技术各有其优点和缺点，虽然目前几乎所有呼吸成分的分析还处于依赖基于 MS 方法的定性和定量化参考的阶段，但是基于先进光谱技术和新型激光源的激光光谱呼吸诊断法在过去几年中已逐步受到越来越多的关注，已有大量的相关报道[105–111]。未来随着临床应用和家用 POC 医疗器械在无创诊断、快速响应、便携式、高精度、高灵敏度、高分辨率和低成本等方面的迫切需求下，广大学者们普遍相信新型激光光谱诊断技术在不久的将来必将崭露头角。图 6.19 为当前呼吸气诊断应用各种分析技术统计结果图。由此统计结果可见，当前气体色谱、荧光光谱和高灵敏度 CRDS 光谱在呼吸气分析领域占据主导地位，离子迁移谱、激光吸收光谱 LAS 和积分腔输出光谱和其他分析技术占据次要比率，光声光谱、拉曼光谱和傅里叶变换光谱及比色法占据的比率相对较少。

图 6.19　现有分析技术在呼吸气诊断中应用统计图

本课题组以人体口腔气中 CO 和 N$_2$O 气体为研究对象，结合自主研发的量子级联激光光谱仪器开展了口腔气中标识物探索性研究[112,113]。针对人体口腔呼出气体体积含量相对较少，故以室内空气为背景载气，通过交替测量不携带人体口腔气的空气和携带人体口腔气的空气中 H$_2$O、CO 和 N$_2$O 的含量，假定短时间内室内空气中的气体成分保持不变，最后通过扣除空气背景中的相应成分含量，即可获得人体口腔气中 H$_2$O、CO 和 N$_2$O 的净含量。在采样压力为 100mbar 的实验条件下，图 6.20 给出了室内空气的吸收光谱图和携带某志愿者口腔气成分的吸收光谱图，利用已知实验条件和多光谱同时拟合算法，反演出的三种成分浓度分别如图中所列，实验结果显示携带人体口腔气的成分浓度要明显高于原始室内空气本底浓度。为了进一步研究不同人体口腔气中三种成分的特性，实验中对九位志愿者开展了连续测量研究，如图 6.21 所示，为长达 1 h 的测量结果。实验测量的室内空气背景的 CO 和 N_2O 结果显示整个光谱仪器具有良好的重复性和稳定性，室内空气中 CO 和 N_2O 背景浓度大约在 420 ppb 和 340 ppb，而高浓度的 H_2O 显示出明显的不稳定性和采样滞后现象，主要归因于该分子的强吸附性效应的影响。各位志愿者口腔气中的 N_2O 变化幅度不是很大，但是 CO 含量的变化非常明显，尤其是④号和⑤号志愿者口腔气中的 CO 含量高达 ppm 量级，经了解此两位志愿者具有长期的吸烟习惯，从而证明其口腔气中 CO 浓度的异常具有合理性。

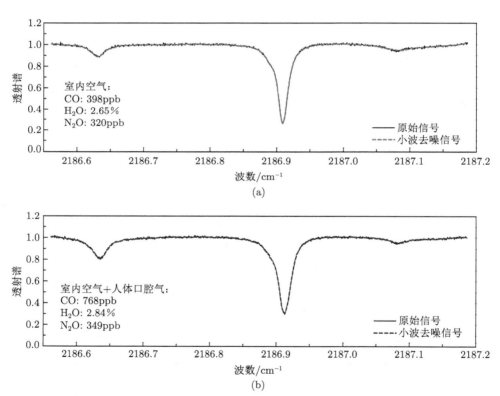

图 6.20　实验测量的室内空气 (a) 和携带口腔气 (b) 成分的吸收光谱

大气环境污染不仅影响着全球气候，而且严重影响着人类健康。虽然已有人士提出空气污染能引发恶性肿瘤，但典型空气污染物诱发恶性肿瘤的机理目前尚不十分清楚，因此无法科学、精准、有效地对引发恶性肿瘤的空气污染物出台

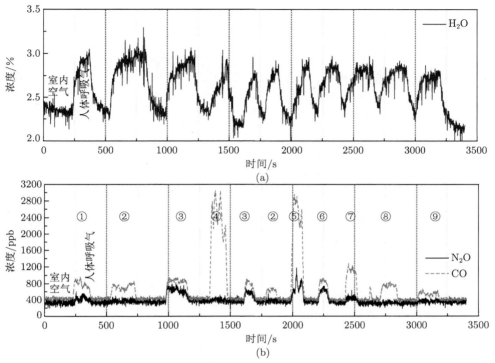

图 6.21　连续交替测量室内空气和不同志愿者口腔气中 H_2O、CO 和 N_2O

针对性的防控措施和治理政策。通过多学科合作交叉联合公关,综合考虑从空气污染到肿瘤的发生、转移等多个环节,从分子层次来研究污染物的健康效应,通过创新性的研究思路,有望取得空气污染与肿瘤发生、转移关系机理机制研究方面的新突破,为我国空气污染的源头治理和环境政策提供科学依据。

6.6　同位素分析

随着全球经济的快速发展,温室气体及其他污染物所造成的温室效应等地球环境问题,严重威胁着人类生存。大气中主要的温室气体是水汽 (H_2O),水汽所产生的温室效应约占整体温室效应的 $60\%\sim70\%$,其次是二氧化碳 (CO_2) 大约占 26%。1997 年于日本京都召开的联合国气候化纲要公约第三次缔约国大会中所通过的《京都议定书》规定的六种温室气体主要为:二氧化碳 (CO_2);甲烷 (CH_4);氧化亚氮 (N_2O);氢氟碳化物 (HFCs);全氟化碳 (PFCs) 和六氟化硫 (SF_6)。"温室效应"是指太阳短波辐射透过地球大气层射入地面,而地面增暖后放出的长波辐射又被大气中的物质所吸收和重新放出红外辐射,从而使大气变暖的现象。典型温室气体的特性如表 6.7 所归纳。

表 6.7 典型温室气体的源、汇和影响

温室气体	源	汇	对气候的影响
二氧化碳 (CO_2)	化石燃料的燃烧 地球植被系统破坏	海洋吸收 植物的光合作用	吸收红外线辐射，影响大气平流层中 O_3 的浓度
甲烷 (CH_4)	生物体的燃烧 发酵作用 水稻	和 OH 起化学作用 被土壤内的微生物吸收	吸收红外线辐射，影响对流层中 O_3 及 OH 的浓度，影响平流层中 O_3 和 H_2O 的浓度，产生 CO_2
一氧化二氮 (N_2O)	生物燃烧 燃料 化肥	土壤吸收 大气平流层中光化学反应	吸收红外线辐射，影响大气平流层中 O_3 的浓度
臭氧 (O_3)	紫外光线与 O_2 光化作用	与 NO_x、ClO_x 及 HO_x 等化合物的催化反应	吸收紫外光及红外线辐射
一氧化碳 (CO)	植物排放 工业和机动车排放	土壤吸收 和 OH 起化学反应	影响平流层中 O_3 和 OH 的循环，产生 CO_2
氯氟碳化合物 (CFCs)	工业生产	在对流层中不易被分解，但在平流层中会被光线分解和跟 O 产生化学作用	吸收红外线辐射，影响平流层中 O_3 的浓度
二氧化硫 (SO_2)	火山活动 煤及生物体的燃烧	干和湿沉降 与 OH 产生化学作用	形成悬浮粒子而散射太阳辐射

近年来，稳定碳、氮同位素是研究温室气体的形成、转移、混合和消耗等动态过程的有力手段，进而揭示碳、氮生态系统循环与环境演化的主要过程及其驱动机制的主要手段。此外，水汽是地球大气一种比较活跃的组成成分，大气水汽氢氧稳定同位素是认识大气环流和水循环的重要信息指标。本章主要将以二氧化氮、二氧化碳、水汽和甲烷分子的氮、碳、氧和氢同位素为例，介绍当前国内外有关激光光谱同位素分子的研究现状。二氧化氮、二氧化碳、水和甲烷四种分子中的所有同位素丰度值如表 6.8 所归纳 [114]。

表 6.8 典型的四种温室气体分子同位素丰度值

分子化学式	同位素丰度	分子化学式	同位素丰度	分子化学式	同位素丰度
$^{14}N^{14}N^{16}O(446)$	0.990333	$^{12}C^{16}O^{16}O$	0.984204	$HH^{16}O$	0.997317
$^{14}N^{15}N^{16}O(456)$	0.364093E-2	$^{13}C^{16}O^{16}O$	0.0110574	$HH^{18}O$	0.199983E-2
$^{15}N^{14}N^{16}O(546)$	0.364093E-2	$^{16}O^{12}C^{18}O$	0.394707E-2	$HH^{17}O$	0.371884E-3
$^{14}N^{14}N^{18}O(448)$	0.198582E-2	$^{16}O^{12}C^{17}O$	0.733989E-3	HDO	0.310693E-3
$^{14}N^{14}N^{17}O(447)$	0.369280E-3	$^{16}O^{13}C^{18}O$	0.443446E-4	$HD^{18}O$	0.623003E-6
$^{12}CH_4$	0.988274	$^{16}O^{13}C^{17}O$	0.824623E-5	$HD^{17}O$	0.115853E-6
$^{13}CH_4$	0.111031E-1	$^{18}O^{12}C^{18}O$	0.395734E-5		
$^{12}CH_3D$	0.615751E-3	$^{17}O^{12}C^{18}O$	0.147180E-5		

6.6.1 二氧化碳 (CO₂) 同位素分析

二氧化碳 (CO₂) 是地球大气中主要温室气体之一，自工业革命以来，全球年均大气二氧化碳浓度从工业化以前 278 ppm (1 ppm 为百万分之一)，至今全球平均浓度逐年增加到约 400 ppm，其主要来源为化石能源的燃烧。二氧化碳在大气中的寿命约为 30~95 年，占地球辐射强迫 (Radiative Forcing) 63% 的贡献。

二氧化碳分子具有丰富的光谱吸收特性，主要分布在红外范围，最强的吸收带位于中红外 4.26 μm (2349 cm^{-1}) 附近的 v_3 带，以及 14.98 μm (667 cm^{-1}) 附近的 v_2 带和 2.69 μm (3720 cm^{-1}) 附近 $v_1 + v_3$ 和频带，以及中心位置为 1388 cm^{-1} 处的 v_1 带。中红外的基频吸收线强通常比 1.58 μm (6329 cm^{-1}) 附近近红外区域谐频吸收线强高 2~3 个数量级。如图 6.22 所示，依据 HITRAN 数据库模拟的 CO₂ 分子在 10^4 波数范围以内吸收谱线分布情况。

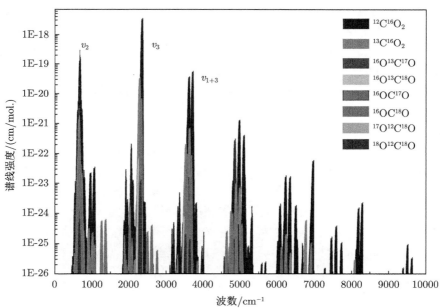

图 6.22 基于 HITRAN 数据库模拟的 CO₂ 分子同位素线强分布特性 (彩图请扫封底二维码)

激光吸收光谱技术中采用中红外强吸收谱线可弥补吸收光程的不足，反之，近红外相对较弱的吸收谱线可通过选择多次反射型长程吸收池或高精度光学谐振腔补偿灵敏度[115-119]。相比而言，近红外半导体激光器已发展得非常成熟，具有价格低、光束质量和稳定性好、易于光纤耦合和放大等优点，具有很强的吸引力。近年来，国内外众多同位素研究单位，分别获得的不同程度的测量精度，其中包括基于波长调制的一次谐波[120,121] 和二次谐波探测技术[122]。

　　中红外激光光源作为高灵敏度吸收光谱的理想光源，目前可用于二氧化碳同位素分析的激光光源主要有量子级联激光器 (QCL) 和带间级联激光器 (ICL)。QCL 不仅可以脉冲输出，且可以在非液氮冷却的条件下连续模式输出，通过热电制冷的方式输出几十到上百 mW 的功率，虽然目前市场价格仍然较高，但仍然是研制可用于外场研究的 CO_2 同位素分析仪器的首选 [123-126]；而 ICL 虽然成本相对较低，但其输出功率普遍较低，通常在几个 mW 以内。CO_2 分子氧同位素测量分析一直聚焦在 4.3μm 波段，其相关同位素谱线参数如表 6.9 所归纳。近年来，香港中文大学任伟教授课题组利用 4.3μm 带间级联激光器和 WMS-QEPAS 光谱技术测量开展了 CO_2 碳同位素比值分析研究 [127]，以两条 $^{12}CO_2$ 分子 P(44) 跃迁谱线 (2296.45cm^{-1}) 和 P(43) 跃迁谱线 (2297.58cm^{-1} 处) 与 1 条 $^{13}CO_2$ 分子 R(18) 跃迁谱线 (2297.19cm^{-1}) 作为碳同位素比值分析谱线对。研究结果发现实验测量的 P(44) 谱线对应的二次谐波信号比 P(43) 谱线信号幅值要高，与理论模拟结果相反。该现象主要归因于电流调谐带间级联激光器波长时，伴随着激光功率的变化，即半导体激光器通常存在的"残余振幅调制效应"。利用浓度为 5% 的 CO_2/air 标准样品气体，在 400 Torr^{①} 压力条件下，对系统进行了近 2.5h 的连续测量，以二次谐波信号峰值的平均值作为 R_{ref} 值，在 700s 的积分时间下，可获得小于 1‰ 的测量精度。意大利那不勒斯第二大学 Castrillo 等利用 4.3μm 液氮制冷的 DFB-QCL 和 MCT 探测器 (Hamamatsu Model P3257-10)，结合两个 26cm 单通池和 WMS 光谱技术，在 35Torr 压力和 2%CO_2/N_2 混合物条件下，获得了 ^{18}O/^{16}O 和 ^{17}O/^{16}O 短期分析精度分别为 0.5‰ 和 0.6‰[128]。鉴于二次谐波信号对激光器功率的依赖性，该研究发现利用波长调制光谱技术分析同位素比值时，只有考虑激光器功率变化和探测器响应率等因素的影响 (如文献 [122, 129] 所述，光强、激光束光斑大小及光斑入射的位置皆会显著影响到非线性效应)，才能保证分析结果的可靠性，以及高测量精度的需求，如：地球化学领域中火山活动原位监测要求同位素比值测量精度在 -4‰ 到 -12‰ 之间 [130]。鉴于 CRDS 光谱技术的超高灵敏度特性，将其与近红外外腔式半导体激光器 (New-Focus Model 6330, 6.5 mW) 结合，实现了 CRDS 激光光谱的同位素分析技术在生物医学领域中人体口腔气中碳 ^{13}C/^{12}C 同位素比值分析，获得了 0.22‰ 的精度，体现了 CRDS 同位素分析技术在生物医学 (如幽门螺杆菌 (Helicobacter Pylori) 诊断) 和生态与环境科学 (如植物、冠层和生态系统对气候变化的影响) 的潜在价值 [131-133]。值得提出的是，当测量的同位素比值要求在 0.1‰ 的精度水平时，仪器校准是一项至关重要的过程，以及校正频率和校正时的选择、同位素比值对待分析样品和参考样品中 CO_2 浓度的依赖性都对仪器结果有着重要的影响 [134]。

---

　　① 1Torr = 1mmHg = 1.33322×10^2 Pa。

此外，可调谐激光吸收光谱技术已逐步在火星起源和生命繁衍过程研究中崭露头角，被国际多个知名实验室采用用于火星大气和土壤燃烧成分诊断，如美国喷气推进实验室和美国国家航空和宇宙航行局 (National Aeronautics and Space Administration, NASA)[135] 及法国科学院 (CNRS)[136]。表 6.9 给出了近年来已被用于红外波段 CO_2 分子碳和氧同位素研究的谱线参数情况。

表 6.9 红外波段 CO_2 分子碳和氧同位素谱线参数

同位素	谱线位置/cm^{-1}	线强 @296K/(cm^{-1}/mol.)	低能级能量/cm^{-1}
$^{16}O^{13}C^{16}O$	6261.826574	1.102E−25	362.8056
$^{16}O^{12}C^{16}O$	6262.254544	9.937E−26	1522.1609
$^{16}O^{12}C^{16}O$	2311.756200	4.649E−21	1429.1237
$^{16}O^{12}C^{17}O$	2311.893552	0.524E−21	424.6464
$^{16}O^{12}C^{18}O$	2311.971954	5.187E−21	239.2698
$^{16}O^{12}C^{17}O$	3589.749561	3.152E−24	2.2717
$^{13}C^{16}O_2$	3589.846641	5.520E−23	843.0701
$^{16}O^{12}C^{18}O$	3589.966458	6.582E−23	298.8876
$^{12}C^{16}O_2$	3590.031647	1.379E−21	728.4123

6.6.2 氧化亚氮 (N_2O) 同位素分析

同位素示踪是全球环境变化研究中的一个非常重要的方法和工具，因而被广泛应用于大气圈、生物圈、水圈、土壤圈和岩石圈之间污染物迁移转化和循环过程的研究 [137]。氧化二氮 (N_2O) 作为一种典型的大气温室气体，在大气中的平均寿命约 114 年，尽管其在大气中含量很低 (约 330 ppb)，然而 N_2O 的增温潜能约是 CO_2 的 310 倍，其对全球温室效应的贡献率约占 6%。目前，普遍认为地表微生物的硝化和反硝化过程是其重要的源，N_2O 的汇主要发生在大气平流层，通过光化学反应成为氮氧化合物 (NO 和 NO_2) 重要的源，而氮氧化合物直接影响平流层中的臭氧，导致臭氧层破坏，形成臭氧空洞。

N_2O 同位素成分主要包括:$^{14}N^{14}N^{16}O$, $^{14}N^{15}N^{16}O$, $^{15}N^{14}N^{16}O$, $^{15}N^{15}N^{16}O$, $^{14}N^{14}N^{17}O$ 和 $^{14}N^{14}N^{18}O$，其中非对称同位素异位体 $^{14}N^{15}N^{16}O$ 和 $^{15}N^{14}N^{16}O$ 通常称为 $^{15}N^\alpha$ 和 $^{15}N^\beta$，如图 6.23 所示，为 N_2O 分子同位素光谱分布特性。目前，国际上主要采用低温预浓缩装置和同位素质谱 (Isotope-Ratio Mass-Spectrometry, IRMS) 或气相色谱联机装置来测量 N_2O 中的稳定性同位素比值 [138,139]。由于 $^{14}N^{15}N^{16}O$ 和 $^{15}N^{14}N^{16}O$ 具有相同的质量，故 IRMS 分析方法无法直接地鉴别 $^{15}N^\alpha$ 和 $^{15}N^\beta$，必须通过复杂的分析过程将其转化成 NO^+ 和 N_2O^+ 才能做出区别，且该分析过程易受具有相同分子量的其他分子 (如 CO_2) 的干扰。在我国，如中科院南京土壤所曹亚澄研究员领导的课题组，中科院沈阳应用生态研究所祁彪课题组和国家海洋局第三海洋研究所等高研院所也曾报道了利用 IRMS 结合痕量气体预浓缩装置联用仪，以及通过以上进口光谱仪器，测量大气 N_2O、CH_4 和

CO_2 中氮、碳和氧稳定同位素比值的研究 [140−142]。

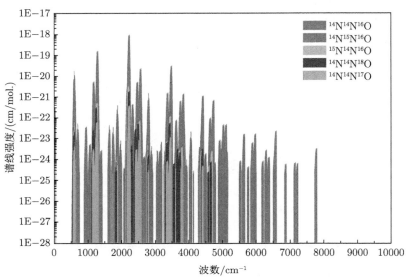

图 6.23　基于 HITRAN 数据库模拟的 N_2O 分子同位素光谱分布特性 (彩图请扫封底二维码)

　　相比于传统的 IRMS 方法，激光吸收光谱具有非破坏性、高选择性、高灵敏度和高时间分辨率的内在特性，因而被广泛地用于大气痕量气体及其同位素的浓度、成分 (或结构) 分析研究 [143]。就 N_2O 同位素分析仪器而言，在国际上已逐步形成商业化产品，如：美国 PICARRO 公司推出的基于腔衰荡吸收光谱 (CRDS) 的 N_2O 同位素分析仪 [144]、Los Gatos Research (LGR) 公司推出的基于离轴积分球输出光谱 (OA-ICOS)N_2O 同位素分析仪 [145] 及美国 Aerodyne Research Inc (ARI) 公司推出的基于量子级联激光吸收光谱技术 (QCLAS) 的光谱分析仪器 [146]。以上三种光谱技术中，CRDS 和 OA-ICOS 技术原理同出一辙，灵敏度较高，但系统结构相对较复杂，且技术要求较高，实场应用中系统维护要求也高，尤其是所使用的光学镜片的反射率变化直接影响测量结果的精确度。QCLAS 主要基于直接吸收光谱技术、系统结构和操作简单，但该光谱技术灵敏度有限，通常需要结合长程吸收池技术，探测灵敏度才能实现 ppb-ppt 量级。自 2008 年以来，瑞士联邦材料科学和技术研究所 Emmenegger 领导的课题组首次利用 ARI 公司生产的 QCLAS 光谱仪器应用到实际大气 N_2O 中的稳定性同位素比值的测量研究 [146]，通过预浓缩装置将大气 N_2O 浓度 (350 ppb) 富积到 90 ppm (至少需 20 min)[147]，获得 $^{15}N^{\alpha}$ 和 $^{15}N^{\beta}$ 测量精度为 0.2‰∼0.3‰[148,149]，实场的测量结果与 IRMS 方法比较，具有很好的一致性 [150]，该小组通过从光源和长程吸收池 (有效光程 204 m) 的选择优化仪器系统，$\delta^{15}N^{\alpha}$、$\delta^{15}N^{\beta}$ 和 $\delta^{18}O$ 测量精度可达 0.05‰ (@50ppm N_2O，450s 信号平均时间)[151]。

稳定同位素比值通常以 δ 值表示，即待分析样品相对于参考样品的千分比 (‰)，定义为

$$\delta = \left(\frac{R_{\text{sample}} - R_{\text{ref}}}{R_{\text{ref}}} \right) \times 1000 \tag{6-14}$$

式中，R_{sample} 和 R_{ref} 分别为待分析样品和参考样品中主同位素与次同位素的比值，以 N_2O 分子氮同位素为例，即 $^{15}N/^{14}N$ 比值。激光吸收光谱中 R_{sample} 可通过以下公式计算：

$$R_{\text{sample}} = \frac{^{15}A \times {}^{15}n \times {}^{14}S}{^{14}A \times {}^{14}n \times {}^{15}S} \tag{6-15}$$

式中，A 为同位素吸收光谱积分面积；S 和 n 分别为同位素吸收谱线线强和丰度值，可由大气光谱数据库 HITRAN 查询获得。

目前，国内在 N_2O 分子中氮同位素测量主要还是依赖于同位素质谱技术。近年来，本实验室利用自主研发集成的量子级联激光光谱仪开展了大气 N_2O 同位素原位测量技术研究[152−154]。该仪器主要以中红外量子级联激光器 (@4.6μm) 作为激光光源，长程吸收池作为气体样品池，热释电制冷型碲镉汞 (MCT) 探测器作为光信号接收器，如图 6.24 所示。吸收光谱技术通过利用 N_2O 分子同位素所

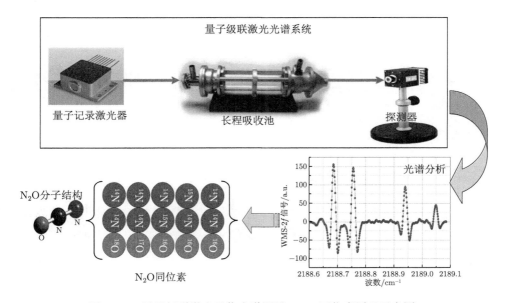

图 6.24 量子级联激光吸收光谱测量 N_2O 同位素原理示意图

具有的独特 "指纹谱", 即可实现鉴别 $^{15}N^{\alpha}$ 和 $^{15}N^{\beta}$ 同位素的测量。该量子级联激光器波长调谐 $2188\sim2195$ cm^{-1} 范围内, 可分为三个大气窗口。由表 6.10 可见, N_2O 分子同位素谱线线强度仅为 10^{-21} cm/mol., 而实际大气中 N_2O 浓度非常低 (近似 330 ppb), 基于长程吸收池技术的量子级联激光光谱要实现直接测量大气中的 N_2O 同位素 δ 值, 仍具有很高的挑战性。为此, 本实验室通过借鉴同位素质谱中气体富集方法将 N_2O 浓度提升到 ppm 量级, 弥补 N_2O 同位素分子吸收线强的不足, 如图 6.25 所示, 为基于低温冷阱的 N_2O 预浓缩富集装置 (Preconcentration Unit) 和量子级联激光吸收光谱仪相结合的实验测量装置示意图。Preconcentration Unit 主要由盛有多孔聚合物 HayeSep D 的圆形不锈钢盘管和温度控制单元组成, 有效温度控制范围为 ±70℃。

表 6.10　适用于 N_2O 同位素测量的谱线对

光谱窗	同位素	谱线位置 /cm^{-1}	线强 @296K /($\times10^{-21}$ cm^{-1}/mol.)	跃迁	低能级能量 /cm^{-1}
I	$^{14}N^{15}N^{16}O$	2188.68757	3.367	R13e	76.2489
	$^{15}N^{14}N^{16}O$	2188.75601	3.270	P15e	97.1565
	$^{14}N^{14}N^{16}O$	2188.93846	2.399	P8e	1198.3653
II	$^{15}N^{14}N^{16}O$	2189.65941	3.238	P14e	85.0129
	$^{14}N^{14}N^{16}O$	2189.82539	2.169	P7e	1191.6471
	$^{14}N^{15}N^{16}O$	2190.15625	3.423	R15e	100.5455
III	$^{14}N^{15}N^{16}O$	2190.88051	3.411	R16e	113.9500
	$^{14}N^{14}N^{16}O$	2191.12790	1.310	P5f	1190.3483
	$^{14}N^{14}N^{16}O$	2191.12800	1.310	P5e	1190.3483
	$^{14}N^{14}N^{18}O$	2191.16283	1.032	P29e	344.0329

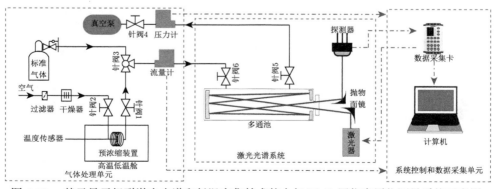

图 6.25　基于量子级联激光光谱和低温富集技术的大气 N_2O 同位素原位测量系统示意图

实验研究发现, Preconcentration Unit 对 N_2O 分子的吸附含量与多孔聚合物 HayeSep D 的含量和冷阱温度具有显著的依赖特性。如图 6.26 所示, 可见 N_2O 富集浓度与 HayeSep D 的含量呈很好的线性响应; 同时可见, 随着温度的递减, N_2O 富集浓度亦呈良好的指数递增趋势。图 6.27 为采用压力和流速分别为 100 mbar 和 15 sccm, HayeSep D 含量为 1400 mg, 冷阱温度为 $-70^\circ C$ 时, 实验测量的空气中 N_2O 同位素吸收光谱, 利用自行建立的光谱反演算法计算出 N_2O 的混合比为 12.7 ppm。依据以上同位素比值计算公式, 最终计算出 $R_{15N\alpha} = 4.05818\text{‰}$, $R_{15N\beta} = 3.70963\text{‰}$。连续实时测量空气中 N_2O 氮同位素比值如图 6.28 所示, 统

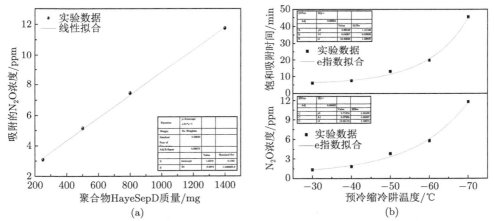

图 6.26 N_2O 预浓缩富集装置富集浓度与多孔聚合物含量 (a) 和冷阱温度之间的依赖曲线 (b)

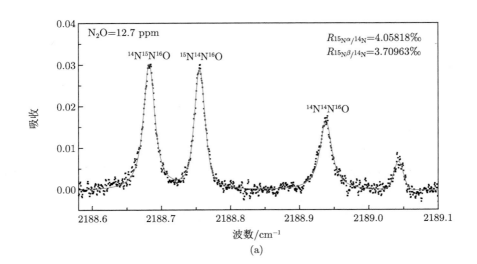

(a)

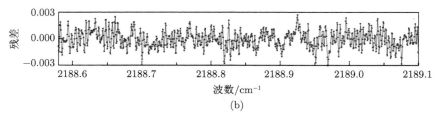

图 6.27　实验测量的空气中 N_2O 同位素吸收光谱及其拟合图

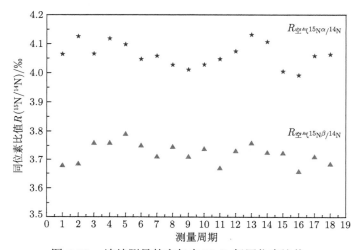

图 6.28　连续测量的空气中 N_2O 氮同位素比值

计平均值分别为 $R_{15N\alpha} = (4.06247\pm0.0441)‰$ 和 $R_{15N\beta} = (3.72369\pm0.0375)‰$。通过以 Air-N (i.e. $R_{ref} = (3676.5\pm8.1)\times10^{-6}$) 为氮同位素参考标准，计算出相应的同位素 δ 值分别为 $\delta^{15}N^\alpha = +104.98‰$ 和 $\delta^{15}N^\beta = +12.84‰$。

实际应用中多孔聚合物的用量需要兼顾采样流速对气体交换时间的影响，同时冷阱温度的设置亦要考虑其他气体分子的沸点，以免引起其他分子富集而产生吸收干扰效应。例如 CH_4 和 CO 的沸点分别为 $-161℃$ 和 $-191.5℃$，瑞士 EMPA 研究所 Mohn 等利用温度可达 $-150℃$ 的冷阱富集装置，实现了 N_2O 分子的富集和释放效率达 $100\%^{[147]}$。

同位素参考标准

目前国际上每种同位素参考的标准各不相同，几种主要的同位素参考标准如下。

(1) 氢同位素：以标准平均海洋水 (Standard Mean Ocean Water，即 SMOW 标准) 为参考标准，其 $D/H_{SMOW} = (155.76\pm0.10)\times10^{-6}$。

(2) 碳同位素：国际标准物质为 Pee Dee Belemnite，一种碳酸盐物质，其普遍公认的同位素绝对比率 $^{13}C/^{12}C = (11237.2\pm90)\times10^{-6}$。

(3) 氧同位素：大部分氧同位素分析结果均以 SMOW 标准报道，$^{18}O/^{16}O$ SMOW $= (2005.2\pm0.43)\times10^{-6}$，$^{17}O/^{16}O$ SMOW $= (373\pm15)\times10^{-6}$；而在碳酸盐样品氧同位素分析中则经常采用 PDB 标准，其 $^{18}O/^{16}O = 2067.1\times10^{-6}$。

(4) 硫同位素：标准物质选用 Canyon Diablo 铁陨石中的陨硫铁 (Troilite)，简称 CDT 标准，其 $^{34}S/^{32}S_{CDT} = 0.0450045\pm93$。

(5) 氮同位素：以空气中氮气为标准，其 $^{15}N/^{14}N = (3676.5\pm8.1)\times10^{-6}$。

近二十年来，N_2O 同位素测量始终是了解一氧化二氮产生和消耗途径的一种有前景的技术。非低温可调谐光源和不同探测策略的结合技术，如：Direct Absorption Quantum Cascade Laser Absorption Spectroscopy (QCLAS)、Cavity Ring-Down Spectroscopy (CRDS) 和 off-Axis Integrated Cavity Output Spectroscopy (OA-ICOS)，已产生一批商业化可售且现场可部署的 N_2O 同位素分析仪。相比于传统的 IRMS，这类基于光谱分析技术的仪器对 N_2O 同位素中 ^{15}N 位置具有固有的选择性，能实时获取数据，且无需或最低限度的样品预处理，这些优点对过程研究非常具有吸引力。为此，Harris 等在瑞士 EMPA 大气污染和环境技术实验室系统地开展了以上三类 N_2O 同位素激光光谱仪的对比分析研究，连续测量周期长达半年 (2018 年 6 月 ∼ 2019 年 2 月)。分析仪器包括一台 LGR 公司的 OA-ICOS 光谱仪 (型号 914-0027)，两台 Picarro 公司的 CRDS 分析仪 (型号 G5131-i) 和三台 ARI 公司的 QCLAS 仪器 (CW-QC-TILDAS-SC-D)，及瑞士 Empa 实验室利用迷你型量子级联激光光谱仪 (CW-QC-TILDAS-76-CS, ARI, USA) 结合自行研制的预浓缩装置集成的 N_2O 同位素分析系统。N_2O 同位素激光光谱仪显著依赖于仪器精度、仪器漂移 (Instrument Drift)、气体成分和光谱干扰等参数，而这些参数随着 N_2O 摩尔分数 (Mole Fraction) 变化。因此，总结出这类光谱仪器并非"即插即用" (Plug and Play) 型设备，使用者需要认真地考虑预期的应用、精度和准确度，并需要建立可靠的校正策略以获得可靠的结果，主要考虑因素包括以下方面 [155]：

(1) 实验周期或长期测量过程中，校准频率需要足以满足约束仪器漂移；

(2) 测量周期内温度稳定性，或温度效应得到充分表征和校正；

(3) 跨越预期 N_2O 浓度范围的三个数据点或更高 N_2O 效应仪器校正；

(4) 样品气体和参考气体之间成分和模型的差异性，以及吸收干扰校正问题。

6.6.3 水 (H_2O) 同位素分析

水是地球上最丰富的一种化合物。尽管全球约有四分之三的面积被水覆盖着，去除海水、冰川和冰冠，以及分布在盐碱湖和内海的水量，陆地上真正可直接利用的淡水湖和河流的水量不到地球总水量的 1%。水作为地球生态系统的重要因子, 水的同位素可视作水的"指纹", 通过研究水/水汽的氢氧同位素比值的含量及其变化情况, 可实现水在地球生态圈之间迁移转化和循环过程的示踪和指示。高精度液态水和水汽同位素示踪分析已成为大气科学、海洋学和水文学、植物生理、生物医学、古气候学、食品科学、农业生态学、矿井科学等领域研究的一种重要技术手段。例如, 对流层水汽是最重要的温室气体, 也是气候系统的关键组成部分。在对流层上部和平流层下部中, 水蒸气、液态云和冰粒子会对辐射平衡、大气环流和化学反应产生重大影响 [156]。卷云尤其会影响流层上部的水冰和水汽含量, 全球气候模型表明, 这对地球的辐射平衡有很大影响, 尤其是在干燥的亚热带对流层上部。理解对流层上部和平流层下部中的水的来源和汇以及平流层脱水的机制是地球科学中仍然存在的重要挑战之一, 因为水蒸气反馈机制可以增加臭氧消耗 [157], 并导致平流层冷却 [158]。据报道 [159], 尽管热带对流层顶温度下降 [160], 但在过去半个世纪里, 平流层的湿度增加了一倍。

水分子及其同位素的光谱分布主要位于近红外 1.39 μm (或 7194.2 cm^{-1})、中红外 2.7 μm (或 3703.7 cm^{-1}) 和 6.7 μm (或 1492.5 cm^{-1}) 附近, 其线强分布特性及相应波长范围可商业化获得的激光光源, 归纳总结如图 6.29 所示。近红外 1.39μm 波段主要采用的是发展相对成熟的半导体激光器作为激发光源, 并结合长程吸收

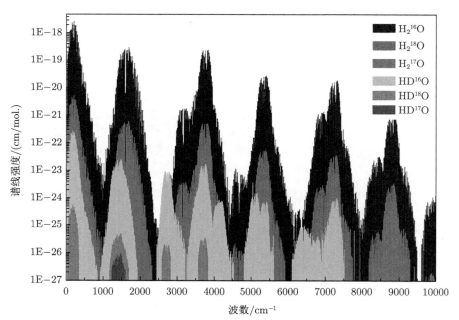

图 6.29　H$_2$O 分子同位素红外光谱分布特性, 及对应波长范围激光器类型 (彩图请扫封底二维码)

池技术 [161] 和谐波探测技术提高检测灵敏度 [162]。中红外 2.7μm 仍然是一个技术瓶颈，虽然从早期通过氪离子激光器 (Krypton Ion Laser@647nm) 泵浦的色心激光器 (Color Center Laser, Burleigh FCL-20)[163]，到如今已实现室温工作的单模 DFB 半导体激光器 (http://www.nanoplus.com/)，但是此波段激光光源仍然存在发射功率较低的不足 [164−168]。目前可覆盖 6.7 μm 波段的激光光源主要分为传统的铅盐激光器和新型量子级联激光器 (QCL) 两类，其中铅盐激光器 (Specdilas IR-1500.8, Laser Components, GmbH, Olching, Germany) 需要工作在液氮温度，不利于仪器集成和外场应用，且多模输出亦引起非线性误差 [169]；而 QCL 可实现脉冲模式和联系模式输出，且可通过热电冷却的方式实现室温运行，已发展到了很好的商业化阶段，从而成为中红外激光光源的主流。

随着各种新型激光光源的不断革新，衍生出了各种高级的激光光谱技术和信号处理方法 [170]，并在稳定同位素研究领域得到广泛应用。截至目前，以上可满足于同位素分析三个波段的各种光源与长程吸收光谱 [170−172]、基于高精度光学腔吸收光谱，如 OFCEAS[173−175]、OA-ICOS[175−179] 及 CRDS[179−183] 相结合，已被广泛用于各个领域中 H_2O 红外光谱同位素分析，针对 H_2O 分子中氢和氧同位素谱线参数统计信息如表 6.11 所示。

表 6.11　H_2O 同位素谱线对参数表

同位素	谱线位置/cm^{-1}	线强 @296K/(cm^{-1}/mol.)	低能级能量/cm^{-1}
H^{18}OH	7183.585924	4.535E−24	733.6829
H^{18}OH	7183.591276	1.511E−24	733.6792
H^{16}OH	7183.685800	3.671E−24	661.5489
H^{17}OH	7183.73545	1.162E−24	94.9705
H^{16}OD	7183.9727	3.385E−25	156.3822
H^{16}OH	7184.100930	1.493E−24	1810.5876
H^{16}OH	7197.550720	5.729E−24	586.4792
HD^{16}O	7197.950860	6.092E−25	116.4613
H^{18}OH	7199.961310	4.434E−24	505.7287
H^{16}OH	7200.133840	3.268E−24	315.7795
HD^{16}O	3593.317210	4.922E−24	512.5158
H^{16}OH	3593.37586	2.352E−24	275.4971
H^{16}OH	3593.41894	7.181E−23	383.8425
H^{18}OH	3593.54531	5.628E−24	133.4758
HD^{16}O	3593.59753	4.881E−24	513.2072
H^{16}OH	3593.79119	5.325E−24	382.5169
H^{16}OH	3593.974520	4.962E−22	756.7247
H^{18}OH	3594.06145	1.681E−23	78.9886
H^{17}OH	3594.17945	2.806E−24	136.5376
HD^{16}O	3594.28890	2.349e−24	512.5158
H^{18}OH	3662.91960	2.004E−23	398.3605
H^{16}OH	3663.04522	8.512E−23	586.4792
H^{17}OH	3663.321310	7.241E−23	224.3042

同位素	谱线位置/cm^{-1}	线强 @296K/(cm^{-1}/mol.)	低能级能量/cm^{-1}
H^{16}OH	3663.841910	1.222E−23	100.3909
H^{18}OH	1483.926070	8.791E−23	550.4508
HD^{16}O	1484.012810	3.619E−25	221.9461
HD^{16}O	1484.106440	2.324E−23	225.8649
H^{16}OH	1484.257260	1.724E−23	1899.0074
HD^{16}O	1484.311800	3.534E−24	233.0237
HD^{16}O	1484.470160	3.534E−24	233.0512
HD^{16}O	1484.470860	6.455E−25	964.8506
H^{16}OH	1484.504850	1.065E−25	3659.9033
H^{17}OH	1484.510940	1.952E−23	205.4818
HD^{16}O	1484.631060	3.038E−24	520.1235
H^{17}OH	1484.780520	2.209E−24	781.3773
H^{18}OH	1484.971570	1.076E−22	325.2157
H^{16}OH	1485.133600	6.149E−23	1907.6158
HD^{16}O	1501.115920	1.194E−23	66.1845
H^{18}OH	1501.188340	4.129E−22	223.8285
H^{16}OH	1500.545880	8.735E−22	1340.8845

　　目前，国际上基于新型光谱技术原理的水同位素分析仪已发展到商业化成熟阶段。2006 年美国 LGR 公司 (http://www.lgrinc.com/) 第一台基于高分辨率的离轴积分腔输出光谱技术 (Off-Axis ICOS) 的液态水同位素分析仪问世，现为加拿大 ABB 公司，该技术源于其创立者 O'Keefe 等于 1988 年首次提出的 CRDS 技术 [184]，国际原子能机构 (IAEA) 经过长时间的测试，对其性能非常满意，并预言 LGR 分析仪将为稳定性同位素测量带来一次技术性变革。经过十余年的不断改进，LGR 液态水同位素分析仪 (型号 LWIA-30d，图 6.30) 可精确测量液态水样中的 ^{18}O/^{16}O 和 D/H 的同位素比率，精度分别为 0.1‰ 和 0.3‰，其产品已在机载观测、大气廓线测量、涡度和通量测量、温室气体监测、土壤通量、垃圾填埋排放、天然食品中的同位素分析、水循环和空气质量监测及工业处理过程控制等方面得到广泛的应用 [185−187]。与其并驾齐驱的另一家水同位素光谱分析仪研发公司是美国 Picarro 公司，该公司推出的典型同位素水分析仪 (型号 L2130-i，图 6.31) 采用的是基于高灵敏度波长扫描光腔衰荡光谱 (WS-CRDS) 技术，液态水的典型测量精度 (1σ) δ 18O 达 0.011‰，δD 达 0.038‰[188−190]。

　　值得强调的是水汽作为一种典型的极性分子，具有较强的吸附效应。因此，消除水蒸气记忆效应 (Memory Effect) 对光谱仪器测量精确度的影响十分具有必需性。传统方法中需要多次注射同一个样品 (有时 8 次或更多)，以消除记忆效应，这种方式必将会降低样品吞吐量并增加耗材成本。以连续扫描波长模式 CRDS 光谱仪为例，通过测量两个及以上具有同位素差异的实验室标准参考样品获取相关记忆系数，并以此建立校准方程，然后用校正方程修正测量的 δ^{18}O 和 δ^{2}H 值，以

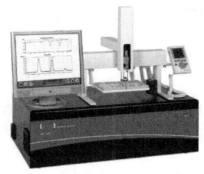

图 6.30 LGR 公司液态水同位素 (LWIA-30d 型号) 分析仪

图 6.31 Picarro 公司水同位素 (L2130-i 型号) 分析仪

消除水汽记忆效应。实验证明通过使用这种方法,每个样品的注射次数减少到一次,可实现同位素 $\delta^{18}O$ 和 δ^2H 值的重现性 (1σ) 分别小于 0.05‰ 和 0.5‰[191]。水同位素成分视作水的 "指纹" (或 DNA),无论是液态水还是气态水中的氢氧同位素,在大气科学、土壤生态和地球化学、生物医学、地质水文等科学领域始终具有重要的研究意义和参考价值。水汽稳定氢氧同位素作为水循环中的天然示踪剂,在大气圈、土壤圈和水圈的研究中发挥着重要作用,激光光谱技术的非破坏性诊断特性,为水同位素研究提供了一种良好的分析手段。目前,国际上关于稳定水同位素的研究越来越多,其数据库正日益丰富和完善,包括两个水的凝聚态同位素数据库:国际原子能机构主管的已发展几十年的全球降水同位素网 (Global Network of Isotopes in Precipitation,GNIP)[192] 和建立不久的全球河流同位素网 (Global Network of Isotopes in Rivers,GNIR)[193],以及新近发展起来的面向公众开放的水蒸气同位素数据库 [194]。

大气边界层是地球大气的最底层,厚度约 1km,是水文循环和气候系统的关键组成部分。据估计,这个水库包含了大部分大气蒸气,对地球自然温室效应的贡献约为 2/3。在未来气候变暖的情况下，水蒸气混合比预计将上升，从而导致更多极端天气事件。量化和解释大气水汽变化的基本过程仍然是当前水循环科学面临的重大挑战之一。

6.6.4　甲烷 (CH$_4$) 同位素分析

在地球大气中，甲烷是导致全球气候变化的重要温室气体之一[195]。在对流层的大气化学反应中扮演着重要角色，作为 OH 自由基的汇库，在平流层中主导者水的源。甲烷的来源可分为生物、化石和生物质燃烧源。地球上的生物源主要通过当代的微生物活动 (稻田、动物、湿地和陆地填料) 产生 CH$_4$，大气 CH$_4$ 的 ^{13}C 丰度稍微富集，相比于 ^{13}CH$_4$ 同位素，主要是因为同位素效应更有利于 OH 与 ^{12}CH$_4$ 发生化学反应。然而相关科学研究报道加拿大–法国–夏威夷望远镜在 3.3μm 波长附近的 P 分支区域探测到火星大气中含有甲烷的迹象，其混合比约为 (10 ± 3)ppbv[196]。研究显示细菌对火星大气同位素比值的影响比地球中植物的影响更显著，其特征同位素比值如表 6.12 报道[197]。

表 6.12　甲烷中 ^{13}C 和重氢 D 同位素源和 δ 比值分布

	源	δ^{13}C 值	δD 值
地球	无机物	~ 0‰VPDB①	~ 0‰SMOW
	生物	$-(60\pm5)$‰	$-(310\pm20)$‰
	化石	$-(40\pm8)$‰	$-(160\pm40)$‰
	生物体燃烧	$-(24\pm3)$‰	$-(225\pm30)$‰
	地球生物平均值	$-(40\pm20)$‰	$-(200\pm100)$‰
火星上的期望值	无机物	~ 0‰VPDB①	~ 0‰(4500‰SMOW)
	生物	$-(40\pm20)$‰	$-(200\pm100)$‰(4500‰SMOW)

① VPDB 全称 Vienna Pee Dee Belemnite，维也纳一种碳酸盐物质。

与传统的质谱方法比较，尽管激光吸收光谱法灵敏度相对较低[198]，但对于具有相同或相近质量的同位素分子而言 (典型地，如 ^{12}CH$_3$D 和 ^{13}CH$_4$)，无需质谱分析中通常需要的解离或转换过程，通过选择同位素分子所具有的独特"指纹谱"即可很好地区分各个同位素分子。由图 6.32 模拟的甲烷红外吸收光谱分布特性可见，其吸收光谱范围主要位于近红外 1.65 μm 和 2.37 μm、中红外 3.30 μm 和 7.9 μm 波段。针对同位素分析精度的要求，除了高灵敏度 CRDS 光谱技术[199]，将近红外吸收光谱同长程吸收池和波长调制技术结合[200,201]，可实现 ^{12}CH$_3$D/^{12}CH$_4$ 和 ^{13}CH$_4$/^{12}CH$_4$ 同位素 ±0.7‰ 和 ±0.027‰ 的精度[202]。该光谱范围附近可用于甲烷同位素 (^{13}CH$_4$ 和 ^{12}CH$_4$) 分析的线对如表 6.13 所归纳。

与近红外 1.65 μm 附近的 $2v_3$ 吸收光谱带相比较，甲烷在 2.37 μm 附近的 v_1+v_4 吸收带线强要高两倍。此外，$2.0\sim2.5$ μm 光谱区域还具有的优势是它位于大气透射窗内，水蒸气和二氧化碳的吸收较弱，且匹配的标准光学元件 (窗片、透

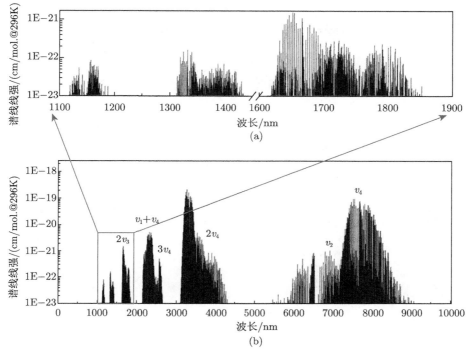

图 6.32 甲烷红外光谱分布特性

表 6.13 甲烷同位素光谱分析线对

同位素 分子式	谱线位置 /cm^{-1}	线强 @296K /(cm^{-1}/mol.)	低能级能量 /cm^{-1}
^{13}CH$_4$	6018.83641	5.072E−24	31.4438
^{13}CH$_4$	6018.84307	7.508E−24	31.444
^{12}CH$_4$	6018.95210	5.914E−24	157.1372
^{12}CH$_4$	4148.840519	8.744E−23	814.6488
^{12}CH$_4$	4148.900173	1.307E−22	814.6479
^{13}CH$_4$	4148.930643	1.701E−23	470.8950
^{13}CH$_4$	4149.299005	1.044E−23	470.8871
^{12}CH$_4$	4149.300064	3.004E−23	470.8308
^{12}CH$_4$	4149.631214	1.733E−22	689.8621
^{13}CH$_4$	4149.762914	1.066E−23	470.8770
^{12}CH$_4$	4149.884484	1.178E−23	219.9411
^{12}CH$_4$	4150.654037	2.748E−23	949.8429
^{13}CH$_4$	4150.669557	1.959E−23	470.8530
^{12}CH$_4$	4150.699850	2.746E−23	949.8414
^{12}CH$_4$	4150.846298	1.583E−23	1095.2529
^{12}CH$_4$	4150.995409	4.221E−23	689.7075
^{12}CH$_4$	4151.014764	9.276E−22	575.2596
^{13}CH$_4$	4151.965633	1.074E−23	470.8273

续表

同位素 分子式	谱线位置 /cm^{-1}	线强 @296K /(cm^{-1}/mol.)	低能级能量 /cm^{-1}
^{12}CH$_4$	4152.091386	3.203E$-$23	689.8861
^{13}CH$_4$	4152.222574	7.126E$-$24	470.8210
^{12}CH$_4$	4152.337198	1.889E$-$23	293.1541
^{12}CH$_4$	4153.231378	7.619E$-$23	689.8621
^{12}CH$_4$	4153.649827	9.336E$-$22	575.1841
^{12}CH$_4$	4153.721793	1.344E$-$23	555.5555
^{12}CH$_4$	3057.406271	2.958E$-$23	950.1364
^{12}CH$_4$	3057.505324	4.503E$-$23	950.1537
^{12}CH$_3$D	3057.554283	1.558E$-$23	78.9510
^{12}CH$_4$	3057.687423	2.106E$-$19	62.8781
^{12}CH$_4$	3057.726496	1.260E$-$19	62.8768
^{12}CH$_4$	3057.760735	1.260E$-$19	62.8757
^{12}CH$_4$	3057.785400	1.279E$-$22	1409.3759
^{12}CH$_4$	3057.829797	1.953E$-$22	1409.007
^{13}CH$_4$	3057.849103	1.421E$-$21	104.7849
^{12}CH$_4$	3057.852002	1.319E$-$23	1640.1271
^{12}CH$_4$	3057.903940	3.360E$-$22	1408.4851
^{13}CH$_4$	3057.910413	9.411E$-$22	104.7809
^{13}CH$_4$	3057.934509	1.413E$-$21	104.7796
^{13}CH$_4$	3057.969764	2.363E$-$21	104.7777
^{12}CH$_4$	2950.481949	2.668E$-$24	1095.6320
^{12}CH$_4$	2950.531612	1.348E$-$22	219.9411
^{12}CH$_4$	2950.551889	2.914E$-$23	1521.2847
^{12}CH$_4$	2950.55959	4.464E$-$24	1692.8063
^{12}CH$_4$	2950.64275	1.415E$-$24	1773.7814
^{12}CH$_3$D	2950.648936	6.712E$-$24	284.5492
^{12}CH$_4$	2950.66007	4.07E10$-$23	470.8548
^{12}CH$_3$D	2950.850814	2.734E10$-$23	266.3169
^{12}CH$_4$	2950.862697	1.447E10$-$24	1599.2841
^{12}CH$_4$	1327.256595	5.816E10$-$20	62.8769
^{13}CH$_4$	1332.970399	7.828E10$-$22	219.9555

镜) 成本和光损耗较低[203]。2011 年美国喷气推进实验室和美国国家航空和宇宙航行局 (National Aeronautics and Space Administration，NASA) 联合报道了基于多个半导体激光光源 (Nanoplus, Germany) 的小型化 TDL 光谱仪器，用于火星大气和土壤燃烧成分诊断，选择的光谱中心波长为 2.785 μm@CO$_2$(^{13}C/^{12}C 和 ^{18}O/^{17}O/^{16}O) 半导体激光器，2.783 μm@H$_2$O(^{18}O/^{17}O/^{16}O 和 D/H) 半导体激光器，以及 3.27 μm@CH$_4$(^{13}C/^{12}C 和 D/H) 间带级联激光器作为激发光源，实验室分析结果显示各个同位素测量精度在 2‰~5‰ 范围[204]。

甲烷位于 3.3 μm (3000 cm^{-1}) 波长附近的 v_3 带包含了大量强吸收 CH$_4$ 及其

同位素谱线, 遗憾的是研制该波段连续输出激光光源仍然具有很高的挑战性, 通常只能采用光参量振荡器 (Optical Parametric Oscillator, OPO)[205−207] 和差频 (Difference-Frequency-Generation, DFG)[208,209] 方式获取。由于 $^{13}CH_4$ 和 $^{12}CH_4$ 分子都是球形转子, 因此它们的光谱分布特性相似, 但由于碳质量的不同而偏移了约 10 cm^{-1}。该波长范围附近可用于 $^{12}CH_4$ 和 $^{13}CH_4$ 同位素分析的谱线对如表 6.13 所总结。然而, 满足该波段可调谐激光光源在小型化、低功耗、窄线宽等方面仍然存在诸多不足。第二个中红外光谱窗 7.5~8 μm 光谱范围既包含了 CH_4 和 N_2O 两个分子的强吸收基频振动跃迁 [210−213], 又非常接近大气透射窗口 8~13 μm, 从而成为高灵敏度、高精度同位素分析的理想波段。随着量子级联激光器 (QCL) 的问世及快速发展, 使其成为甲烷同位素分析的首选, 并已有诸多相关光谱分析技术的报道, 如基于 QCL 的直接吸收光谱 [214] 和 ICOS 光谱 [215], 以及基于 EC-QCL 的 CRDS 光谱 [216]。

对甲烷浓度及其稳定同位素组成进行原位地理参照式测量的能力将大大提高我们对环境中甲烷源分布和类型的理解, 以及更好地确定微生物生产和消耗过程对甲烷循环的贡献程度, 进而检验有关甲烷循环对环境气候条件变化影响的假设。特别是对深海中生物地球化学的甲烷循环动力学过程的研究具有很多挑战性, 尤其是在高浓度甲烷的环境中, 无法对未受干扰的样品进行完整的回收。为此, 美国哈佛大学 Girguis 研究团队报道了将 LGR 研发的 ICOSCH₄ 同位素 (δ13C@1648nm) 分析仪搭载 ROV (Remote Operated Vehicle) 于 2009 年 8~11 月之间在蒙特雷海底峡谷 ((36° 46.6′N, 122° 05.1′ W) 960~970 m 深处原位 $^{13}CH_4$ 同位素测量 [217]。

6.7 海洋探测

随着全球经济活动的加速和工业化进程的突飞猛进, 陆地矿产资源已经不能满足飞速发展的社会需求, 资源紧缺已成为各国日益显著的问题。占地球面积高达 70.8％的海洋 (约 3.6 亿平方千米) 是孕育地球生命的摇篮, 不仅蕴藏着丰富的生物资源和矿物资源, 具有潜在的巨大经济价值, 是迄今人类探索与研究欠缺的区域, 从而成为 21 世纪人类可持续发展的新领地。

依据全球尺度来划分, 全球共存在岩石圈、海洋、大气、陆地生物圈、水生生物圈、化石燃料六个主要碳库。海洋覆盖地球表面面积的 70.8％, 是地球上最重要的 "碳汇" 聚集地, 是仅次于岩石圈 (主要以碳酸盐岩石的形式存在于地壳中, 较少参与碳循环) 的第二大碳库。海洋在调节全球气候变化, 特别是吸收甲烷、二氧化碳等温室气体效应方面作用显著。碳元素在海洋中主要以颗粒有机碳、溶解有机碳和溶解无机碳三种主要形态存在。对于甲烷而言, 海洋中微生物通过对甲烷的氧化作用是控制海洋溶解甲烷释放到大气中的重要过程，其氧化速率对全球碳循环、温室气体研究有重要意义 [218−220]。

　　传统的海洋表面或海水中溶解气测量方法主要以电化学法、质谱法、拉曼光谱为主。近年来，激光吸收光谱技术因其成本低、灵敏度和选择性高，环境适应性好等特性，在海洋复杂环境应用中逐渐显露出一定的潜力。尤其是基于光学谐振腔的高精度腔衰荡和离轴积分腔输出光谱技术具有灵敏度高、响应时间快等优点，从陆面大气痕量气体监测，已逐步拓展到海洋海水溶解气分析。国际上，美国 Los Gatos Research 公司率先将离轴积分腔输出光谱 (Off-Axis Integrated Cavity Output Spectroscopy，ICOS) 用于商业化的甲烷、二氧化碳分析仪。2011 年，Gülzow 等 LGR 公式研发的 ICOS 气体分析仪与气泡式平衡器 (Bubble-type Equilibrator) 联合搭载于一艘货船，对途经海域海表水中溶存甲烷和二氧化碳进行了探测 [221]。其后，美国哈佛大学 Girguis 研究团队报道了将 LGR 研发的 ICOS CH_4 同位素分析仪搭载 ROV 于 2009 年 8∼11 月之间在蒙特雷海底峡谷 ((36°46.6′N, 122°05.1′W) 960∼970 m 深处原位测量 $^{13}CH_4$ [222]。2014 年法国科学研究中心 (CNRS) 科研人员报道了可用于 2.5km 海深海水中溶解态甲烷气体测量的 V-型光学反馈式腔增强吸收光谱仪器 (SUBGLACIOR)[223]，该光谱分析仪采用 5mW 半导体激光器作为激发光源，中心波长在 2350 nm 附近，可同时测量 2350.7∼2351.0nm 光谱范围的 CH_4、H_2O 和 HOD 三种成分，其中 CH_4 灵敏度可达 0.2 ppbv(@30min)，同位素 $\delta^2 H$ 测量精度为 0.2‰@30s)。通过采用 3.3 μm 间带级联激光器，实现了中红外波段高精度测量多种成分，如 C_2H_6, CH_4 和 ^{13}C-CH_4，400s 平均时间条件下，测量精度分别为 3 ppbv、11 ppbv 和 0.08‰[224]。近年来，SUBGLACIOR 光谱仪分别在卢旺达基伍湖 (Lake Kivu)、西斯瓦尔巴特群岛 (Svalbard) 和地中海海域 (Mediterranean Sea) 完成了 150m、400m 和 620m 的水深试验 [225−227]。此外，2017 年美国罗德岛大学 Uhlig 和 Loose 利用稳定同位素甲烷示踪技术量化北极海水样品中甲烷氧化速率的研究。该研究团队通过采用美国 PICARRO 公司研发的 G2201-i 光腔衰荡光谱仪 (可同时测量 CO_2、CH_4 浓度及同位素成分) 定期测量了多层铝箔培养袋中顶空气甲烷浓度和同位素比值。通常甲烷质量平衡和稳定同位素比值的变化是甲烷氧化过程相互独立的制约因素。研究结果显示基于两种独立因素计算的甲烷氧化速率趋势一致，同位素比值的变化和同位素分馏系数与微生物群落组成存在相关性 [228]。

　　激光吸收光谱传感器用于海水溶解气测量，首先需要从海水中提取溶解气体，通常采用硅橡胶膜 (Silicon Rubber Membrane) 进行气体和海水分离，这项技术涉及吸附、渗透和解吸过程。现有的海洋传感器，包括康斯伯格 (Kongsberg)、Franatech、Los Gatos Research 和 ProOceanus 等海洋传感器销售商，皆采用了膜萃取法用于测量溶解气体。传统的膜萃取技术依赖于膜上的气体平衡，精确测量溶解气体浓度过程，以缓慢的平衡响应时间 (> 20min) 为代价。针对这一不足，SUBGLACIOR 海洋传感器研制者们提出了一种不同的方法，如图 6.33 所示，采用两个直径为 56mm，厚度 10μm 聚二甲基硅氧烷 (PDMS) 膜面对面安装在不锈钢外壳中，使得膜表面积加倍。膜的干侧保持在低压状态，同时持续向其注入干燥的"零"气体。膜干侧的压力控制着通过膜的干空气和湿空气的总流量，分离膜系统的设计使得压力保持恒定。膜干侧相连接的激光吸收光谱系统工作在 20mbar 的压力条件下，而水汽分离膜的干燥侧维持在 30mbar 下。海水溶解气体通过膜的渗透和扩散 (即分子通过膜晶格的迁移) 过程最终从膜中分离出来。影响渗透效率的参数包括膜厚、膜上水流和环境温度：较低的厚度、较大的流量和较高的温度会导致较高的渗透率，从而加快响应时间。从膜的自身性质而言，温度越高，聚合物链的自由体积和流动性就越大，导致气体通过膜的扩散性越高。对于任何确定的气体，较高的温度意味着更高的流动性、扩散性和渗透性。因此，膜萃取技术需要精确地控制水流和温度，以实现膜萃取系统的最佳性能。此外，水生物污垢、盐度、压力和 pH 值也可能影响渗透效率，除了盐度之外，其他因素的影响有待进一步研究[226]。

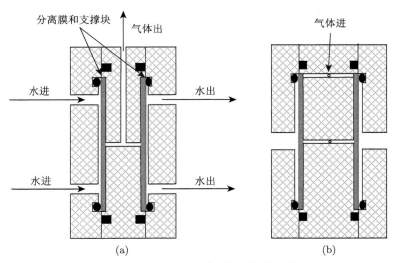

图 6.33　海水溶解气分离膜装置结构示意图

　　近年来，为贯彻落实国家海洋强国战略部署，科技部会同发展改革委、教育部、中科院等多个科技主管部门，共同编制了国家重点研发计划"深海关键技术与装备"重点专项实施方案。围绕海洋高新技术及产业化的需求，研制深远海油气及水合物资源勘探开发装备，促进海洋油气工程装备产业化，推进大洋海底矿产资源勘探及试开采进程，加快"透明海洋"技术体系建设，为我国深海资源开发利用提供科技支撑。

我国亦有众多高等院校和科研院所从事海洋传感器研发研究，中国海洋大学针对海洋表面 CO_2 通量的测定，开展了基于多次反射腔 TDLAS 技术的二氧化碳测量传感器系统研究，将自行研制的 TDLAS 系统与美国 LGR 公司研发的基于 ICOS 技术的温室气体分析仪进行了对比测试，测量结果显示两者具有很好的一致性 (相关度 $R^2 > 97\%$)[229]。此外，该单位在基于拉曼光谱技术的海洋传感器研究方面亦取得一系列突破性进展[230]。针对深海化学环境探测和深海生命过程研究关键技术和装备的需求，特别是深海热液和冷泉系统化学物质循环与生态环境效应研究的需求，在科技部的大力支持下，中科院安光所等多家单位联合开展了新型深海水下原位分析技术和深海关键溶解气体及其同位素原位在线分析仪的研究。近海底高精度水合物探测技术方面，已初步实现 CH_4、H_2S、CO_2 浓度和碳同位素 (精度优于 3‰) 以及其他痕量气体同步高灵敏度探测。此外，高晓明研究员领导的课题组将离轴积分腔输出光谱技术和波长调制光谱技术相结合，以甲烷分子为研究对象，通过射频 (RF) 白噪声抑制残余腔模式波动噪声的策略，与未受干扰的离轴积分腔输出光谱相比，这种 RF 白噪声扰动的波长调制离轴积分腔输出光谱的探测极限提高了约 6 倍，相关技术已推广到深海可燃冰勘探方面的应用研究[231]。

在深海观测/探测传感器、设备和系统研制及规范化海试方面，围绕我国深海科学研究、海洋工程和资源开发等领域的战略发展需求，在科技部国家重点研发计划"深海关键技术与装备"重点专项的资助下，安徽大学和国家深海基地管理中心、青岛科技大学联合承担了"基于载人潜水器的深海原位多参数化学传感器研制"的科技攻关项目。项目研究过程联合研制出了适用于深海运载器平台携带及作业布放的"深海多参数化学原位传感器"[232]，传感器以迷你型高功率发光二极管 (LED) 作为激发光源，采用全光纤传输方式的设计理念，结合基于朗伯−比尔定律的全光谱检测方法和化学显色法，可同时测量深海溶解态 Fe(II)、Fe(III)、Mn(II) 和硫化物四种参数，在国际深海原位传感器研究领域实现了重大突破，通过搭载"蛟龙号"载人潜水器工作深度可达 7000m。

本实验室自主研发的深海多参数化学传感器整体采用圆柱形设计，分为上下两个舱体：自平衡舱和耐压舱。图 6.34 为传感器整体机械结构示意图。上部为自平衡舱通过油囊冲入绝缘油，使得内外保持压力平衡状态，主要包括微型蠕动泵和阀、液体流通池和采样管等；下部为耐压舱，包含系统控制电子学器件和光学器件，两部分通过水密电缆和水密光纤相连。传感器总体重量 $< 50kg$，外形尺寸：60cm 长 ×35cm 直径，供电：24V 直流，总功耗 $< 30W$，可承载最大压力 70MPa。

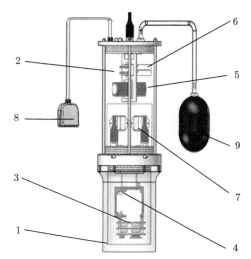

图 6.34 深海多参数化学传感器结构示意图

1：耐压舱；2：压力自平衡舱；3：控制电路；4：光电采集电路；5：蠕动泵；6：电磁阀组；7：流通池；8：油囊；9：试剂袋

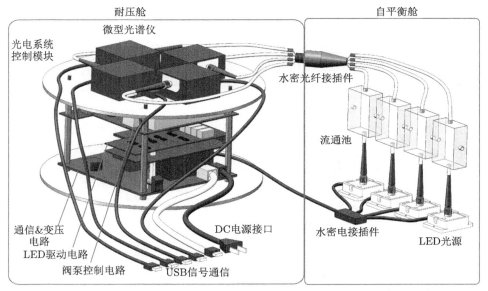

图 6.35 深海多参数化学传感器光电检测系统示意图

深海多参数化学传感器核心器件–光电检测系统结构和原理示意图如图 6.35 所示。四个 LED 光源和流通池放置在充绝缘油的自平衡舱内，流体进样控制板、光源驱动电路板、四通道光谱仪 (海洋光学 STS 微型光谱仪)、光谱信号 AD 转换和存储及通信控制电子学器件皆在干燥的耐压舱内。传感器工作方式可分为在线通信方式 (RS485 通信) 和离线自存式, 四通道同时工作数据时间分辨率可达 1s。为了检验传感器的综合性能, 利用自行配制的溶液样品, 对系统性能开展了深入的实验研究, 实验测量的四种离子吸收光谱和浓度校正曲线分别如图 6.36～图 6.39 所示, 通过线性拟合结果显示皆具有很好的线性响应特性。

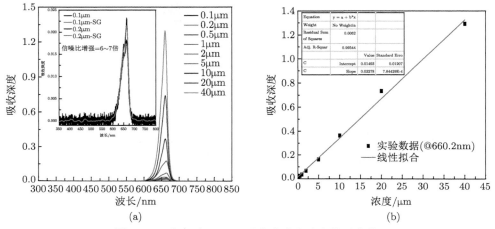

图 6.36　硫离子 (HS⁻) 吸收光谱和浓度校正曲线

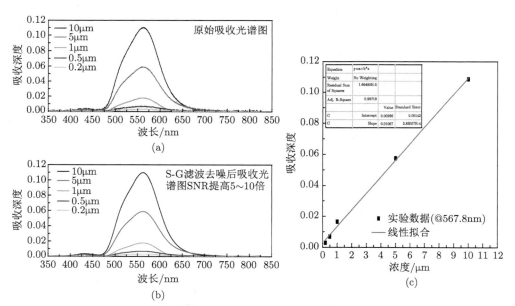

图 6.37　二价铁离子 (Fe²⁺) 吸收光谱和浓度校正曲线 (彩图请扫封底二维码)

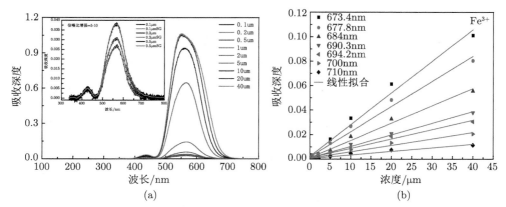

图 6.38 三价铁离子 (Fe^{3+}) 吸收光谱和浓度校正曲线 (彩图请扫封底二维码)

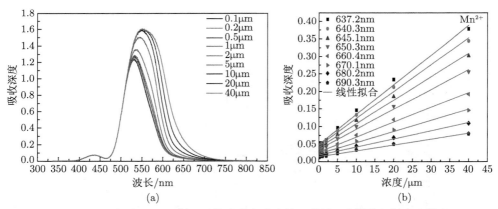

图 6.39 二价锰离子 (Mn^{2+}) 吸收光谱和浓度校正曲线 (彩图请扫封底二维码)

最后, 基于以上实验结果统计出传感器系统的性能指标如表 6.14 所总结。依据吸收光谱的基本原理: 朗伯-比尔定律可知, 通过增加流通池的长度, 可有效提升系统检测灵敏度。此外, 实验研究发现可通过增加光谱仪积分时间和光谱信号平均次数, 以及结合数字信号滤波技术等方法可有效抑制系统噪声, 进而提高光谱信噪比, 亦能够实现传感器系统检测灵敏度和测量精度的提高。

本课题组联合项目合作单位共同研发的深海多参数传感器可满足带缆水下机器人 (ROV)、无缆自主水下机器人 (AUV)、自主遥控水下机器人 (ARV) 和载人潜水器 (HOV) 等深海深潜器的搭载需求, 如图 6.40 为深海多参数传感器搭载 "蛟龙号" 潜水器进行水池试验现场。2020 年 12 月 12 日该仪器搭载于蛟龙号 167 和 168 潜次在南海分别进行了深海原位试验, 地点分别为 111°20.1140′E、18°10.1149′N 和 110°44.1140′E、18°10.1149′N, 海试深度分别为 3196m 和 1296m,

海底作业时长分别为 3 时 7 分和 2 时 20 分，整个海试过程中本课题组及合作单位联合研制的深海多参数传感器顺利完成海试任务，如图 6.41 所示。

表 6.14　传感器性能参数统计结果

测量参数	光程长度	预期浓度测量范围	预期灵敏度/μm	实际灵敏度滤波前/μm	实际灵敏度滤波后/μm	备注
Fe^{2+}	1 cm	0.1~40 μm	0.02	0.0484	0.0097	LED 电流 = 1 mA；光谱仪积分时间 = 2 ms；信号平均次数 = 10 次。
Fe^{3+}	5 cm	0.2~100 μm	0.04	0.0249	0.0031	LED 电流 = 1 mA；光谱仪积分时间 = 5 ms，信号平均次数 = 10 次。
Mn^{2+}	5 cm	0.1~40 μm	0.02	0.0180	0.0036	LED 电流 = 2 mA，光谱仪积分时间 = 5 ms，吸收池有效光程 = 5 cm，信号平均次数 = 10 次
HS^-	5 cm	0.1~40 μm	0.02	0.0081	0.00202	LED 电流 = 5 mA；光谱仪积分时间 =1 ms；信号平均次数 = 10 次

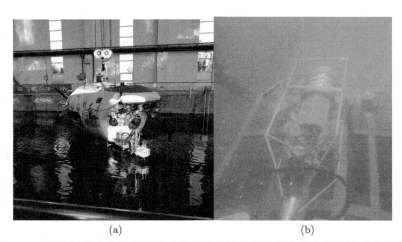

(a)　　　　　　　　　　　　　　　(b)

图 6.40　深海原位多参数化学传感器搭载"蛟龙号"载人潜水器水池试验现场

蛟龙号深潜器以大约 2000km/h 的下潜速度携带传感器潜入海底，并在海底作业数小时后返回海面。深海作业期间，传感器核心器件：光源、光谱仪、蠕动泵、电磁阀等硬件控制单元及软件通信系统皆正常工作，传感器实际工作电压为 24V/DC，最大工作电流为 1.2A，因此最大总功耗仅为 28.8W。原位记录的四种参数 (Fe^{2+}、Fe^{3+}、Mn^{2+}、HS^-) 相应的原始光谱信号如图 6.42 所示。该传感器的成功海试为我国研发拥有自主知识产权的、可搭载于载人潜水器的深海溶解态矿物质的原位传感器研究奠定一定的理论和技术支撑，为我国深海科学研究提供一定的辅助工具。项目研究过程形成的一系列理论和技术可推广到深海其他溶解态离子或溶解态气体原位测量。自主开发的深海多参数化学传感器通信软件系统可拓展应用到其他海洋类传感器。

(a)　　　　　　　　　　　　　　　(b)

图 6.41　深海原位多参数化学传感器搭载"蛟龙号"载人潜水器南海试验现场

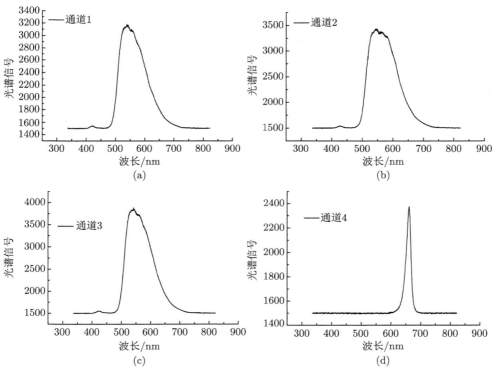

图 6.42　深海多参数传感器南海海底原位测量的二价铁、三价铁、二价锰和硫离子吸收光谱信号

　　自 2012 年，我国自主研发的"蛟龙"号载人潜水器在马里亚纳海沟取得了下潜 7020 m 的记录，开启了中国进军深海的步伐。2020 年 11 月 10 日承载了我国诸多科技人员心血与期望的新一代深潜器"奋斗者"号，成功坐底世界海洋最深处的马里亚纳海沟，最终坐底深度为 10909 m。随着我国自主研发的深潜器和海洋观测平台技术的快速发展和重大突破，如何提升有效利用深潜器和海洋观测平台实现突破性的科学成果已成为海洋科学和技术领域关注的焦点。发展新型海洋原位传感器以适应深海苛刻的作业环境和特殊的观测目的成为越来越迫切的重大需求，这些需求给激光光谱传感器研发和技术的发展带来了新的发展机遇，同时亦面临着巨大的挑战。如温度、压力等环境参数急剧变化的影响，以及传感器体积、重量和功耗、可检测种类和性能等，皆成为研发海洋光谱原位传感器面临的技术瓶颈。

　　2018 年习近平主席在海南和青岛考察时，多次强调"我国是一个海洋大国，海域面积十分辽阔，向海洋进军，发展海洋经济、海洋科研是推动我国强国战略的重要方面。关键技术要靠我们自主来研发，加快建设海洋强国"。未来发展，可联合海洋光学仪器研发企业的产品及技术团队优势与高校和科研院所强大的科研力量优势相结合，基础理论、现场实验和功能模拟研究相结合，海洋科学各分支学科之间、海洋科学同其他学科之间的交叉融合和渗透，将出现越来越多的跨学科的高度综合性的研究课题，促进高技术科研成果的快速产业化，共同研究开发可应用于海洋环境中的全新光谱创新技术和海洋新型传感器。我们坚信，在我国广大海洋及相关学科科技工作者的不懈努力下，在不久的将来，中国海洋科学技术一定能够尽快缩短与国际先进水平的差距，一定能够在自主创新和科学发展上取得新的进展和辉煌的成就。

6.8　地　气　交　换

　　全球碳、氮循环的研究表明，土壤呼吸是地气之间碳氮流通的主要途径。实时原位测量不同土壤生态环境中的气体排放，是研究大气温室气体的形成、转移和消耗等动态过程的有力手段，进而为揭示碳、氮生态系统循环与环境演化的主要过程及其驱动机制提供关键科学依据。

　　近年来，对土壤中释放物的研究也因痕量气体检测技术的发展而取得很大的进步。其中，Bruhn 等 [233] 利用腔增强激光光谱技术测量 UV 诱导下自然草地上的 CO 排放速率对温度的依赖特性；Van Asperen 等 [234] 利用傅里叶红外光谱技术，研究了土壤在无光照条件下的热降解诱导产生的 CO 和 CO_2 通量；Mari 等 [235] 使用量子级联激光器系统结合微气象旋涡协方差法连续测量芬兰东部地区的生物能源作物生态系统的 CO 通量，并评估了随季节变换 CO 的沉降和释放，和昼夜变化对 CO 通量的影响；Wu 等 [236] 使用低温 (−19.8℃) 单个连续波量子级联激光器结合单个光电二极管红外探测器，对芬兰南部森林中的硫化羰 (COS)、CO 和 CO_2 的土壤通量进行了研究，发现在土壤对 CO 和 COS 的吸收在一定温度范围内 (3∼16℃) 变化不明显，而土壤水分是土壤吸收 CO 和 COS 的主要驱动因素。Singh 等 [237] 研究表明，不同种类生物炭 (木材和家禽粪便) 会影响土壤中的 N_2O 的排放量；Cui 等 [238] 利用气象色谱仪对华北平原淤泥钙质土壤的 N_2O 和 NO 进行了研究，发现因施肥后的灌溉和降雨导致的 N_2O 和 NO 的排放量约占其年排放量的 73% 和 88%。Rosnaeni 等 [239] 则对棕油种植园的 N_2O 和 CO_2 的排放量进行了研究，并探究了不同土壤类型和氮肥对棕油种植园的 N_2O 和 CO_2 排放量的影响；Ruan 等 [240] 的研究表明积雪量的减少，会使美国中西部上游农业土壤的冬季 N_2O 排放量增加。

作者以室温连续量子级联激光器 (RT-CW-QCL) 作为激光光源，结合长程光学吸收池和直接吸收光谱探测技术，建立了一套高灵敏度、高精度激光光谱系统 [241]，以不同生态环境下土壤样品为研究对象，开展了土壤和空气中 CO 和 N_2O 气体交换过程的实时监测分析研究。为研究不同生态环境系统下的土壤中 CO 和 N_2O 两种气体的释放与吸收特性，以周围环境为例，分别以芦苇丛、池塘、人工培育基地和普通草地作为典型土壤环境进行了土壤样品采样和分析研究 [242]。如图 6.43 所示，利用采样器随机地从这些生态环境中获取土壤样品并放入采样袋中密封带回实验室，利用排水法测量样品的体积，获取每份土壤样品的量约为 2400 cm^3，将这些样品分别放入容积约为 32197.5 cm^3 的容器中 (长 53 cm，宽 45 cm，高 13.5 cm)。为防止空气和样品之间的气体释放相互干扰，实验前将培养盒密封，每隔一段时间 (约 12 h) 将培养盒打开，使得培养盒内空气中 CO 和 N_2O 浓度与实际室内空气环境中 CO 和 N_2O 相等，以作为实验背景环境参照对比。实验过程中气体采样过程和测量分析过程如图 6.44 所示，整个采用线由循环泵、流量计、针阀和压力控制等器件构成，土壤样品中释放的气体或室内空气从进样端直接进入量子级联激光光谱仪的样品吸收池进行分析。量子级联激光光谱仪 (QCLAS) 工作在直接吸收光谱法和波长调制光谱法两种工作模式，CO 和 N_2O 分子测量精度可达 sub-ppb 量级。

实验前先通过南京特种气体提供的标准气体 (N_2O 浓度 1 ppm) 对激光光谱系统中长程光学吸收池的有效光程进行校准，通过测量标准气体的 N_2O 直接吸收光谱，通过计算获得实际的有效吸收光程为 6200 cm，从而确保土壤呼吸气浓度反演的可靠性。图 6.45 展示的是测量的不同环境土壤下的 CO 和 N_2O 的直接吸收光谱数据，实验时样品采样压力为 100 mbar，室内温度约为 21.6°，并利用 Voigt 线型拟合，计算各种气体的浓度，测量的光谱数据显示四种环境下的土壤，在密封 12 h 后，密封盒内 CO 和 N_2O 浓度有很大不同，芦苇丛土壤中的

CO 和 N_2O 浓度分别约为 428 ppb 和 822 ppb,池塘淤泥的两种气体浓度分别为 916 ppb 和 363 ppb,有机培土分别约为 268 ppb 和 1322 ppb,普通草地土壤的 CO 和 N_2O 浓度分别为 108 ppb 和 425 ppb。

图 6.43   不同生态环境下的土壤样品

(a) 取样地;(b) 土壤样本

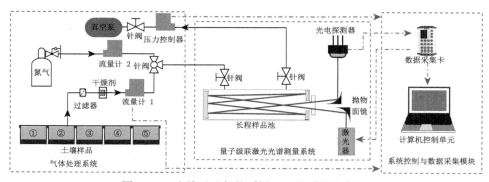

图 6.44   土壤呼吸气体采样和测量系统示意图

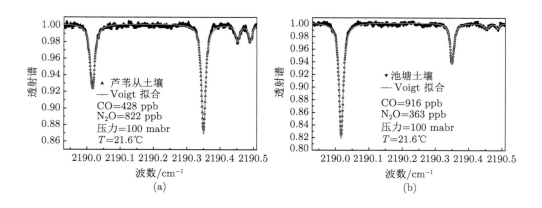

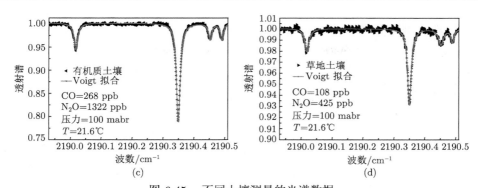

图 6.45　不同土壤测量的光谱数据

(a) 芦苇丛土壤；(b) 池塘淤泥；(c) 有机培土；(d) 草地土壤

以上测量结果表明，不同生态环境下的土壤，两种气体的释放量有明显的不同，其中有机培土和芦苇丛土壤中释放的 N_2O 量要明显高于池塘淤泥和普通草地土壤，对于 CO 含量则池塘淤泥的释放浓度要明显高于其他土壤中释放的浓度。为了进一步研究四种土壤对 CO 和 N_2O 的吸收或释放的影响。本实验对这四种生态环境下土壤中 CO 和 N_2O 两种气体的释放量进行反复长时间的动态测量，作为示例，图 6.46 给出了时长约 100min 的连续测量结果。

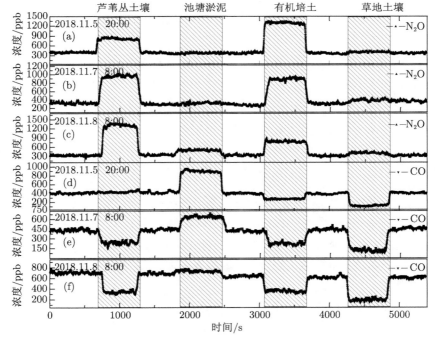

图 6.46　多次测量不同土壤中的 N_2O 和 CO 气体释放或吸收浓度结果

(a)(b)(c) 不同时间段内 N_2O 的测量浓度；(d)(e)(f) 不同时间段内 CO 的测量浓度

图 6.47 实验结果为六次测量的相对浓度统计结果，结果表明，随着时间和测量次数的增加，四种样品表现出 CO 的净释放量在减少，净吸收量在增加，池塘淤泥表现为对 CO 的释放，且释放量在逐渐减少；芦苇土壤开始表现为对 CO 的微弱释放，随时间增加表现为对 CO 的净吸收。有机培土和草地土壤则始终呈现出 CO 的净吸收，并且吸收量越来越大。在相对浓度与测量次数的关系上，池塘淤泥、芦苇丛土壤、有机培土和草地土壤的 CO 吸收 (或释放) 量与测量次数 (时间) 的线性相关度分别达到 0.958、0.944、0.929 和 0.742。其中草地土壤在多次测量中，其 CO 的绝对浓度都接近于零，草地土壤样品几乎将培养盒内的 CO 消耗殆尽，表明草地土壤样品对 CO 具有较强的净吸收能力。

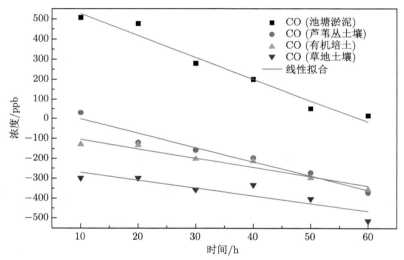

图 6.47　不同测量次数下土壤样品挥发气与空气中 CO 浓度的差值

N$_2$O 的六次测量结果显示，芦苇丛土壤和有机培土中有明显的 N$_2$O 释放，如图 6.48 所示，随着释放次数的增加，有机培土中的 N$_2$O 释放量有明显减弱的趋势，可能是有机培土中氮肥的量随着释放的次数和时间的增加而减小；而芦苇丛中 N$_2$O 的释放量却略有增加的趋势，则说明芦苇丛土壤中的氮源较为丰富，因此可持续较长时间的释放 N$_2$O；此外，池塘淤泥和草地土壤对 N$_2$O 的释放过程表现得不是十分明显，但是随着测量时间的增加，实验结果亦呈现出 N$_2$O 释放量的微弱增加现象。

总体实验显示，四种不同生态环境下 (芦苇丛、池塘、有机培土和草地) 土壤中 CO 和 N$_2$O 的释放量各不相同，其中芦苇丛土壤和有机培土呈现出 N$_2$O 的净释放，而池塘淤泥和草地土壤则无明显的 N$_2$O 释放或吸收；池塘淤泥表现出 CO 的净释放，其他三种土壤 (芦苇丛土壤、有机培土和草地土壤) 则表现出 CO 的净吸收过程。经过多次测量结果显示，N_2O 随测量次数的增加整体的变化趋势较为平稳，只有有机培土中 N_2O 释放量略有降低，而其他三种土壤中 N_2O 释放量都略有上升趋势；总体上，CO 的吸收和释放趋势较为明显，且四种土壤在六次测量中均呈现出净释放的减少和净吸收的增加过程，并且显现出较好的线性相关度。此外，该实验结果表明本实验自主研制的量子级联激光光谱痕量气体分析系统，可广泛应用于土壤生态系统中地气交换过程的实时在线应用研究，为深度解析生态系统循环与环境演化提供一种新的有效分析手段。

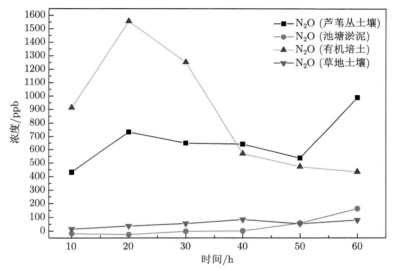

图 6.48 不同测量次数下土壤样品挥发气与空气中 N_2O 浓度的差值

土壤是人类赖以生存的自然环境和农业生产的重要资源，随着人类工业化加速发展和人类活动范围的逐步扩大，土壤生态系统作为碳氮元素重要的储存库，也是温室气体不容忽视的排放源。森林是陆地生态系统的主体，因其具有吸收二氧化碳、放出氧气的特殊功能，而被称为"地球之肺"。森林以其巨大的生物量储存着大量的碳，是陆地上最大的储碳库。据联合国政府间气候变化专门委员会估算：全球陆地生态系统中约储存了 2.48 万亿吨碳，其中 1.15 万亿吨碳储存在森林生态系统中。然而，在全球碳的循环过程中，理论上排放 (碳源) 与吸收 (碳汇) 之间本应该满足"等号"，可科学家们研究发现已知碳源与碳汇总不能达到平衡，计算出的结论总是"大于号"，且两者之间的差距逐年增大，即碳失汇 (Missing Carbon Sink)。于是，科学界推测，自然界中存在着一个巨大的"未知汇"。据联合国政府间气候变化专门委员会 (Intergovernmental Panel on Climate Change, IPCC) 报道的数据显示，自 20 世纪 80 年代到 90 年代的十年间，全球的"未知汇"从 18 亿吨，逐步增加到 30 亿吨。尽管众多科学家认为全球碳循环的碳失汇主要存在于陆地生态系统中，当前碳失汇形成的机制仍然存在许多不确定因素。当前，陆地生态系统中森林、湿地和农业土壤固碳减排已成为全球气候变化研究热点之一。未来全球环境科学研究领域，通过实时原位获取大气–土壤 (以及大气–海洋) 生态系统之间碳之间 CO_2、N_2O、NH_3、CH_4 等温室气体或痕量气体通量和垂直分布情况，系统研究大气、土壤及海洋等生物圈之间的碳氮功能，依据测量数据建立二维或三维地–气和海–气碳氮循环模型，将对更精确评估全球碳氮循环过程以及预测未来全球的气候变化有着非常重要的意义。高光谱和高时间分辨率、高灵敏度和高精度的量子级联激光光谱痕量气体分析仪必将成为该研究领域的主流。

参 考 文 献

[1] ZHAO C L, TANS P P. Estimating uncertainty of the WMO mole fraction scale for carbon dioxide in air[J]. J. Geophys. Res. Atmos., 2006, 111: D08S09.

[2] CHEN J. WINDERLICH C, GERBIG A, et al. High-accuracy continuous airborne measurements of greenhouse gases (CO_2 and CH_4) using the cavity ring-down spectroscopy (CRDS) technique[J]. Atmos. Meas. Tech., 2010, 3: 375-386.

[3] RICHARDSON S J, MILES N L, DAVIS K J, et al. Field testing of cavity ring-down spectroscopy analyzers measuring carbon dioxide and water vapor[J]. J. Atmos. Ocean. Tech., 2012, 29(3): 397-406.

[4] DENG H, SUN J, LIU N W, et al. Impact of H_2O broadening effect on atmospheric CO and N_2O detection near 4.57 μm [J]. J. Mol. Spectrosc., 2017, 331: 34-43.

[5] SANG J, ZHOU S, ZHANG L, et al. Impact of H_2O on atmospheric CH_4 measurement in near-infrared absorption spectroscopy [J]. Spectrochimica Acta Part A: Molecular and Biomolecular Spectroscopy, 2020, 237: 118383-8.

[6] WALLACE C J, JEON C, ANDERSON C N, et al. H_2O broadening of a CO_2 line and its nearest neighbors near 6360 cm^{-1}[J]. J. Phys. Chem. A, 2011, 115: 13804-13810.

[7] SUNG K, BROWN L R, TOTH R A, et al. Fourier transform infrared spectroscopy measurements of H_2O-broadened half-widths of CO_2 at 4.3 μm[J]. Can. J. Phys., 2009, 87: 469-484.

[8] OWEN K, ES-SEBBAR E, FAROOQ A. Measurements of NH_3 line strengths and collisional broadening coefficients in N_2, O_2, CO_2, and H_2O near 1103.46 cm^{-1}[J]. J. Quant. Spectrosc. Radiat., Transfer, 2013, 121: 56-68.

[9] SCHILT S. Impact of water vapor on 1.51 μm ammonia absorption features used in trace gas sensing applications[J]. Appl. Phys. B, 2010, 100: 349-359.

[10] VESS E M, WALLACE C J, CAMPBELL H M, et al. Measurement of H_2O broadening of O_2 A-band transitions and implications for atmospheric remote sensing[J]. J. Phys. Chem., 2012, A, 116, 4069-4073.

[11] DROUIN B J, PAYNE V, OYAFUSO F, et al. Pressure broadening of oxygen by water[J]. J. Quant. Spectrosc. Radiat., 2014, 133: 190-198.

[12] KOSHELEV M A, VILKOV I N, TRETYAKOV M Y. Pressure broadening of oxygen fine structure lines by water[J]. J. Quant. Spectrosc. Radiat. Transfer., 2015, 154: 24-27.

[13] DELAHAYE T, LANDSHEERE X, PANGUI E, et al. Measurements of H_2O broadening coefficients of infrared methane lines[J]. J. Quant. Spectrosc. Radiat. Transfer., 2016, 173: 40-48.

[14] HEARD D E, PILLING M J. Measurement of OH and HO_2 in the troposphere[J]. Rev., 2003, 103: 5163-5198.

[15] STONE D, WHALLEY L K, HEARD D E. Tropospheric OH and HO_2 radicals: field measurements and model comparisons[J]. Chem. Soc. Rev., 2012, 41(19): 6348-6404.

[16] PLATT U, PERNER D. Direct measurements of atmospheric CH_2O, HNO_2, O_3, NO_2, and SO_2 by differential optical absorption in the near UV[J]. J. Geophys. Res., 1980, 85: 7453-7458.

[17] OLSON J R, CRAWFORD J H, CHEN G, et al. A reevaluation of airborne HO_x observations from NASA field campaigns[J]. J. Geophys. Res., 2006, 111: D10301.

[18] WENNBERG P O. Atmospheric chemistry: radicals follow the Sun[J]. Nature, 2006, 442: 145-146.

[19] LITFIN G, POLLOCK C R, CURL R F, et al. Sensitivity enhancement of laser absorption spectroscopy by magnetic rotation effect[J]. J. Chem. Phys., 1980, 72 (12): 6602-6605.

[20] PFEIFFER J, KIRSTEN D, KALKERT P, et al. Sensitive magnetic rotation spectroscopy of the OH free radical fundamental band with a color centre laser[J]. Appl. Phys. B, 1981 26(3): 173-177.

[21] ZHAO W X, WYSOCKI G, CHEN W D, et al. Sensitive and selective detection of OH radicals using Faraday rotation spectroscopy at 2.8 μm[J]. Opt. Lett., 2011, 19: 2493-2501.

[22] 张志荣. TDLAS 技术在工业有毒气体在线检测中的应用研究 [D]. 中国科学院大学博士学位论文, 2011.

[23] 王欢欢. TDLAS 技术在温湿度控制中的应用研究 [D]. 北京工业大学硕士学位论文, 2017.

[24] SEO J B, JEON S B, CHOI W J, et al. The absorption rate of CO_2/ SO_2/ NO_2 into a blended aqueous AMP/ ammonia solution [J]. Korean J. Chem. Eng., 2011, 28: 170-177.

[25] 张志荣, 董凤忠, 吴边, 等. 基于 TDLAS 技术的工业环境中 HF 气体在线监测 [J]. 光电子激光, 2011, 22: 1691-1694 .

[26] 宋俊玲, 洪延姬. 燃烧场吸收光谱断层诊断技术 [M]. 北京: 国防工业出版社, 2014.

[27] 彭于权, 阚瑞峰, 许振宇, 等. 基于中红外吸收光谱技术的燃烧场 CO 浓度测量研究 [J]. 中国激光, 2018, 45: 125-131.

[28] 曾徽, 余西龙, 李飞, 等. 中红外吸收光谱测量激波风洞自由流中 NO 浓度和温度 [J]. 实验

流体力学, 2015, 000(002): 79-83.

[29] 汪步斌. 基于 TDLAS 技术对高温环境中 CO 气体参数的测量方法研究 [D]. 东南大学硕士论文, 2017.

[30] LE L D, TATE J, SEASHOLTZ M B, et al. Development of a rapid on-line acetylene sensor for industrial hydrogenation reactor optimization using off-axis integrated cavity output spectroscopy [J]. Appl. Spectrosc., 2008, 62 (1): 59-65.

[31] 沈燕. 强温室气体 SF_6、SF_5CF_3 与 CF_4 的等离子体降解与光降解过程的研究 [D]. 复旦大学硕士论文, 2008.

[32] 王超, 王飞, 邢大伟. 利用可调谐半导体激光吸收光谱技术对燃烧环境中的 CO 在线测量 [J]. 燃烧科学与技术, 2014, 20: 176-180.

[33] 张伟, 沈岩, 姚兆普, 等. 基于量子级联激光器的 ADN 基液体发动机稳态燃烧 CO 特征浓度的实验测量 [J]. 中国科学: 技术科学, 2015, 45: 15-20.

[34] 阚瑞峰, 夏晖晖, 许振宇, 等. 激光吸收光谱流场诊断技术应用研究与进展 [J]. 中国激光, 2018, 45: 0911005.

[35] ZETTERBERG J. Development of laser-spectroscopic techniques for new detection schemes in combustion diagnostics[D]. Lund University, Doctoral Dissertation, January, 2008.

[36] MOHAMMADREZA G. Infrared optical sensor for combustion diagnostics using wavelength modulation spectroscopy [D]. University of Maryland, Doctoral Dissertation, 2004.

[37] LIU C, XU L J. Laser absorption spectroscopy for combustion diagnosis in reactive flows: a review[J]. Appl. Spectrosc. Rev, 2019, 54: 1-44.

[38] UDDI M, DAS A K, SUNG C. Temperature measurements in a rapid compression machine using mid-infrared H_2O absorption spectroscopy near 7.6 μm[J]. Appl. Opt., 2012, 51: 5464-5476.

[39] CAI T, GAO G Z, WANG M R, et al. Experimental study of carbon dioxide spectroscopic parameters around 2.0 μm region for combustion diagnostic applications[J]. J. Quant. Spectrosc. Radiat. Transfer., 2017, 201: 136-147.

[40] 宋俊玲, 洪延姬, 王广宇, 等. 燃烧场吸收光谱断层诊断技术 [M], 北京: 国防工业出版社, 2014.

[41] HÜBNER M, MARINOV D, GUAITELLA O, et al. On time resolved gas temperature measurements in a pulsed dc plasma using quantum cascade laser absorption spectroscopy[J]. Meas. Sci. Technol., 2012, 23: 115602.

[42] DAS A K, UDDI M, SUNG C J. Two-line thermometry and H_2O measurement for reactive mixtures in rapid compression machine near 7.6 μm[J]. Combust. Flame., 2012, 159: 3493-3501.

[43] PENG W Y, CHRISTOPHER S, GOLDENSTEIN R, et al. Single-ended mid-infrared laser-absorption sensor for simultaneous in situ measurements of H_2O, CO_2, CO, and temperature in combustion flows[J]. Appl. Opt., 2016, 55: 9347-9359.

[44] FOO J, MARTIN P A. Tomographic imaging of reacting fows in 3D by laser absorption spectroscopy [J]. Appl. Phys. B, 2017, 123: 160.

[45] QU Q W, GAO S, CHANG L Y, et al. Three dimensional laser absorption spectroscopy velocimetry for high speed flow diagnosis[J]. Appl. Phys. B, 2019, 125: 129.

[46] LIU C, XU L, CHEN J, et al. Development of a fan-beam TDLAS-based tomographic sensor for rapid imaging of temperature and gas concentration[J]. Opt. express., 2015, 23(17): 22494-22511.

[47] 洪延姬, 宋俊玲, 饶伟, 等. 激光吸收光谱断层诊断技术测量燃烧流场研究进展 [J]. 实验流体力学, 2018, 32(1): 43-54.

[48] PAULING L, ROBINSON A B, TERANISHI R, et al. Quantitative analysis of urine vapor and breath by gas-liquid partition chromatography[J]. Proc. Natl. Acad. Sci. USA., 1971, 68: 2374-2384.

[49] JANSSON B O, LARSSON B T J. Analysis of organic compounds in human breath by gas chromatography-mass spectrometry lab[J]. Clin. Med., 1969, 74, 961-966.

[50] GORDON S M, SZIDON J P, KROTOSZYNSKI B K, et al. Volatile organic compounds in exhaled air from patients with lung cancer[J]. Clin. Chem., 1985, 31: 1278-1282.

[51] O'NEILL H, GORDON S M, O'NEILL M, et al. A computerized classification technique for screening for the presence of breath biomarkers in lung cancer[J]. Clin. Chem., 1988, 34: 1613-1618.

[52] BUSZEWSKI B, KESY M, LIGOR T, et al. Human exhaled air analytics: biomarkers of diseases[J]. Biomedical Chromatography, 2010, 21(6): 553-566.

[53] GROTE C, PAWLISZYN J. Solid-phase microextraction for the analysis of human breath [J]. Anal. Chem., 1997, 69: 587-596.

[54] LORD H, YU Y F, SEGAL A, et al. Breath analysis and monitoring by membrane extraction with sorbent interface[J]. Anal. Chem., 2002, 74: 5650-5657.

[55] MOSER B, BODROGI F, EIBL G, et al. Mass spectrometric profile of exhaled breath-field study by PTR-MS[J]. Respir. Physiol. Neurobiol., 2005, 145: 295-300.

[56] HARRISON G R, CRITCHLEY A D, MAYHEW C A, et al. Real-time breath monitoring of propane and its volatile metabolites during surgery using a novel mass spectrometric technique: a feasibility study [J]. Br. J. Anaesth., 2003, 91: 797-799.

[57] YUAN H, MESTER Z, LORD H, et al. Automated in-tube solid phase microextraction coupled with liquid chromatography-electrospray ionization mass spectrometry for the determination of selected benzodiazepines[J]. J. Anal. Toxicol., 2000, 24: 718-725.

[58] RUZSANYI V, BAUMBACH J, LITTERST P, et al. Detection of human metabolites using multi-capillary columns coupled to ion mobility spectrometers[J]. J. Chromatogr. A, 2005, 1084: 145-151.

[59] SMITH D, WANG T, SPANEL P, et al. simultaneous quantification of ethanol, some metabolites and water vapour in breath following the ingestion of alcohol [J]. Physiol. Meas., 2002, 23: 477-479.

[60] DISKIN A M, SPANEL P, SMITH D. Time variation of ammonia, acetone, isoprene and ethanol in breath: a quantitative SIFT-MS study over 30 days[J]. Physiol. Meas., 2003, 24: 107-120.

[61] TURNER C, SPANEL P, SMITH D. A longitudinal study of ammonia, acetone and propanol in the exhaled breath of 30 subjects using selected ion flow tube mass spectrometry SIFT-MS [J]. Physiol. Meas., 2006, 27: 321-337.

[62] SMITH D, SPANEL P. Selected ion flow tube mass spectrometry (SIFT-MS) for on-line trace gas analysis[J]. Mass Spectrom. Rev., 2005, 24: 661-700.

[63] NATALE D, MACAGNANO A, MARTINELLI E, et al. Lung cancer identification by the analysis of breath by means of an array of non-selective gas sensors[J]. Biosensors and Bioelectronics, 2003, 18: 1209-1218.

[64] FLEISCHER M, SIMON E, RUMPEL E, et al. Detection of volatile compounds correlated to human diseases through breath analysis with chemical sensors[J]. Sens. Actuat. B., 2002, 83: 245-249.

[65] SIGRIST M W, BARTLOME R, MARINOV D, et al. Trace gas monitoring with infrared laser-based detection schemes[J]. Appl. Phys. B., 2008, 90: 289-300.

[66] MCCURDY M R, BAKHIRKIN Y, WYSOCKI G, et al. Recent advances of laser-spectroscopy-based techniques for applications in breath analysis[J]. J. Breath Res., 2007, 1: 014001.

[67] MÜRTZ M. Breath diagnostics using laser spectroscopy[J]. Opt. Photon. News., 2005, 16: 30-35.

[68] MIEKISCH W, SCHUBERT J. From highly sophisticated analytical techniques to life-saving diagnostics: technical developments in breath analysis [J]. Trends Anal. Chem., 2006, 25: 665-673.

[69] SMITH D, SPANEL P. The challenge of breath analysis for clinical diagnosis and therapeutic monitoring[J]. Analyst, 2007, 132: 390-396.

[70] CAO W, DUAN Y. Current status of methods and techniques for breath analysis[J]. Critical Rev. Anal. Chem., 2007, 37: 3-13.

[71] WANG C J, SAHAY P. Breath analysis using laser spectroscopic techniques: breath biomarkers, spectral fingerprints, and detection limits[J]. Sensors, 2009, 9: 8230-8262.

[72] MIHALCEA R M, BAER D S, HANSON R K. Tunable diode-laser absorption measurements of NO_2 near 670 and 395 nm[J]. Appl. Opt., 1996, 35: 4059-4064.

[73] BAER D S, HANSON R K, NEWFIELD M E, et al. Multiplexed diode-laser sensor system for simultaneous H_2O, O_2, and temperature measurements[J]. Opt. Lett., 1994, 19: 1900-1902.

[74] O'KEEFE A, DEACON D A G. Cavity ring-down optical spectrometer for absorption measurements using pulsed laser sources[J]. Rev. Sci. Instrum., 1988, 59: 2544-2551.

[75] BUSCH K W, BUSCH M A. Cavity Ringdown Spectroscopy: An Ultra-Trace Absorption Measurement Technique [M]. New York: Oxford University Press, 1999: 1-720.

[76] BERDEN G, PEETERS R, MEIJER G. Cavity ring-down spectroscopy: experimental schemes and applications[J]. Int. Rev. Phys. Chem., 2000, 19: 565-607.

[77] MAZURENKA M, ORR-EWING A J, PEVERALL R, et al. Cavity ring-down and cavity enhanced spectroscopy using diode lasers[J]. Annu. Rep. Prog. Chem. Sect. C, 2005, 101: 100-142.

[78] SCHERER J J, PAUL J B, JIAO H, et al. Broadband ringdown spectral photography[J]. Appl. Opt., 2001, 40: 6725-6732.

[79] BAER D S, PAUL J B, GUPTA J B, et al. Sensitive absorption measurements in the near-infrared region using off-axis integrated-cavity-output spectroscopy[J]. Appl. Phys. B, 2002, 75: 261-265.

[80] BAKHIRKIN Y A, KOSTEREV A A, ROLLER C, et al. Mid-infrared quantum cascade laser based off-axis integrated cavity output spectroscopy for biogenic nitric oxide detection[J]. Appl. Opt., 2004, 43: 2257-2266.

[81] BAKHIRKIN Y A, KOSTEREV A A, CURL R, et al. Sub ppbv nitric oxide concentration measurements using cw thermoelectrically cooled quantum cascade laser-based integrated cavity output spectroscopy[J]. Appl. Phys. B, 2006, 82: 149-154.

[82] PEETERS R, BERDEN G, APITULEY A, et al. Open-path trace gas detection of ammonia based on cavity-enhanced absorption spectroscopy[J]. Appl. Phys. B, 2000, 71: 231-236.

[83] DAHNKE H, KLEINE D, HERING P, et al. Real-time monitoring of ethane in human breath using mid-infrared cavity leak-out spectroscopy[J]. Appl. Phys. B, 2001, 72: 971-975.

[84] DAHNKE H, KLEINE D, URBAN C, et al. Isotopic ratio measurement of methane in ambient air using mid-infrared cavity leak-out spectroscopy[J]. Appl. Phys. B, 2001, 72: 121-125.

[85] BASUM G, HALMER D, HERING P, et al. Parts per trillion sensitivity for ethane in air with an optical parametric oscillator cavity leak-out spectrometer[J]. Opt. Lett., 2004, 29: 797-799.

[86] HALMER D, THELEN S, HERING P, et al. Online monitoring of ethane traces in exhaled breath with a difference frequency generation spectrometer[J]. Appl. Phys. B, 2006, 85: 437-443.

[87] HALMER D, BASUM G V, HERING P, et al. Mid-infrared cavity leak-out spectroscopy for ultrasensitive detection of carbonyl sulfide[J]. Opt. Lett., 2005, 30: 2314-2316.

[88] HOFSTETTER D, BECK M, FAIST J, et al. Photoacoustic spectroscopy with quantum cascade distributed-feedback lasers[J]. Opt. Lett., 2001, 26: 887-889.

[89] KOSTEREV A A, BAKHIRKIN Y A, CURL R F, et al. Quartz-enhanced photoacoustic spectroscopy[J]. Opt. Lett., 2002, 27: 1902-1904.

[90] THORPE M J, MOLL K D, JONES J R, et al. Broadband cavity ringdown spectroscopy for sensitive and rapid molecular detection[J]. Science, 2006, 311: 1595-1599.

[91] THORPE M J, BALSLEV-CLAUSEN D, KIRCHNER M S, et al. Cavity-enhanced

optical frequency comb spectroscopy: application to human breath analysis[J]. Opt. Express, 2008, 16: 2387-2397.

[92] KHARITONOV S A, BARNES P J. Nitric oxide, nitrotyrosine, and nitric oxide modulators in asthma and chronic obstructive pulmonary disease[J]. Curr. Allergy Asthma Rep., 2003, 3: 121-129.

[93] KHARITONOV S A, WELLS A U, O'CONNOR B J, et al. Elevated levels of exhaled nitric oxide in bronchiectasis[J]. Am. J. Respir. Crit. Care Med., 1995, 151: 1889-1893.

[94] SCHILLING J, HOLZER P, GUGGENBACH M, et al. Reduced endogenous nitric oxide in the exhaled air of smokers and hypertensives[J]. Eur. Respir. J., 1994, 7: 467-471.

[95] MARTIN U, BRYDEN K, DEVOY M, et al. Increased levels of exhaled nitric oxide during nasal and oral breathing in subjects with seasonal rhinitis[J]. J. Allergy Clin. Immunol., 1996, 97: 768-772.

[96] REFAT M, MOORE T J, KAZUI M, et al. Utility of breath ethane as a noninvasive biomarker of vitamin E status in children[J]. Pediatr. Res., 1991, 30: 396-403.

[97] RIELY C A, COHEN G, LIEBERMAN M. Ethane evolution: a new index of lipid peroxidation[J]. Science, 1974, 183: 208-210.

[98] LAWRENCE G D, COHEN G. Ethane exhalation as an index of in vivo lipid peroxidation: concentrating ethane from a breath collection chamber[J]. Anal. Biochem., 1982, 122: 283-290.

[99] PAREDI P, KHARITONOV S A, BARNES P J. Elevation of exhaled ethane concentration in asthma[J]. Am. J. Respir. Crit. Care Med., 2000, 162: 1450-1454.

[100] JOBSIS Q, RAATGEEP H C, HERMANS P W, et al. Hydrogen peroxide in exhaled air is increased in stable asthmatic children [J]. Eur. Respir. J., 1997, 10: 519-521.

[101] MACGREGOR G, ELLIS S, ANDREWS J, et al. Breath condensate ammonium is lower in children with chronic asthma[J]. Eur. Respir. J., 2005, 26: 271-276.

[102] KNEEPKENS, C M, LEPAGE G, ROY C C. The potential of the hydrocarbon breath test as a measure of lipid peroxidation[J]. Free Radic. Biol. Med., 1994, 17: 127-160.

[103] LI P, XU G, WANG C, et al. Breath pentane: an indicator for early and continuous monitoring of lipid peroxidation in hepatic ischaemia-reperfusion injury[J]. Eur. J. Anaesthesiol., 2009, 26: 513-519.

[104] PHILLIPS M, SABAS M, GREENBERG J. Increased pentane and carbon disulfide in the breath of patients with schizophrenia[J]. J. Clin. Pathol., 1993, 46: 861-864.

[105] RISBY T H, SOLGA S F. Current status of clinical breath analysis[J]. Appl. Phys. B, 2006, 85: 421-426.

[106] LIANG Q, CHAN Y C, CHANGALA P B, et al. Ultra-sensitive multi-species spectroscopic breath analysis for real-time health monitoring and diagnostics[J]. PNAS, 2021, 118(40): e2105063118.

[107] TERENCE H, RISBY F K. Current status of midinfrared quantum and interband cascade lasers for clinical breath analysis[J]. Opt. Eng., 2010, 49 (11): 111123.

[108] THORPE M J, BALSLEV-CLAUSEN D, KIRCHNER M S, et al. Cavity-enhanced optical frequency comb spectroscopy: Application to human breath analysis[J]. Opt. Express, 2008, 16: 2387-2397.

[109] WOJTAS J, BIELECKI Z, STACEWICZ T, et al. Ultrasensitive laser spectroscopy for breath analysis[J]. Opto-Electron. Rev., 2012, 20 (1): 26-39.

[110] MANDON J, HÖGMAN M, PETER J F M, et al. Exhaled nitric oxide monitoring by quantum cascade laser: comparison with chemiluminescent and electrochemical sensors[J]. J. Biomed. Opt., 2012, 17: 017003.

[111] SCHWAIGHOFER A, BRANDSTETTER M, LENDL B. Quantum cascade lasers (QCLs) in biomedical spectroscopy [J]. Chem. Soc. Rev., 2017, 46: 5903-5924.

[112] Bielecki Z, Stacewicz T, Wojtas J, et al. Selected optoelectronic sensors in medical applications [J]. Opto-Electron. Rev., 2018, 26: 122-133.

[113] CAO L Z, TIAN H Q, AN D, et al. Quantum cascade laser spectroscopic sensor for breath gas analysis [J]. Proc. of SPIE, 2018, 10618: 10618.

[114] BIÉVRE P D, GALLET M. Isotopic abundances and atomic weights of the elements[J]. Phys J. Chem. Ref. Data, 1984, 13: 809-891.

[115] GAGLIARDI G, CASTRILLO A, IANNONE R Q, et al. High-precision determination of the $^{13}CO_2/^{12}CO_2$ isotope ratio using a portable 2.008µm diode-laser spectrometer[J]. Appl. Phys. B, 2003, 77: 119.

[116] ROCCO A, NATALE G D, NATALE P D, et al. A diode-laser-based spectrometer for in-situ measurements of volcanic gases[J]. Appl. Phys. B, 2004, 78: 235-240.

[117] COOPER D E, MARTINELLI R U, CARLISLE C B, et al. Measurement of $^{12}CO_2$: $^{13}CO_2$ ratios for medical diagnostics with 1.6-µm distributed-feedback semiconductor diode lasers[J]. Appl. Opt., 1993, 32: 6727.

[118] CHAUX R, LAVOREL B. Relative line intensity measurement in absorption spectra using a tunable diode laser at 1.6 µm: application to the determination of $^{13}CO_2/^{12}CO_2$ isotope ratio[J]. Appl. Phys. B, 2001, 72: 237-240.

[119] CROSSON E R, RICCI K N, RICHMAN B A, et al. Stable isotope ratios using cavity ring-down spectroscopy: determination of $^{13}C/^{12}C$ for carbon dioxide in human breath[J]. Anal. Chem., 2002, 74: 2003.

[120] GAGLIARDI G, CASTRILLO A, IANNONE R Q, et al. High-precision determination of the $^{13}CO_2/^{12}CO_2$ isotope ratio using a portable 2.008-µm diode-laser spectrometer[J]. Appl. Phys. B, 2003, 77: 119-124.

[121] CASTRILLO A, CASA G, BURGEL M V, et al. First field determination of the $^{13}C/^{12}C$ isotope ratio in volcanic CO_2 by diode-laser spectrometry[J]. Opt. Express, 2004, 12 (26): 6515-6523.

[122] CASTRILLO A, CASA G, PALMIERI A, et al. Mearsuring the $^{13}C/^{12}C$ isotope ratio in atmospheric CO_2 by means of laser absorption spectrometry: a new perspective based on a 2.05-µm diode laser[J]. Isot. Environ. Healt. S., 2006, 42 (1): 47-56.

[123] WEIDMANN D, WYSOCKI G, OPPENHEIMER C, et al. Development of a compact

quantum cascade laser spectrometer for field measurements of CO_2 isotopes[J]. Appl. Phys. B, 2005, 80: 255-260.

[124] KASYUTICH V L, POULIDI D, JALIL M, et al. Application of a cw quantum cascade laser CO_2 analyser to catalytic oxidation reaction monitoring[J]. Appl. Phys. B, 2013, 110: 263-269.

[125] KASYUTICH V L, MARTIN P A. A CO_2 sensor based upon a continuous-wave thermoelectrically-cooled quantum cascade laser[J]. Sensors Actuat. B, 2011, 157(2): 635-640.

[126] HAN L, XIA H, PANG T, et al. Frequency stabilization of quantum cascade laser for spectroscopic CO_2 isotope analysis[J]. Infrared Physics and Technology, 2018, 91: 37-45.

[127] WANG Z, WANG Q, CHING Y L. A portable low-power QEPAS-based CO_2 isotope sensor using a fiber-coupled interband cascade laser[J]. Sensors Actuat. B, 2017, 246: 710-715.

[128] CASTRILLO A, CASA G, GIANFRANI L. Oxygen isotope ratio measurements in CO_2 by means of a continuous-wave quantum cascade laser at 4.3 μm[J]. Opt. Lett., 2007, 32 (20): 3047-3049.

[129] THEOCHAROUS E, ISHII J, FOX N P. Absolute linearity measurements on HgCdTe detectors in the infrared region[J]. Appl. Opt., 2004, 43, 4182-4188.

[130] HOEFS J. Stable Isotope Geochemistry[M]. 7th ed. New York: Springer, 2015.

[131] WAHL E H, FIDRIC B, RELLA C W, et al. Applications of cavity ring-down spectroscopy to high precision isotope ratio measurement of $^{13}C/^{12}C$ in carbon dioxide[J]. Isotopes Environ. Health Stud., 2006, 42(1): 21-35.

[132] VOGLAR G E, ZAVADLAV S, LEVANIČT, et al. Measuring techniques for concentration and stable isotopologues of CO_2 in a terrestrial ecosystem: a review[J]. Earth-Sci. Rev., 2019, 199: 102978.

[133] BOWLING R D, SARGENT SD, TANNER B D, et al. Tunable diode laser absorption spectroscopy for stable isotope studies of ecosystem–atmosphere CO_2 exchange[J]. Agric. Forest Meteorol., 2003, 118: 1-19.

[134] WADA R, PEARCE J K, NAKAYAMA T, et al. Observation of carbon and oxygen isotopic compositions of CO_2 at an urban site in Nagoya using Mid-IR laser absorption spectroscopy [J]. Atmos. Environ., 2011, 45: 1168-1174.

[135] FRISH M B, LADERER M C, WAINNER R T, et al. The next generation of TDLAS analyzers[J]. Proc. SPIE, 2007, 6765: 676506.

[136] DURRY G, LI J S, VINOGRADOV I, et al. Near infrared diode laser spectroscopy of C_2H_2, H_2O, CO_2 and their isotopologues and the application to TDLAS, a tunable diode laser spectrometer for the Martian PHOBOS-Grunt space mission [J]. Appl. Phys. B, 2010, 99: 339-351.

[137] 杨杰东, 徐士进. 同位素与全球环境变化 [M]. 北京：地质出版社, 2007.

[138] TOYODA S, YOSHIDA N. Determination of nitrogen isotopomers of nitrous oxide on a modified isotope ratio mass spectrometer[J]. Anal. Chem., 1999, 71: 4711-4718.

[139] WESTLEY M B, POPP B N, RUST T M. The calibration of the intramolecular nitrogen isotope distribution in N_2O measured by isotope ratio mass spectrometry[J]. Rapid Commun. Mass Spectrom., 2007, 21: 391-405.

[140] 曹亚澄, 孙国庆, 韩勇, 等. 大气浓度下 N_2O、CH_4 和 CO_2 中氮、碳和氧稳定同位素比值的质谱测定 [J]. 土壤学报, 2008, 45(2): 249-257.

[141] 祁彪, 崔杰华, 王颜红, 等. 大气 CH_4 中碳稳定同位素组成的 PreCon-GC/C-IRMS 系统测定 [J]. 核农学报, 2009, 23(6): 1036-1042.

[142] 梁翠翠, 尹希杰, 徐勇航, 等. GasBench II-IRMS 测定微量碳酸盐中碳氧同位素比值方法研究 [J]. 同位素, 2015, 28: 41-47.

[143] LI J S, CHEN W, FISCHER H. Quantum cascade laser spectrometry techniques: a new trend in atmospheric chemistry[J]. Appl. Spectrosc. Rev., 2013, 48: 523-559.

[144] ERLER D V, DUNCAN T M, MURRAY R, et al. Applying cavity ring-down spectroscopy for the measurement of dissolved nitrous oxide concentrations and bulk nitrogen isotopic composition in aquatic systems: correcting for interferences and field application[J]. Limnol. Oceanogr.- Meth., 2015, 13: 391-401.

[145] SOTO D X, KOEHLER G, HOBSON K A. Combining denitrifying bacteria and laser spectroscopy for isotopic analyses ($\delta^{15}N$, $\delta^{18}O$) of dissolved nitrate[J]. Anal. Chem., 2015, 87: 7000-7005.

[146] WAECHTER H, MOHN J, TUZSON B, et al. Determination of N_2O isotopomers with quantum cascade laser based absorption spectroscopy[J]. Opt. Express, 2008, 16 (12): 9239-9244.

[147] MOHN J, GUGGENHEIM C, TUZSON B, et al. A liquid nitrogen-free preconcentration unit for measurements of ambient N_2O isotopomers by QCLAS[J]. Atmos. Meas. Technol., 2010, 3: 609-618.

[148] MOHN J, TUZSON B, MANNINEN A, et al. Site selective real-time measurements of atmospheric N_2O isotopomers by laser spectroscopy[J]. Atmos. Meas. Tech., 2012, 5: 1601-1609.

[149] MOHN J, STEINLIN C, MERBOLD L, et al. N_2O emissions and source processes in snow-covered soils in the Swiss Alps [J]. Isot. Environ. Health Stud., 2016, 49 (4): 520-531.

[150] KÖSTER J R, WELL R, TUZSON B, et al. Novel laser spectroscopic technique for continuous analysis of N_2O isotopomers-application and intercomparison with isotope ratio mass spectrometry[J]. Rapid Commun. Mass Spectrom., 2013, 27: 216-222.

[151] HEIL J, WOLF B, BRÜGGEMANN N, et al. Site-specific ^{15}N isotopic signatures of abiotically produced N_2O[J]. Geochimica et Cosmochimica Acta, 2014, 139: 72-82.

[152] LI J S, ZHANG L Z, YU B L. Site-selective nitrogen isotopic ratio measurement of nitrous oxide using a TE-cooled CW-RT-QCL based spectrometer[J]. Spectrochimica Acta Part A, 2014, 133: 489-494.

[153] ZHOU S, LIU N W, ZHANG L, et al. Quantum cascade laser based absorption spectroscopy for direct monitoring of atmospheric N_2O isotopes[J]. Spectrochimica Acta Part

A, 2018, 205: 79-84.

[154] LIU N W, XU L G, ZHOU S, et al. Sensitive detection of atmospheric N_2O isotopomers using a quantum cascade laser based spectrometer[J]. Journal of Quantitative Spectroscopy & Radiative Transfer, 2019, 236: 106587-8.

[155] STEPHEN J H, JESPER L, LONGLONG X, et al. N_2O isotopocule measurements using laser spectroscopy: analyzer characterization and intercomparison[J]. Atmos. Meas. Tech., 2020, 13: 2797-2831.

[156] WEBSTER C R, HEYMSFIELD A J. Water isotope ratios D/H, $^{18}O/^{16}O$, $^{17}O/^{16}O$ in and out of clouds map dehydration pathways[J]. Science, 2003, 302(5651): 1742-1745.

[157] KIRK-DAVIDOFF D B, HINTSA E J, ANDERSON J G, et al. The effect of climate change on ozone depletion through changes in stratospheric water vapour[J]. Nature, 1999, 402(6760): 399-401.

[158] FORSTER P M F, SHINE K P. Assessing the climate impact of trends in stratospheric water vapor[J]. Geophysical Research Letters, 2002, 29(6): 10-1-10-4.

[159] ROSENLOF K H, OLTMANS S J, KLEY D, et al. Stratospheric water vapor increases over the past half-century[J]. Geophysical Research Letters, 2001, 28(7): 1195-1198.

[160] RANDEL W J, WU F, GAFFEN D J. Interannual variability of the tropical tropopause derived from radiosonde data and NCEP reanalyses[J]. Journal of Geophysical Research, 2000, 105(D12): 15509-15523.

[161] KERSTEL E R T, GAGLIARDI G, GIANFRANI L, et al. Determination of the $^2H/^1H$, $^{17}O/^{16}O$, and $^{18}O/^{16}O$ isotope ratios in water by means of tunable diode laser spectroscopy at 1.39 μm[J]. Spectrochimica Acta Part A, 2002, 58(11): 2389-2396.

[162] GIANFRANI L, GAGLIARDI G, VAN B M, et al. Isotope analysis of water by means of near-infrared dual-wavelength diode laser spectroscopy[J]. Optics Express, 2003, 11(13): 1566-1576.

[163] KERSTEL E R T, VAN T R, REUSS J, et al. Simultaneous determination of the $^2H/^1H$, $^{17}O/^{16}O$, and $^{18}O/^{16}O$ isotope abundance ratios in water by means of laser spectrometry[J]. Analytical Chemistry, 1999, 71(23): 5297-5303.

[164] WU T, CHEN W, KERSTEL E, et al. Kalman filtering real-time measurements of H_2O isotopologue ratios by laser absorption spectroscopy at 2.73 μm[J]. Optics Letters, 2010, 35(5): 634-636.

[165] DYROFF C, FŘTTERER D, ZAHN A. Compact diode-laser spectrometer ISOWAT for highly sensitive airborne measurements of water-isotope ratios[J]. Applied Physics B, 2010, 98(2-3): 537-548.

[166] WU T, CHEN W, FERTEIN E, et al. Measurement of the D/H, $^{18}O/^{16}O$, and $^{17}O/^{16}O$ isotope ratios in water by laser absorption spectroscopy at 2.73 μm[J]. Sensors, 2014, 14(5): 9027-9045.

[167] CUI X, CHEN W, SIGRIST M W, et al. Analysis of the stable isotope ratios ($^{18}O/^{16}O$, $^{17}O/^{16}O$, and D/H) in glacier water by laser spectrometry[J]. Analytical chemistry, 2020, 92(6): 4512-4517.

[168] Nanosystems and Technologies GmbH. http://www.nanoplus.com.

[169] WEN X F, SUN X M, ZHANG S C, et al. Continuous measurement of water vapor D/H and $^{18}O/^{16}O$ isotope ratios in the atmosphere[J]. Journal of Hydrology, 2008, 349(3-4): 489-500.

[170] WERLE P, DYROFF C, ZAHN A, et al. A new concept for sensitive in situ stable isotope ratio infrared spectroscopy based on sample modulation[J]. Isotopes in Environ Health Studies., 2005, 41(4): 323-333.

[171] LEE X, SARGENT S, SMITH R, et al. In situ measurement of the water vapor $^{18}O/^{16}O$ isotope ratio for atmospheric and ecological applications[J]. Journal of Atmospheric and Oceanic Technology, 2005, 22(5): 555-565.

[172] WEN X F, ZHANG S C, SUN X M, et al. Water vapor and precipitation isotope ratios in Beijing, China[J]. Journal of Geophysical Research, 2010, 115(D1).

[173] IANNONE R Q, ROMANINI D, CATTANI O, et al. Water isotope ratio (δ^2H and $\delta^{18}O$) measurements in atmospheric moisture using an optical feedback cavity enhanced absorption laser spectrometer[J]. Journal of Geophysical Research, 2010, 115(D10).

[174] KERSTEL E R T, IANNONE R Q, CHENEVIER M, et al. A water isotope (^2H, ^{17}O, and ^{18}O) spectrometer based on optical feedback cavity-enhanced absorption for in situ airborne applications[J]. Applied Physics B., 2006, 85(2-3): 397-406.

[175] KERSTEL E, GIANFRANI L. Advances in laser-based isotope ratiomeasurements: selected applications[J]. Appl. Phys. B, 2008, 92(3): 439-449.

[176] SAYRES D S, MOYER E J, HANISCO T F, et al. A new cavity based absorption instrument for detection of water isotopologues in the upper troposphere and lower stratosphere[J]. Review of Scientific Instruments, 2009, 80(4): 044102.

[177] LI S G, WASSENAAR L I, HENDRY M J. High-precision laser spectroscopy D/H and $^{18}O/^{16}O$ measurements of microliter natural water samples[J]. Analytical chemistry, 2008, 80(1): 287-293.

[178] BERMAN E S F, LEVIN N E, LANDAis A, et al. Measurement of $\delta^{18}O$, $\delta^{17}O$, and ^{17}O-excess in water by off-axis integrated cavity output spectroscopy and isotope ratio mass spectrometry[J]. Analytical chemistry, 2013, 85(21): 10392-10398.

[179] KURITA N, NEWMAN B D, ARAGUAS-ARAGUAS L J, et al. Evaluation of continuous water vapor δD and $\delta^{18}O$ measurements by off-axis integrated cavity output spectroscopy[J]. Atmos. Meas. Tech., 2012, 5(8): 2069-2080.

[180] GUPTA P, NOONE D, GALEWSKY J, et al. Demonstration of high-precision continuous measurements of water vapor isotopologues in laboratory and remote field deployments using wavelength-scanned cavity ring-down spectroscopy (WS-CRDS) technology[J]. Rapid Communications in Mass Spectrometry, 2009, 23(16): 2534-2542.

[181] ARIENZO M M, SWART P K, VONHOF H B. Measurement of $\delta^{18}O$ and δ^2H values of fluid inclusion water in speleothems using cavity ring-down spectroscopy compared with isotope ratio mass spectrometry[J]. Rapid Communications in Mass Spectrometry, 2013, 27(23): 2616-2624.

[182] STEIG E J, GKINIS V, SCHAUER A J, et al. Calibrated high-precision ^{17}O-excess measurements using laser-current tuned cavity ring-down spectroscopyn[J]. Atmos Meas Tech., 2013, 7: 2421-2435.

[183] GODOY J M, GODOY M L D P, NETO A. Direct determination of δ (D) and δ (^{18}O) in water samples using cavity ring down spectrometry: application to bottled mineral water[J]. Journal of Geochemical Exploration, 2012, 119: 1-5.

[184] O'KEEFE A, DEACON D A G. Cavity ring-down optical spectrometer for absorption measurements using pulsed laser sources[J]. Review of Scientific Instruments, 1988, 59(12): 2544-2551.

[185] HERBSTRITT B, GRALHER B, WEILER M. Continuous in situ measurements of stable isotopes in liquid water[J]. Water Resources Research, 2012, 48(3): 03601.

[186] BERMAN E S F, GUPTA M, GABRIELLI C, et al. High-frequency field-deployable isotope analyzer for hydrological applications[J]. Water Resources Research, 2009, 45(10): 10201.

[187] WANG L, CAYLOR K, DRAGONI D. Continuous measurements of water vapor isotopic compositions using an integrated cavity output spectrometer: calibrations and applications[C]. EGU General Assembly, 2009, 11: 3310.

[188] WANG L, CAYLOR K K, DRAGONI D. On the calibration of con-tinuous, high-precision δ^{18}O and δ^2H measurements using an off-axis integrated cavity output spectrometer[J]. Rapid Commun. Mass Spectrom., 2009, 23: 530-536.

[189] AFFOLTER S, FLEITMANN D, LEUENBERGER M. New-on-line method for water isotope analysis of speleothem fluid inclusions using laser absorption spectroscopy (WS-CRDS)[J]. Climate of the Past., 2014, 10: 1291-1304.

[190] LAI X, WRIGHT J S, HUANG W, et al. Contributions of atmospheric transport and rain–vapor exchange to near-surface water vapor in the Zhanjiang mangrove reserve, Southern China: an isotopic perspective[J]. Atmosphere, 2018, 9(9): 365.

[191] QU D, TIAN L, ZHAO H, et al. Demonstration of a memory calibration method in water isotope measurement by laser spectroscopy[J]. Rapid Communications in Mass Spectrometry, 2020, 34(8): e8689.

[192] ROZANSKI K, ARAGUÁS-ARAGUÁS L, GONFIANTINI R. Climate Change in Continental Isotopic Records[M]. Washington DC: American Geophysical Union Press, 1993.

[193] HALDER J, TERZER S, WASSENAAR L I, et al. The Global Network of Isotopes in Rivers (GNIR): integration of water isotopes in watershed observation and riverine research[J]. Hydrol. Earth Syst. Sci., 2015, 19: 3419-3431.

[194] WEI Z, LEE X, AEMISEGGER F, et al. A global database of water vapor isotopes measured with high temporal resolution infrared laser spectroscopy[J]. Scientific Data, 2019, 6: 180302.

[195] World Metrology Organization. The state of greenhouse gases in the atmosphere based on global observations through 2017[J]. WMO-GAW Greenhouse Gas Bulletin, 2018, 14: 1-8.

[196] SUMMERS M E, LIEB B J, CHAPMAN E. Atmospheric biomarkers of subsurface life on Mars[J]. Geophys. Res. Lett., 2002, 29: 2171-2174.

[197] CHRISTOPHER R W. Measuring methane and its isotopes $^{12}CH_4$, $^{13}CH_4$, and CH_3D on the surface of Mars with in situ laser spectroscopy[J]. Appl. Opt., 2005, 44(7): 1226-1235.

[198] KEPPLER F, LAUKENMANN S, RINNE J, et al. Measurements of $^{13}C/^{12}C$ Methane from anaerobic digesters: comparison of optical spectrometry with continuous-flow isotope ratio mass spectrometry[J]. Environmental Science & Technology, 2010, 44(13): 5067-5073.

[199] CHEN Y, LEHMANN K K, ONSTOTT T C, et al. Measurement of the $^{13}C/^{12}C$ of atmospheric CH_4 using near-infrared cavity ring-down spectroscopy[J]. Anal. Chem., 2013, 85: 11250-11257.

[200] UEHARA K, YAMAMOTO K, KIKUGAWA T, et al. Isotope analysis of environmental substances by a new laser-spectroscopic method utilizing different pathlengths[J]. Sensors and Actuators B, 2001, 74: 173-178.

[201] TSUJI K, FUJIKAWA S, YAMADA K, et al. Precise measurement of the $^{13}CH_4/^{12}CH_4$ ratio of diluted methane using a near-infrared laser absorption spectrometer[J]. Sensors and Actuators B, 2006, 114: 326-333.

[202] YAMAMOTO K, YOSHIDA N. High-precision isotopic ratio measurement system for methane ($^{12}CH_3D/^{12}CH_4$, $^{13}CH_4/^{12}CH_4$) by using near-infrared diode laser absorption spectroscopy[J]. Spectrochimica Acta Part A, 2002, 58: 2699-2707.

[203] KOTARO T, KENSHI T, KENICHI T, et al. Detection of stable carbon isotopes of methane with a 2.4-μm distributed feedback laser[J]. Journal of Quantitative Spectroscopy & Radiative Transfer, 2014, 133: 670-674.

[204] WEBSTER C R, MAHAFFY P R. Determining the local abundance of Martian methane and its' $^{13}C/^{12}C$ and D/H isotopic ratios for comparison with related gas and soil analysis on the 2011 Mars Science Laboratory (MSL) mission[J]. Planetary and Space Science, 2011, 59: 271-283.

[205] CRISTESCU S M, PERSIJN S T, HEKKERT S L, et al. Laser-based systems for trace gas detection in life sciences[J]. Appl. Phys. B, 2008, 92: 343-349.

[206] NGAI A K Y, PERSIJN S T, BASUM G, et al. Continuous-wave optical parametric oscillators: recent developments and prospects[J]. Appl. Phys. B, 2006, 82: 665.

[207] NGAI A K Y, PERSIJN S T, BASUM G, et al. Automatically tunable continuous-wave optical parametric oscillator for high-resolution spectroscopy and sensitive trace-gas detection[J]. Appl. Phys. B, 2006, 85: 173-180.

[208] KIYOSHI T, HIROAKI T, HIROYUKI S, et al. An efficient and compact difference-frequency-generation spectrometer and its application to $^{12}CH_3D/^{12}CH_4$ isotope ratio measurements[J]. Sensors, 2010, 10: 6612-6622.

[209] KIYOSHI T, HIROAKI T, HIROYUKI S, et al. Spectroscopic isotope ratio measurement of doubly-substituted methane[J]. Spectrochimica Acta Part A, 2012, 98: 43-46.

[210] GAGLIARDI G, BORRI S, TAMASSIA F, et al. A frequency-modulated quantum-cascade laser for spectroscopy of CH_4 and N_2O isotopomers[J]. Isot. Environ. Health Stud. 2005, 41(4): 313-321.

[211] GAGLIARDI G, TAMASSIA F, DENATALE P, et al. Sensitive detection of methane and nitrous oxide isotopomers using a continuous wave quantum cascade laser[J]. Eur. Phys. J. D., 2002, 19: 327-331.

[212] ROTH E, GUNKEL-GRILLON P, JOLY L, et al. Impact of raw pig slurry and pig farming practices on physicochemical parameters and on atmospheric N_2O and CH_4 emissions of tropical soils, Uvéa Island (South Pacific)[J]. Environ Sci Pollut Res., 2014, 21(17): 10022-10035.

[213] Kroon P S, Hensen A, Jonker H J J, et al. Suitability of quantum cascade laser spectrometry for CH_4 and N_2O eddy covariance measurements[J]. Biogeosciences, 2007, 4(5): 1137-1165.

[214] KOSTEREV A A, CURL R F, TITTEL F K, et al. Methane concentration and isotopic composition measurements with a mid-infrared quantum-cascade laser[J]. Optics Letters, 1999, 24(23): 1762-1764.

[215] WITINSKI M F, SAYRES D S, ANDERSON J G. High precision methane isotopologue ratio measurements at ambient mixing ratios using integrated cavity output spectroscopy[J]. Appl Phys B, 2011, 102: 375-380.

[216] ABHIJIT M, MITHUN P, GOURAB D B, et al. Cavity ring-down spectroscopy using an EC-QCL operating at 7.5 μm for direct monitoring of methane isotopes in air[J]. Laser Phys. Lett., 2017, 14: 115701.

[217] WANKEL S D, HUANG Y, GUPTA M, et al. Characterizing the distribution of methane sources and cycling in the deep sea via in situ stable isotope analysis[J]. Environ. Sci. Technol., 2013, 47(3): 1478-1486.

[218] 于新生, 李丽娜, 亚丽, 等. 海洋中溶解甲烷的原位检测技术研究进展 [J]. 地球科学进展, 2011, 26(10): 1030-1037.

[219] 焦念志, 李超, 王晓雪. 海洋碳汇对气候变化的响应与反馈 [J]. 地球科学进展, 2016, 31(7): 668-681.

[220] 焦念志, 张传伦, 李超, 等. 海洋微型生物碳泵储碳机制及气候效应 [J]. 中国科学: D 辑, 2012, 43(1): 1-18.

[221] GÜLZOW W, REHDER G, SCHNEIDER B, et al. A new method for continuous measurement of methane and carbon dioxide in surface waters using off-axis Integrated Cavity Output Spectroscopy(ICOS): an example from the Baltic Sea[J]. Limnology and Oceanography: Methods, 2011, 9: 176-184.

[222] MICHEL A P, Wankel S D, Harb C, et al., Advancing Deep Ocean Sensing through Laser Spectroscopy[C]. Orlando, Florida United States, 25-28 June 2018.

[223] GRILLI R, MARROCCO N, DESBOIS T, et al. Invited article: SUBGLACIOR: an optical analyzer embedded in an Antarctic ice probe for exploring the past climate[J]. Review of Scientific Instruments, 2014, 85: 111301.

[224] LOIC L, ROBERTO G, ERIK K, et al. Simultaneous detection of C_2H_6, CH_4, and $\delta^{13}C$-CH_4 using opticalfeedback cavity-enhanced absorption spectroscopy in the mid-infrared region: towards application for dissolved gas measurements[J]. Atmos. Meas. Tech., 2019, 12: 3101-3109.

[225] ROBERTO G, FRANÇOIS D, JÉRÔME C, et al. Continuous in situ measurement of dissolved methane in Lake Kivu using a membrane inlet laser spectrometer[J]. Geosci. Instrum. Method. Data Syst., 2020, 9: 141-151.

[226] ROBERTO G, JACK T, JÉRÔME C, et al. Sub-ocean: subsea dissolved methane measurements using an embedded laser spectrometer technology[J]. Environmental Science & Technology, 2018, 52(18): 10543-10551.

[227] CHRISTIANE U, BRICE L. Using stable isotopes and gas concentrations for independent constraints on microbial methane oxidation at Arctic Ocean temperatures[J]. Limnology and Oceanography-methods, 2017, 15(8): 737-751.

[228] JANSSON P, J T, GRILLI R, et al. High-resolution under-water laser spectrometer sensing provides new insights to methane distribution at an Arctic seepage site[J]. Ocean Science, 2019, 15: 1055-1069.

[229] 李萌, 郭金家, 叶旺全, 等. 基于微型多次反射腔的 TDLAS 二氧化碳测量系统 [J]. 光谱学与光谱分析, 2018, 38(3): 697-701.

[230] ZHANG X, KIRKWOOD W J, WALZ P M, et al. A review of advances in deep-ocean raman spectroscopy[J]. Applied Spectroscopy, 2012, 66(3): 237-249.

[231] WANG J J, TIAN X, YANG D, et al. High-sensitivity off-axis integrated cavity output spectroscopy implementing wavelength modulation and white noise perturbation[J]. Opt. Lett., 2019, 44(13): 3298-3301.

[232] 刘宁武, 王洪亮, 何天博, 等. 溶解态深海硫化物的原位测量方法研究 [J]. 中国激光, 2018, 45(9): 0911011.

[233] BRUHN D, ALBERT K R, MIKKELSEN T N, et al. UV-induced carbon monoxide emission from living vegetation[J]. Biogeosciences, 2013, 10: 7877-7882.

[234] VAN ASPEREN H, WARNEKE T, SABBATINI S, et al. The role of photo-and thermal degradation for CO_2 and CO fluxes in an arid ecosystem[J]. Biogeosciences, 2015, 12: 4161-4174.

[235] MARI P, ÜLLAR R, SAMI H, et al. Seasonal and diurnal variation in CO fluxes from an agricultural bioenergy crop[J]. Biogeosciences, 2016, 13: 5471-5485.

[236] WU S, LINDA M J K, KADMIEL M, et al. Soil fluxes of carbonyl sulfide (COS), carbon monoxide, and carbon dioxide in a boreal forest in southern Finland[J]. Atmospheric Chemistry and Physics, 2018, 18: 1363-1378.

[237] SINGH B P, COWIE A L, Kathuria A. Influence of biochars on nitrous oxide emission and nitrogen leaching from two contrasting soils[J]. Journal Environmental Quality, 2010, 39: 1224-1235.

[238] CUI F, YAN G G, ZHOU Z X, et al. Annual emissions of nitrous oxide and nitric oxide from a wheatemaize cropping system on a silt loam calcareous soil in the North China

Plain[J]. Soil Biology & Biochemistry, 2012, 48: 10-19.

[239] ROSNAENI S, SHUZOH S, HIRONORI A, et al. Effect of soil types and nitrogen fertilizer on nitrous oxide and carbon dioxide emissions in oil palm plantations[J]. Soil Science and Plant Nutrition, 2015, 61: 48-60.

[240] RUAN L L, ROBERTSON G P. Reduced snow cover increases wintertime nitrous oxide (N_2O) emissions from an agricultural soil in the upper U.S. midwest[J]. Ecosystems, 2017, 20: 917-927.

[241] LI J S, UWE P, HORST F. Development of field-deployable real time QCL spectrometer for simultaneous detection of ambient N_2O and CO[J]. Sensors and Actuators B, 2013, 182: 659-667.

[242] 刘宁武, 许林广, 周胜, 等. 量子级联激光光谱在土壤生态系统中的应用 [J]. 光学学报, 2019, 39(11): 1130001.

第 7 章　数据采集与通信

日常生产、生活和科研中，各类仪器或传感器测量的物理量 (如电流、电压等) 通常是一种模拟量参数，需要利用现代的计算机技术将其处理转化成计算机可识别的数字量，再结合转换或后续处理分析 (如显示、存储或打印) 输出可视化或量化结果的过程，这个过程称为数据采集。数据采集过程除了必需的硬件之外，还需要与其匹配的软件 (如硬件驱动软件和可视化分析软件等)，而用于数据采集的硬件设备称为数据采集系统 (Data Acquisition System)，以其首字母简称为 DAQ。DAQ 通常由所需要测量的物理量 (如电压、电流、温度、湿度、压力或图形、语音等物理量程) 传感器、DAQ 测量、AD 转化硬件和装有可编程软件的计算机组成。因此，DAQ 是任何激光光谱仪器和系统中所不可缺少的组成部分。本章将围绕激光光谱实验过程中数据采集与通信所涉及的原理、方法和方式、常用的硬件和软件进行详细的阐述。

7.1　采　样　定　理

根据香农采样定理 (又称奈奎斯特采样定理，1928 年由美国电信工程师奈奎斯特首先提出，1948 年信息论的创始人香农对其加以明确的说明并正式作为定理引用)，采样频率必须是信号最高频率的两倍以上，即 $f_{\mathrm{s}} \geqslant 2f_{\max}$，满足此条件时，采集到的数据才可以有效地复现出原始的信号。工程上一般选择 $f_{\mathrm{s}} = (5 \sim 10)f_{\max}$，例如，当信号的最高频率为 1kHz，那么为了采集到的数据能够准确地反映原始信号的频率特性，要求数据采集频率 (Sample Rate) 至少应该为 2 kHz。普通工程板卡的采样速率可以达到 30~100kHz。快速 A/D 采集卡可达到 MHz 或更高的采样速率 GHz。数据采集卡的最高采样速度决定了能够处理信号的最高频率。

7.2　数据采集系统

数据采集系统 (DAQ) 可分为内插式和外挂式，内插式 DAQ 包括基于 ISA、PCI、PXI/Compact PCI、PCMCIA 等各种计算机总线的板卡，外挂式 DAQ 包括 USB、IEEE1394、RS232/485、GPIE 等类型的板卡。相比而言，内插式 DAQ 虽然插拔不方便，但通信速度快；外挂式 DAQ 连接使用方便，但采集速度相对较慢。目前，大多数 I/O 接口皆采用可编程接口芯片，主要分为并行接口、串行接口等。衡量数据采集系统性能的指标，主要取决于它的精度和速度。在保证精度要求的条件下，应选择尽可能高的采样速度，以满足实时采集、实时分析处理和实时反馈控制等要求。衡量数据采集卡的性能指标主要有以下几个方面。

(1) 量程：表示采集卡能够量化处理的最大、最小输入值，常用有 ± 5V、± 10V、0~5V 和 0~10V 等。

(2) 增益：表示输入信号被处理前放大或缩小的倍数，分为程控增益和硬件增益，通过放大器芯片实现。

(3) 分辨率：表示输入信号的细分程度，D/A 转换所使用的数字位数，分辨率越高。常用为 12 位分辨率，更高分辨率有 16 位和 24 位。

(4) 精度：分为绝对精度和相对精度。常用数字量的位数作为度量绝对精度的单位 LSB(即最低位所表示的量)，如精度最低为 LSB 的 1/2，即为 1/2LSB。相对精度是指测量值和真实值之间的误差，一般用满量程 (Full Scale Range，FSR) 的百分比表示，如满量程范围为 0~10V，其精度为 0.1%FSR 时，则代表测量所得到的数值和真实值之间的差距在 10mv 以内。

(5) 采样速率：表示单位时间采集的数据点数，与 AD 芯片的转换一个点所需时间有关，例如：AD 转换一个点需要 $t = 10\mu$s，则其采样频率 $f = 1/t$ 为 100kHz，即每秒钟 AD 芯片可以转换 100k 的数据点数。常用 Hz、kHz、MHz 和 GHz 表示。为了不失真地恢复模拟信号，采样频率必须满足奈奎斯特采样理论。

(6) 通道数：表示采集可同时实现信号采集的通道数，分为单端和差分。常用的有单端 32 路/差分 16 路、单端 16 路/差分 8 路等。

(7) 触发：指定启动 AD 转换的方式，可分为内触发和外触发两种。

7.3　基于 NI 采集卡的数据采集

美国国家仪器有限公司 (National Instruments，NI) 为用户提供多种类型的数据采集卡，从台式、便携式到插入式，结合 Labview 可视化软件平台，可满足各领域科学研究和工程应用需求，本章将以 USB 和 PCI 总线为例介绍 NI 公司研发的采集卡功能和数据采集、通信过程 [1]。

1. USB 总线

USB 数据采集设备是各种应用的理想选择，应用非常广泛，从简单的数据记录到大型的嵌入式 OEM 系统均能用到。USB 数据采集设备/仪器与 PC 机之间的链接提供了简单易用的方案。USB 相比传统的串口技术有很大提升，主要的优点包括更快的速率、热插拔功能、内嵌式操作系统配置，还有多点布线技术，这种技术使同一个端口可以连接多个设备。图 7.1 为一款 NI 的 USB 总线采集卡，型号为 NI USB-6259，其最大采样速率可达 1.25 MS/s，同时支持 24 路模拟输入，4 路 16 为模拟输出 (2.86 MS/s)，48 条数字 I/O 线。输入通道用于信号采集，而输出通道可用于模拟信号输出到光电仪器或设备驱动和控制。

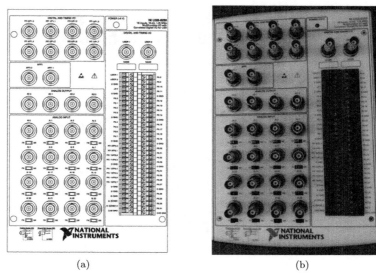

(a)   (b)

图 7.1 美国 NI USB-6259 数据采集卡引脚图与实物图

2. PCI 总线

PCI 总线是当今使用最广泛的内部计算机总线之一。PCI 总线提供了高速传输，理论通信速度可达 1056 Mbits/s。例如 NI 公司开发的 M 系列高速采集设备能在快速采样的同时取得最佳精度。典型的 NI PCI-6259 数据采集卡，可支持 1 MS/s 多通道采集和 1.25MS/s 单通道数据采集，32 路模拟输入，4 路 16 位模拟输出 (2.8MS/s)；48 条数字 I/O 线；32 位计数器。优点是该类采集卡运用了技术包括 NI-STC 2 系统控制器，NI-PGIA 2 放大器和 NI-MCal 校准技术，这些技术提供了更高的设备性能、精度和更多的 I/O 接口。图 7.2 为 NI PCI-6259 数据采集卡的引脚图和实物图。

1) 数据采集软件

数据采集系统的正常工作，除了必备的系统硬件外，还需要系统软件的支持，才能实现数据采集任务。目前，商业化编程软件分门别类，依据规模、功能及所依赖的技术主要有 Visual C++，C, Matlab, Python, LabWindows/CVI 和 Labview 等。本章主要针对科研人员普遍青睐的 NI 公司 Labview 软件，详细介绍基于该图形化编程软件的特色及其在实验数据采集方面的应用。

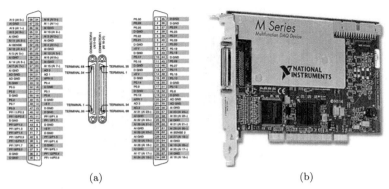

(a)   (b)

图 7.2　美国 NI PCI-6259 数据采集卡引脚图和实物图

2) Labview 数据采集

在 NI 公司开发的 Labview DAQ 函数中，使用最多的是 DAQ Assistant (简称 DAQ 助手)，DAQ 助手是一个图形化的界面，用于交互式地创建、编辑和运行 NI-DAQmx 虚拟通道和任务。每个 NI-DAQmx 虚拟通道包括一个 DAQ 设备上的物理通道和对这个物理通道的配置信息。每个 NI-DAQmx 任务是虚拟通道、定时和触发信息，以及其他与采集或生成相关属性的组合。假设所使用的 NI 采集卡已确定，且在连接的计算机中已安装了 NI-DAQmx 设备驱动程序，下面将对具体实现数据 AD 转换的过程进行介绍。

DAQ 助手在 DAQmx 包含的 Data Acquisition 子模块中，将节点图标放置到程序框图上，系统会自动弹出如图 7.3(a) 所示对话框。DAQ 助手模块中包含电压、电流、温度、应变、电阻、频率等输入物理量类型。选择模拟输入，如图 7.3(b) 所示。

假设输入模拟量为电压型信号数据，选择电压型信号后，系统将自动弹出如图 7.3(c) 所示对话框。当前显示设备型号为 PCI629 型，总计包含 32 路模拟输入，默认起始通道为 ai0，选择通道 0，单击"完成"，将弹出图 7.3(d) 所示的对话框。依据图 7.3(d) 所示配置完成后，单击"确定"按钮，系统便开始对 DAQ 进行初始化，如图 7.3(e) 所示。初始化完成后，DAQ 助手的图标自动变为如图 7.3(f) 所示的形状。至此，已成功完成 DAQ 助手的配置，可进行电压信号的采集，采集程序前面板显示窗口和后面板程序框图分别如图 7.3(g) 和 7.3(h) 所示。

3) Labview 数据通信

Labview 软件支持串行通信、通用接口总线 GPIB、VXI 等通信方式。以 Labview2014 版本为例，其中带有 GPIB 模块驱动和 VISA 模块驱动程序等仪器驱动包，以实现 Labview 与所使用的仪器进行通信。

(1) GPIB 模块驱动编程。

(a) 新建任务对话框

(b) 选择模拟输入

(c) 设备配置

(d) 输入配置

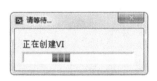

(e) DAQ初始化

(f) 初始化后的DAQ助手图标

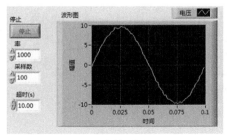

(g) 程序前面板

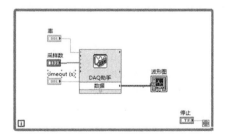

(h) 程序框图

图 7.3　DAQ 助手模块安装过程

Labview 中的 GPIB (General Purpose Interface Bus) 模块驱动，可以用来实现基于 GPIB 仪器的自动控制。GPIB 模块在函数选板 (Functions) 的仪器 I/O (Instrument I/O) 子选板中的 GPIB 模板中，如图 7.4 所示。在 GPIB 模块中使用最频繁的是 GPIB 写入和读取两个函数，掌握这两个函数就可以完成仪器的设置、数据的读写和仪器自动控制软件，其他的函数大多与 GPIB 控制器有关。以下为 GPIB 模块各种函数的介绍。

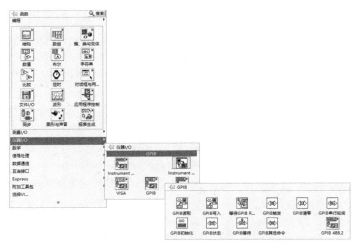

图 7.4　Labview 的 GPIB 通信功能模块

① GPIB 读取函数。

功能：从地址字符串中的 GPIB 设备中读取字节。

输入端口参数设置如下：

地址字符串，包含与函数通信的 GPIB 设备的地址。

字节总数，指定函数从 GPIB 设备读取的字节数量。

模式，指定在没有达到字节总数时终止读取的条件。

② GPIB 写入函数。

功能：使数据写入地址字符串指定的 GPIB 设备。

输入端口参数设置如下：

地址字符串，包含与函数通信的 GPIB 设备的地址。

数据，为函数写入 GPIB 设备的数据。

模式，表明如何终止 GPIB 写入。

③ 等待 GPIB RQS 函数。

功能：等待由地址字符串指定的设备置 RQS 有效。

输入端口参数设置如下：

地址字符串，包含与函数通信的 GPIB 设备的地址。

超时毫秒，指定函数在超时前等待时间。

④ GPIB 触发函数。

功能：发送 GET (成组执行触发) 至地址字符串所指定的设备。

输入端口参数设置如下：

地址字符串，包含与函数通信的 GPIB 设备的地址。

⑤ GPIB 初始化函数。

功能：在地址字符串中配置 GPIB 接口。

输入端口参数设置如下：

要求重新寻址，True，函数可在每次读取或写入前寻址设备。False，设备须使保留寻址至下一次读取或写入。

置带 IFC 的 REN 有效，True 且控制器 (由地址字符串中的 ID 指定) 为系统控制器，函数置远程启用线有效。

系统控制，True，控制器作为系统控制器。

地址字符串，包含与函数通信的 GPIB 设备的地址。

⑥ GPIB 状态函数。

功能：显示地址字符串指定的 GPIB 控制器的当前状态。

输入端口参数设置如下：

地址字符串，包含与函数通信的 GPIB 设备的地址。

⑦ GPIB 清零函数。

功能：发送 SDC(选中设备清零) 或 DCL(设备清零) 命令。

输入端口参数设置如下：

地址字符串，包含与函数通信的 GPIB 设备的地址。

⑧ GPIB 串行轮询函数。

功能：对地址字符串中指定的设备进行串行轮询。

输入端口参数设置如下：

地址字符串，包含与函数通信的 GPIB 设备的地址。

⑨ GPIB 等待函数。

功能：等待设备的等待状态向量指定的状态，设备由地址字符串指定。

输入端口参数设置如下：

地址字符串，包含与函数通信的 GPIB 设备的地址。

等待状态向量，表明函数要等待的状态。

(2) VISA 模块驱动编程。

针对如串行通信、通用总线 GPIB、VXI 等现存不同类型的通信协议之间互不兼容性，NI 公司开发了一种虚拟仪器软件构架协议 (Virtual Instrument Software Architectur，VISA)，Labview 中 VISA 通信模块为用户提供了包含多个交叉通信协议的程序。以 Labview2014 版本为例，从仪器 I/O 模块中可直接找到 VISA 子模块，如图 7.5 所示，以下将详细介绍各函数的功能和属性。

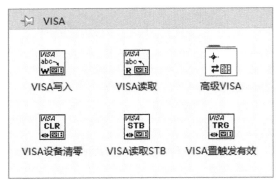

图 7.5　Labview 串口通信 VISA 功能模块

① VISA 配置串口函数。

配置串口函数的功能是从指定的仪器中读取信息，并对串口进行初始化，可设置串口的波特率、数据位、停止位、校验位、缓存大小及流量控制等参数，如图 7.6 所示。

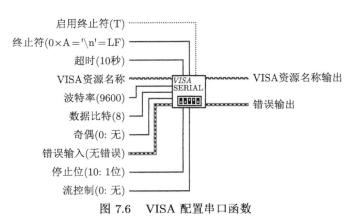

图 7.6　VISA 配置串口函数

其主要输入端口参数定义和设置如下：

VISA 资源名称：指定要打开的资源，即设置串口号。

波特率：设置波特率 (默认值为 9600)。

数据位：设置数据位 (默认值 8)。

停止位：设置停止位 (默认值为 1 位)。

奇偶：设置奇偶校验位 (默认为 0，即无校验)。

输出端口参数设置：错误输出，显示错误代码。

流控制：设置流量控制 (默认为 0，即无校验)。

② VISA 写入函数。

如图 7.7 所示，输入函数的功能是将输出缓冲区中的数据发送到指定的串口。主要包括：

VISA 资源名称，设置串口设备资源名，即串口号。

写入缓冲区，写入串口缓冲区的字符。

输出端口参数设置，返回实际写入数据的字节数。

使写入缓冲区的数据写入VISA资源名称指定的设备或接口。

图 7.7　VISA 写入函数

③ VISA 读取函数。

读取函数是将指定的串口接收缓冲区中的数据按指定字节数读取到计算机内存中，如图 7.8 所示。其输入端口参数设置包括：VISA 资源名称，设置设备串口号；字节总数，要读取的字节数。其输出端口参数设置包括：读取缓冲区，从串口读到的字符串；字节总数，实际读取到数据的字节数。

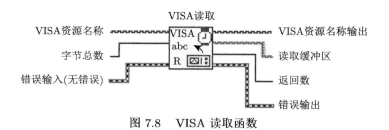

图 7.8　VISA 读取函数

④ VISA 串口字节数函数。

串口字节数函数是指返回指定串口的接收缓冲区中的数据字节数，如图 7.9 所示。包括设置串口号的输入端口参数设置和显示错误代码的输出端口参数设置。通常在读取串口号之前，预先利用 VISA 串口字节数函数检测出当前串口输入缓冲区中已存在的字节数，然后再指定 VISA 读取函数从串口输入缓冲区中读出字节数，以保证全部读取串口输入缓冲区中的数据。

图 7.9　VISA 串口字节数函数

⑤ VISA 关闭函数。

当需要结束与指定的串口资源之间的会话时，可用关闭函数关闭串口资源，如图 7.10 所示。包括用于设置串口号的 VSIA 资源名称的输入端口和显示错误代码的错误输出端口。

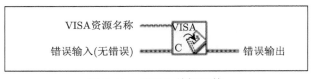

图 7.10　VISA 关闭函数

⑥ 其他函数。

此外，还有向指定的串口发送一个暂停信号功能的中断函数，设置指定串口的输入输出缓冲区大小的函数和清空指定串口的输入输出缓冲区函数，等等。值得注意的是，与串口操作有关的所有函数均要提供串口资源，该控件位于控件选项中的 I/O 子模块。有关更多 Labview 串口 VISA 资源模块和通信功能的介绍，通过参考文献 [2-5] 了解以上相关 VISA 函数功能之后，即可编写出可用于串口通信的 Labview 数据采集软件，如图 7.11 所示，为可用于温度、超声测距等应用的数据通信和采集界面。

(3) FPAG 模块。

通信领域中针对传统控制系统中定制电路的不足和可用门电路数有限的缺点，在可编程阵列逻辑 (Programmable Array Logic，PAL)、通用阵列逻辑 (Generic Array Logic，GAL)、可擦除可编辑逻辑器件 (Erasable Programmable Logic Device，EPLD) 等可编程器件的基础上发展出来一种新的电子电路集成和通信技术，即现场可编程门阵列 (Field Programmable Gate Array，FPGA) 技术。FPGA 通常由逻辑单元、RAM、乘法器等硬件资源组成，通过将这些硬件资源合理组织，可实现乘法器、寄存器、地址发生器等硬件电路所需实现的功能。

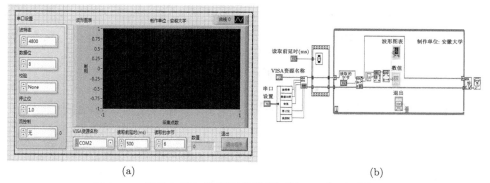

(a)　　　　　　　　　　　　(b)

图 7.11　VISA 串口数据通信的前面板 (a) 和后面板 (b)

NI 公司 Labview 软件中集成了一项专用的 FPGA 模块，通过高度集成的开发环境、IP 库、高保真模拟器和调试功能，便于用户更高效地设计基于 FPGA 的系统。用户可通过自行创建 FPGA VI，将 I/O 直接访问与用户定义的 Labview 逻辑相结合，为数字协议通信、硬件仿真和仪器通信控制等提供编程载体。虽然 Labview FPGA 模块包含许多内置信号处理程序，但也可以集成其他现有的硬件描述语言 (HDL) 代码以及第三方 IP，便于开发各项应用功能。

如图 7.12 为作者早年在德国 MPIC 研究所工作期间研制的基于量子级联激光大气 CO 和 N$_2$O 分析仪器，可用于大气高纬度机载长距离观测研究。该仪器系统的数据采集和通信功能主要是通过基于 NI Labview FPGA 模块开发实现。该

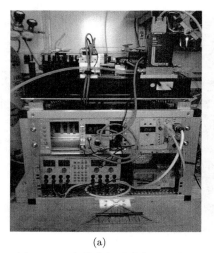

(a)　　　　　　　　　　　　(b)

图 7.12　高纬度机载大气观测 QCL 光谱仪 (a) 和其系统集成中的 FPGA 模块 (b)

模块的架构主要由 NI cRIO-9114, NI cRIO-9014, NI 9263, NI 9472, NI 9927, NI 9223, NI 9971, NI 9421, NI9927 等器件构成，可通过串行、GPIB、USB、以太网通信方式实现与 QCL 激光光谱系统进行 I/O 操作。基于 NI Labview 开发的可视化仪器上位机通信软件界面如图 7.13 所示。

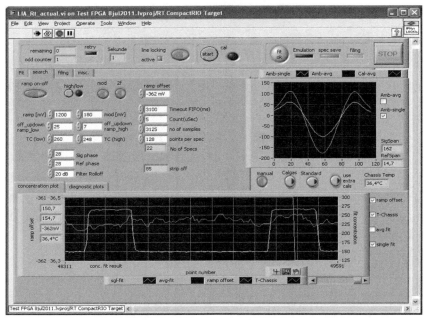

图 7.13　高纬度机载大气观测 QCL 光谱仪上位机通信软件界面

7.4　基于非 NI 采集卡的数据采集

Labview 不仅仅支持 NI 公司研发的数据采集设备，如 USB6008，PCI 6221，CDAQ 等；同时也支持第三方公司研发的数据采集卡，研华、凌华等公司研发的数据采集设备直接提供 Labview 采集程序的驱动文件。此外，在 Labview 环境下亦可以采用动态链接库 (Dynamic Link Library，DLL) 实现数据采集，并将数据库技术应用于虚拟测试系统，实现仪器数据的采集、存储和管理[6]。

图 7.14 是本课题组利用海洋光学 (Ocean Optics) 公司开发的 Labview 驱动模块文件 Omnidriver 而开发的适用于各种型号的海洋光学光谱仪 (如 Flame，STS 等型号) 数据采集软件界面。

图 7.15 为一款基于 PCI 总线的多通道高速采集卡，最高采用率可达 100MHz。该数据采集设备采用动态链接库通信协议模式，利用 Labview 函数库中 Call Library Function Node (CLN) 调用设备 DLL 库文件，如图 7.16 所示，即可实现软件和硬件的实时通信及数据采集功能。自行开发的基于 Labview 软件的数据采集界面如图 7.17 所示。

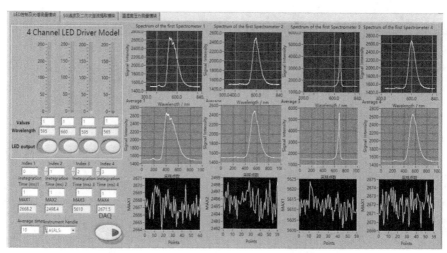

图 7.14   基于 Labview 海洋光学光谱仪数据采集软件界面

图 7.15   基于 PCI 总线的高速数据采集卡实物图

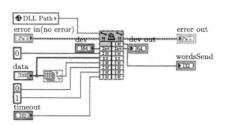

图 7.16   高速采集卡的 DLL 驱动文件及基于 Labview 的调用程序

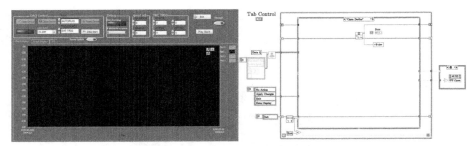

图 7.17　基于高速采集卡的 Labview 采集程序前后面板

7.5　基于 LabWindows/CVI 的数据通信和采集

早在 20 世纪 80 年代，随着金牌产品 NI Labview 的诞生，NI 提出"软件就是仪器"的口号，从而开辟了"虚拟仪器"的崭新测量概念。数十年来，NI 不断致力于开发基于计算机的测试测量与自动化平台。除了 Labview 开发平台，NI 公司还推出了另外一款同样比较盛行的虚拟仪器开发工具 LabWindows/CVI。LabWindows/CVI 是一种基于 C 语言的虚拟仪器开发平台，将 C 语言与测控技术领域专业工具有机结合，同样可以实现数据采集、分析和显示等[7]。其功能特点如下。

(1) 交互式开发环境。

软件将源代码编程、32 位 ANSI C 编译、链接、调试以及标准 ANSI C 库等集成在一个交互式开发平台中，采用简单直观图形用户界面设计，利用函数面板输入函数的参数，采用事件驱动和回调函数方式的编程技术，有效地提高了工程设计的效率和可靠性。

(2) 高效的编程环境。

以交互式开发环境不但满足了用户对软件不断变化的要求，而且在程序开发设计中，可以快速创建、配置并显示测量，通过自动生成代码、编译和链接，省去了传统手工编写的烦琐，更有利于系统的开发效率。

(3) 集成化的开发环境。

集成化的开发环境，可用于创建基于 DAQ、GPIB、PXI、VXI、串口和以太网等通信协议的虚拟仪器测控系统。

(4) 丰富的函数库。

除了用于数据采集和仪器控制系统开发所必需的接口函数库、信号处理函数库、Windows SDK 等，同时还附加了各种功能的软件开发包，如数据库软件包、Internet 软件包、小波分析软件包等，大大增强了软件功能。

(5) 灵活的调试手段。

软件提供了单步执行、断点执行、过程跟踪、参数检查、运行时内存检查等多种方式调试程序。

(6) 开放式的框架结构。

软件环境中可使用标准的 ANSI C 源文件、obj 文件、生动链接库 (DLL)，还可以将仪器驱动库与其他标准 C 编译器结合使用，无需更改开发工具，即可直接共享函数模块和虚拟仪器程序。

(7) 宽广的应用范围。

与虚拟仪器开发工具 Labview 相比，其更适合中、大型复杂测试软件的开发。基于 LabWindows/CVI 开发的虚拟仪器在无损检测、电力仪表系统、温控系统、工控系统、故障诊断和医疗等领域中发挥着重要作用。

1. 激光器波长定标

半导体激光器波长输出特性主要由其工作温度和驱动电流两个参数决定，使用之前需要对其进行波长标定获取波长在特定工作条件下的调谐特性。在此将以蝴蝶结型半导体激光器波长定标实验为例，介绍基于 LabWindows/CVI 软件的仪器通信、控制和数据采集过程。图 7.18 为典型的半导体激光器波长定标实验装置原理示意图。硬件包括待标定激光光源、2 条 GPIB 通信数据线 (图 7.19)、波长检测设备波长计和软件开发平台计算机。

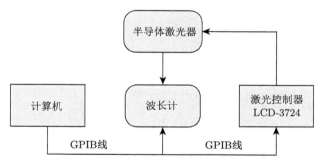

图 7.18　半导体激光器波长定标实验装置原理示意图

实验室研究过程中通常使用美国 ILX Lightwave 公司生产的激光电源控制器用于电流和温度的高精度控制，如图 7.20 为 LDC-3724B 型半导体激光器控制器前后面板实物图。波长计选为美国 EXFO Burleigh 公司生产的 WA-1500-NIR 型，通过基于 NI 公司 LabWindows/CVI 软件编写的控制程序实现激光器的绝对位置的标定，精度可达 $0.001\mathrm{cm}^{-1}$。如图 7.21 所示，软件设计主要包括四个模块：激光器电流温度设置和控制模块、显示进度模块、数据显示窗口模块和数据文件存储模块。

图 7.19　GPIB 通信数据线

(a)

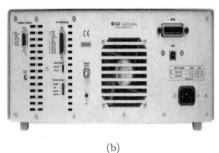

(b)

图 7.20　美国 ILX lightwave 公司生产的 LDC-3724B 型激光电源控制实物图

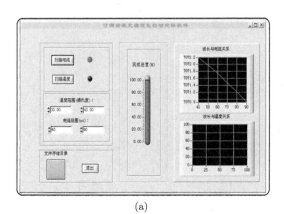

(a)　　　　　　　　　　　　　　　　　　(b)

图 7.21　基于 LabWindows/CVI 软件的波长定标软件界面和代码

2. 激光光谱系统数据采集系统

基于 C 语言集成开发的 LabWindows/CVI 软件平台为高速数据采集和实时在线信号分析系统开发提供了独特的便利。尽管 USB 接口通信模式具有操作方便的优势，但是通信速率有限，尤其是多通道同时使用时，单通道可用带宽严重受限。相比较而言，PCI 即 Peripheral Component Interconnect 是由 ISA (Industy Standard Architecture) 总线发展而来，从 1992 年创立规范到如今，PCI 总线已成了计算机和通信领域的一种标准总线，包括 32bit 和 64bit 两种模式，从总线速度上分，分别对应 33MHz 和 66MHz 两种总线。随着外部设备对传输速度和带宽更高的要求和通信技术不断发展，一种取代 PCI 总线的革命性总线架构 PCI-E 应运而生。PCI-E 接口的带宽是由插槽长度和版本号决定，最高可达 GB/s 的速度。

在此，将以美国 NI 国家仪器 PCI-6115 型高速数据采集卡为例，如图 7.22 所示，结合 LabWindows/CVI 软件平台开发的光声光谱/直接吸收光谱数据采集系统。LabWindows/CVI 软件平台主要包括三个模块：GUI 面板模块 (.uir 文件格式) 和 C 语言代码算法模块 (.c 文件格式) 和与其对应的.h 头文件及 NI 仪器 lib 库文件。如图 7.23 所示，LabWindows/CVI 软件平台开发的数据采集和仪器控制通信界面和 Labview 软件系统相似。人机交互式图形化用户界面 GUI 可依据实验需求自由设计，每个控件功能执行过程皆通过与之对应的 C 语言代码算法模块中程序执行。

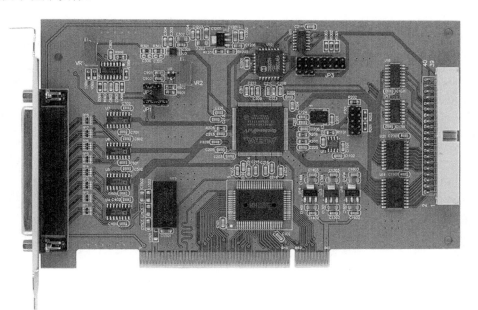

图 7.22 美国 NI 国家仪器 PCI-6115 型高速数据采集卡实物图

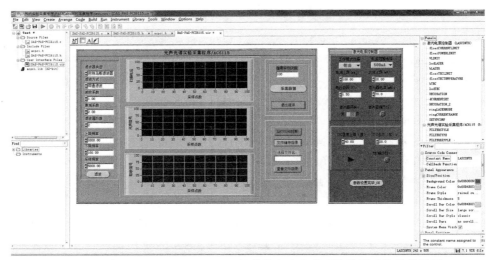

图 7.23   基于 LabWindows/CVI 软件的光声光谱系统数据采集软件界面

参 考 文 献

[1] 电子发烧友-NI 数据采集论坛. http://www.elecfans.com/ni.

[2] 李江全，刘恩博，胡蓉，等. 虚拟仪器数据采集与串口通信测控应用实战 [M]. 人民邮电出版社, 2010.

[3] 龙华伟, 顾永刚. LabVIEW8.2.1 与 DAQ 数据采集 [M]. 北京：清华大学出版社, 2008.

[4] 李江全. LabVIEW 虚拟仪器数据采集与通信控制 35 例 [M]. 北京：人民邮电出版社, 2010.

[5] 郝丽, 赵伟. LabVIEW 虚拟仪器设计及应用 [M]. 清华大学出版社, 2018.

[6] 基于 NI LabVIEW 的 CompactRIO 开发者指南. http://www.ni.com/zh-cn/shop/comp-actrio/compactrio-developers-guide.html.

[7] 孙晓云. 基于 LabWindows CVI 的虚拟仪器设计与应用 [M]. 北京：电子工业出版社, 2010.

第 8 章　激光光谱仪器评价指标和误差分析

8.1　评价指标

　　科学和工程学领域中，通常借用统计学中的一些术语来衡量仪器仪表的性能，主要技术指标有灵敏度 (Sensitivity)、精密度 (Precision)、准确度 (Correctness)、精确度 (Accuracy)、动态范围 (Dynamic Range)、不确定度 (Uncertainty)、响应时间或时间分辨率 (Time Resolution) 等。这些技术参数在激光光谱学领域中的光谱实验系统或光谱分析仪器同样被广泛使用，鉴于以上所述各个指标参数既存在其独立性，又存在一定的联系性。为此，将对其定义或含义进行详细的阐述。

　　灵敏度：灵敏度是衡量光学仪器的一个重要标志，其定义是指仪器或设备能够测量或分辨最小被测物理量 (如单位浓度) 的能力或敏感度。仪器可检测的物理量越小，说明该仪器的灵敏度就越高。然而，仪器的灵敏度并不是越高越好，因为灵敏度过高，测量时的稳定性和准确度就会降低。通常称可检测的最低分析物浓度为分析仪器系统的检测灵敏度或检出限 (Limit of Detection)。仪器灵敏度越高，检出限就越低。因此，灵敏度和检出限描述的是仪器性能的相同指标。

　　精密度 (亦称为精度)：通常指多次重复测定同一物理量时各测量值之间彼此相符合的程度。表征测定过程中随机误差的大小。一般是指仪器的最小分度值。如某温度传感器的最小分度为 0.1℃，那么其精度就是 0.1℃。仪器的最小分度值越小，其精度就越高，灵敏度也就越高。精度体现的是仪器重现性 (Repeatability) 和稳定性 (Stability) 的优劣，并不能代表仪器测量结果的可靠性 (Reliability) 或正确性 (Validity)。

　　准确度：指在一定实验条件下仪器测量值 (通常为多次测量结果的平均值) 与真实值相符合的程度，表示测量结果与真实值之间的误差程度，可以用绝对误差或相对误差来表示，其定义分别为

　　① 绝对误差 = 测量值 − 真实值

　　② 相对误差 = (测量值 − 真实值)/真实值 = 绝对误差/真实值

准确度是系统误差大小的标志，准确度越高，意味着仪器系统误差越小。因此，准确度不能代表精密度，与仪器精度没有必然的关系。如何有效理解和区分准确度和精密度之间的区别，可参考图 8.1 所示的示意图。

　　精确度：指多次测量值之间的一致性程度以及与其"真实值"的吻合程度

(Consistency)，是一个集成"精密度"和"准确度"的综合概念。从测量误差的角度来说，精确度是实验测量值的随机误差和系统误差的综合反映。精确度高，表示仪器的精密度和准确度都比较高，测量值越集中于真实值附近，精确度越高。

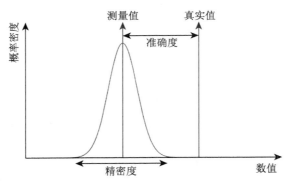

图 8.1　精密度和准确度两者区别示意图

简而言之，精密度是指测量值彼此之间的接近程度，是多个测量值的统计描述，可用标准偏差来统计计算；准确度或真实度是指测量值与期望值 (理论真实值) 之间的接近程度；而精确度是精密度和准确度的综合因子。如果从数学相关概率密度角度还不能清楚理解三者的含义，如图 8.2 所示，为日常生活中飞镖打靶的例子，可一目了然地理解各个指标的概念。

(a) 既不精确，又不精密　　　　　　　(b) 精密，但不精确

(c) 精确，但不精密　　　　　　　(d) 既精确，又精密

图 8.2　精密度、准确度和精确度三者区别示意图

不确定度：依据是 JJF 1001—2011《通用计量术语及定义》中对其做出的最新定义，其含义是指由于测量误差的存在，对被测量值的不能肯定的程度。即可理解为实际测量结果的可信赖程度，它是衡量测量结果质量的重要指标。测量不确定度是独立而又密切与测量结果相联系的、表明测量结果分散性的一个参数。不确定度越小，说明测量结果与真实值越接近，数据质量越高，仪器水平越高；反之，不确定度越大，测量结果的质量越低，仪器可信赖水平越低。测量的总不确定度包括采样、校准源，校准标准源引入仪器的线性相关度、重复性 (短期可变性) 或重复性 (长期仪器的可变性，包括漂移)，以及数据处理过程中引入的不确定性，一般来说，这些不确定度的贡献是独立的，因此不确定性是每个个体贡献的平方和的平方根 [1]。通常在数据报告中，必须给出相应的不确定度，一方面便于用户评定其可靠性，另一方面也增强了测量结果之间的可比性。

此外，动态范围是指仪器可测量物理量的最大值和最小值之间的范围，对于光谱仪器来说，系指非饱和吸收条件下，可检测的气体浓度范围。响应时间表示仪器在一定实验条件下输出有效数据所需要的时间，与其相对应的或时间分辨率表示仪器输出结果的快慢程度。激光光谱学中，光学分析仪器通常以秒 (s) 作为响应时间的单位，而赫兹 (Hz) 作为时间分辨率的单位。

8.2 误 差 分 析

在实际测量过程中，我们往往会通过标准不确定度来衡量所测物理量计算结果的准确性。根据测量类型，不确定度包括直接测量不确定度和间接测量不确定度，光谱计算过程中需要综合考虑所有误差的来源。由激光吸收光谱朗伯–比尔定律出发，可推导出用于反演待测气体分子摩尔数的数学表达式：

$$X = \frac{A}{S(T) \cdot PL} \tag{8-1}$$

依据欧几里得范数，可通过组合中每个项的加权不确定度来计算总体不确定度。因此，待测分子摩尔数或浓度的不确定度计算公式为

$$\Delta X_{\text{meas}} = \sqrt{\left(\frac{1}{SPL}\Delta A\right)^2 + \left(\frac{A}{S^2 PL}\Delta S\right)^2 + \left(\frac{A}{SP^2 L}\Delta P\right)^2 + \left(\frac{A}{SPL^2}\Delta L\right)^2} \tag{8-2}$$

或

$$\frac{\Delta X_{\text{meas}}}{X} = \sqrt{\left(\frac{\Delta A}{A}\right)^2 + \left(\frac{\Delta S}{S}\right)^2 + \left(\frac{\Delta P}{P}\right)^2 + \left(\frac{\Delta L}{L}\right)^2} \tag{8-3}$$

式中，ΔX_{meas}、ΔA、ΔS、ΔP 和 ΔL 分别表示测量的分子摩尔数不确定度、拟合积分面积不确定度、分子吸收谱线线强参数不确定度、测量压力不确定度和校正的吸收光程不确定度。此公式给出了单次测量的分子摩尔数不确定度，考虑到整个测量过程中的多个结果，应该以整个测量结果的平均不确定度 $\overline{\Delta X}_{\text{meas}}$ 表示。然而，基于吸收光谱原理的光谱分析仪器或气体传感器，除了需要精确的线强和空气加宽系数两个光谱参数之外，应用环境的不同使得气体组成成分的差异性亦会同样引起测量结果的显著误差。典型地，现有研究结果表明水汽诱导的其他分子谱线加宽系数要比干燥空气加宽系数高得多，因而高湿度环境中水汽效应引起的测量误差可达百分比之上。此外，人体口腔气、等离子体和燃烧产物诊断，以及行星大气探测等特殊应用环境和领域中，都需要考虑主要背景气体成分对待检测分子的加宽效应，及其不确定度对最终测量结果的影响 [2−6]。综合以上所述，并结合其他潜在的系统误差和测量误差 (以 σ 表示)，最终测量结果的不确定度可表示为

$$\Delta X = \sqrt{\left(\overline{\Delta X}_{\text{meas}}\right)^2 + \sigma^2} \tag{8-4}$$

参 考 文 献

[1] LI S, PARCHATKA U, KÖNIGSTEDT R, et al. Real-time measurements of atmospheric CO using a continuous-wave room temperature quantum cascade laser based spectrometer[J]. Optics Express, 2012, 20: 7590-7601.

[2] OWEN K, ES-SEBBAR E, FAROOQ A. Measurements of NH₃ linestrengths and collisional broadening coefficients in N₂, O₂, CO₂, and H₂O near 1103.46 cm⁻¹[J]. Journal of Quantitative Spectroscopy & Radiative Transfer, 2013, 121: 56-68.

[3] PENG W Y, SUR R, STRAND C L, et al. High-sensitivity in situ QCLASbased ammonia concentration sensor for high-temperature applications[J]. Appl. Phys. B, 2016, 122: 188.

[4] 周斌, 刘文清, 齐锋, 等. 差分吸收光谱法测量大气污染的测量误差分析 [J]. 光学学报, 2002, (08): 957-961.

[5] DENG H, SUN J, LIU N, et al. Impact of H₂O broadening effect on atmospheric CO and N₂O detection near 4.57 μm[J]. Journal of Molecular Spectroscopy, 2017, 331: 34-43.

[6] SANG J, ZHOU S, ZHANG L, et al. Impact of H₂O on atmospheric CH₄ measurement in near-infrared absorption spectroscopy[J]. Spectrochimica Acta Part A, 2020, 237: 118383.

第 9 章　结束语和展望

本书从光谱学的起源、基本理论和核心定律出发，详细介绍了激光吸收光谱的朗伯–比尔定律、几种典型的分子吸收线型和分子光谱数据库。针对激光吸收光谱系统的构造，重点介绍了其主要器件 (激光光源、样品池和探测器)，仪器光学系统中经常使用的光学镜片的光学特性。本书核心内容为几种现代比较盛行的激光光谱技术，主要包括：基于多次反射性长程吸收池的光谱技术-TDLAS、基于高精度光学谐振腔的高灵敏度光谱技术 (CRDS、CEAS、ICOS 和 ICLAS)、基于调制技术的光谱技术 (WMS/FMS、$2f/1f$-WMS、MRS 和色散光谱)、光声光谱 (R-PAS、QEPAS、微悬臂梁增强光声光谱) 及多种高级的激光光谱技术相结合的多光谱融合技术。在激光光谱信号处理方面，重点介绍了当前比较常用的多次平均法，数字信号处理算法主要包括：S-G 滤波法、卡尔曼滤波、傅里叶变换算法、小波变换算法及高级的神经网络算法。针对近年来激光光谱技术的最新应用，主要介绍了相关光谱技术在基础物理方面 (分子光谱) 的典型研究、大气环境监测、工业处理控制、生物医学方面的呼吸气诊断和燃烧科学方面的燃烧成分诊断、地球科学方面的同位素分析、地球海洋领域的海洋观测及土壤生态学领域的地球交换过程，知识内容贯彻整个地球的大气圈–土壤圈–水圈。最后，围绕激光光谱技术实验研究中不可缺少的数据采集和仪器通信方面的内容进行了详细阐述。

作者从事基础科学和工程应用研究二十余载，曾在欧洲、美洲、香港等多个国际上知名高等学府和研究所从事科学研究及学术交流。研究背景和兴趣主要集中于光学仪器开发、高灵敏度激光光谱技术及其应用研究及高级的数字信号处理算法研究。研究领域涉及光学/光学工程、物理学、化学/大气化学、大气/海洋科学、土壤生态学等学科或交叉学科领域，撰写内容绝大部分都是源于作者多年来实战经验的蓄积。鉴于国内从事光谱学/激光光谱技术研究的学者和光谱兴趣爱好者们越来越多，作为一名高校教师，希望通过本书的出版，将个人多年来积累的工作经验和已掌握的光谱学专业知识，与大家一起共勉，希望为祖国科技事业的发展贡献一点微薄的力量。最后，希望对本书感兴趣的广大学生和光谱学研究工作者们能始终坚持"不忘初心、牢记科研使命"，为实现中华民族的科技强国梦而不懈努力！